田んぼの草を調べる福岡正信さん。うしろは自然農法を勉強中の水谷くん。茨城県の自然農法家浅野祐一さんの休耕田にて（本田進一郎撮影）

＊本文56頁もご覧下さい。

8月下旬の出穂期、田んぼが一番美しいとき。品種は晩生中心にブレンドしたが、出穂に少し差がある。しかし別に問題はない

古代米・混植米は野性的で強かった

横田不二子撮影

もみすりした玄米。赤米6種、黒米6種ほか、コシヒカリも入っている。玄米のまま食べてもいいし、五分づきくらいにしてもきれい。うるちと混ぜて炊いてもよい

栃木県上三川町　上野長一さんは、三七種もの種もみをブレンドした混植米を栽培している。赤米・黒米・緑米などの古代米も多く含まれる。その田では、異常気象の年には、普通の品種よりも収穫量が多かったという。古代米・混植米は、野性的で病害虫に強く、有機栽培にぴったりの「品種」なのかもしれない。

＊本文一五八頁もご覧下さい。

上野長一さん。10月中旬、刈り取り前の混植田にて

混植田の中の黒米（上）と赤米（下）。古代米は野性的で力強く、かつ美しい

うるち玄米に、2対1で混ぜて炊いたもの。圧力鍋で炊くと、お赤飯より濃い赤紫色に炊きあがる。ぴかぴかで香りがよく、食べてみると、もちっと粘りと甘みがあって、うまい

菜の花で抑草

赤松富仁撮影

岡山市の赤木歳通さんは、水田の裏作に菜の花をとり入れてみた。菜の花は有機物の量が多く、雑草をほぼ完全に抑えることができた。

また、緑肥としての菜の花は肥効がおだやかで、イネはへの字の生育になる。病害虫に強く、農薬・除草剤が不要になった。そしてなによりも、菜の花の咲く田んぼは楽しい。

＊本文三四頁もご覧下さい。

5月下旬、長大な菜の花（緑肥用からし菜と菜種）をロータリですき込む。6月中旬にポット苗を田植え

菜の花の大量の有機物がゆっくり分解し、抑草効果はきわめて高い。草はほとんどゼロに近く、米ぬか除草をやめても大丈夫だった

7月末、出穂約40日前の姿。菜の花播種前に鶏糞を300kgやっただけで追肥なし。坪33株の疎植で分けつは少ないが、１本１本の茎が太く、大きく開帳する。後半は豪快なへの字の生育になる

有機のイネづくりは個性的 そして楽しい

倉持正実撮影

宮城県南方町水稲部会では八〇人の会員が有機栽培にとりくんでいる。約半数が無農薬米にも挑戦しているが、除草のやり方などはそれぞれが自由に決める。

合鴨、鯉除草の人もいるし、乗用除草機を特注した人もいる。紙マルチの人もいるし、地道に手で取るという人もいる。そして、米ぬかやくず大豆をふる人もある。

有機のイネづくりは、ひとりひとりがとても個性的だ。そして個性的なイネづくりは楽しい。

ババババババーッ。腕を組む清一さんを尻目に、140羽近くの合鴨がいっせいに水の上を行く。すごい勢い。すごいスピード。イネが植わってようが何だろうが関係ない。条間だろうが株間だろうが、斜めだろうが、徒党を組んで突っ走る…。これじゃあ確かに、イネもなくなっちゃうだろーなー

左から、大久保清一さん、嘉藤隆之さん、星敬一さん、部会長の大久保芳彦さん

前部会長の白鳥邦彦さん。ミルキークイーンはなびいているだけで、しっかり立っている

企画部長　及川昌憲さん。「いやーきれいだね。プールだと何もしなくてもいい苗になるねー」

家の前にはちょっとした川が流れていて、そこで魚を捕るのが、昔から大久保さんの趣味だ。捕れるときは一網で30匹くらい入るし、90cmくらいの大きい魚がかかることもある。コイももちろんいるが、フナだってカワゼだってブラックバスだってライギョだっている。何だっていい。とにかく、捕れた魚を田んぼに放す。大きさだって様々だ。「何歳のコイを、いつ、10a何匹」なんて、細かいことは気にしなくていい。働く奴もいるし、働かないのもいる。鳥に食われるのもいるし、逃げるのもいる。それで結構ちゃんと除草になる。落水時期がきたら、そのまま用水に逃がせば、魚はまた川へ戻る。「川から田んぼへ、田んぼから川へ。これが本当の循環型農業！なぁんてね」…大久保さん、それって半分遊びですよね？

滋賀県の奥村次一さんは秋の田んぼに米ぬかをまいて、春まで水をためっぱなしにした。すると、冬の間、寒さで赤くなったアゾラが大増殖。田んぼ一面をおおいつくした。3月1日のようす（倉持正実撮影）

田んぼの浮き草図鑑

雑草をおさえる田を肥沃にする

宇根豊

浮き草は害草か？

ここに登場させる浮き草類は、例外なく、害草扱いされてきた。いまでもほとんどの雑草図鑑には、浮き草類は「稲に害を与える」と書いてある。もちろん場合によっては、稲を押し倒したり、水温を下げたりしてきたことも事実だ。

しかし害草だと決めつけてしまうと、稲や田んぼに対するいい影響を見落としたり、害にならないようにする知恵は育たない。

だから見方を変えてみよう。田んぼの生きものを生かす〝まなざし〟を持てば、浮き草は害草ではなくなる。害草ではないところが見えてくると、新しい技術が生まれる。

雑草をおさえる、窒素を固定する

浮き草類は①立派な天然マルチだ。②田んぼの生きもののすみかだ。③水中や土中に酸素を供給

ウキクサも株元に広がって、抑草　（倉持正実撮影）

大きいのがウキクサ、小さいのがアオウキクサ

オオアカウキクサ（アゾラ）が田んぼいっぱいに広がると、抑草効果も抜群。窒素固定もする

してくれる。④あまった養分で有機物を生産してくれる。⑤逃げていく肥料分を吸って、蓄えてくれている。⑥水をきれいにする。⑦微生物を繁殖させる。⑧空気中の窒素を固定してくれるものもある。⑨家畜のえさになる。

　大事なことは少々の欠点には目をつぶって、利点を生かす工夫をすることだ。そこに今からの百姓の役割がある。だって、昔も浮き草類を活用していた百姓もいたのだから。アカウキクサ類は田んぼの肥料や家畜のえさとして活用されていたし、アオミドロは除草に役立てられていた。

ウキクサとアオウキクサ

　どちらも水面をおおうと、草を抑える。ウキクサのほうが大きく、裏が紫色の場合が多い。アオウキクサは根が一本で、ウキクサは五〜一〇本だ。どちらも多年草だが、突然わいてくるような印象だ。ウキクサは秋になると葉の四分の一ぐらいの冬芽ができ、それが翌年代かき後、浮いて発芽してふえる。アオウキクサはむしろ種子で越冬するようだ。どちらも七月に小さな白い花が咲くので、見つけてみよう。さらに葉が小さく一㎜以下のミジンコウキクサもたまに見かける。

アカウキクサとオオアカウキクサ（アゾラ）

　どちらもシダ類で、かつてはありふれていたが、

アカウキクサ

サンショウモ

オオアカウキクサ

銀杏の葉に似たイチョウウキゴケ（倉持正実撮影）

アゾラびっしりの水田に泳ぐアイガモ（岩下守撮影）

デンジソウ（日鷹一雅撮影）

今では絶滅しそうな草なので、ぜひ大切にしたい。アカウキクサは平べったい葉が集まって、三角形に見えるが、オオアカウキクサはふわふわの葉がヒノキのような感じだ。どちらも急速に増加して、よく他の草を抑える。しかも葉の間にラン藻が共生していて、空気中の窒素を固定する。つまり穂肥になったり地力を高める効果がある。アゾラというのは学名で「乾燥に弱い」という意味だ。土が乾燥しないなら、冬の水田で根をはやして越冬する。どちらも冬になると紅色になるがアカウキクサのほうが濃い。

サンショウモとイチョウウキゴケ

サンショウモはシダ類、イチョウウキゴケはコケ類で、どちらも一年草で、胞子で越冬してふえる。サンショウモは葉が「山椒」の葉のようにいくつも並んで、根に似た毛をいっぱいつけている。イチョウウキゴケも葉が銀杏の葉のような格好で根がなく、絶滅が心配されている。

浮き草とは違って根が土に生えて、葉だけが浮く田字草（デンジソウ）もシダの一種で、絶滅しそうな珍しい草になってしまった。

アオミドロとフシマダラとアミミドロ

これらはむしろ「藻」に近い印象で、元肥の中のリン酸のせいで増殖が旺盛になる。いずれも抑

表層剥離。どうしてもイヤな人は、田んぼの生きものをふやせば減る
（倉持正実撮影）

アオミドロ

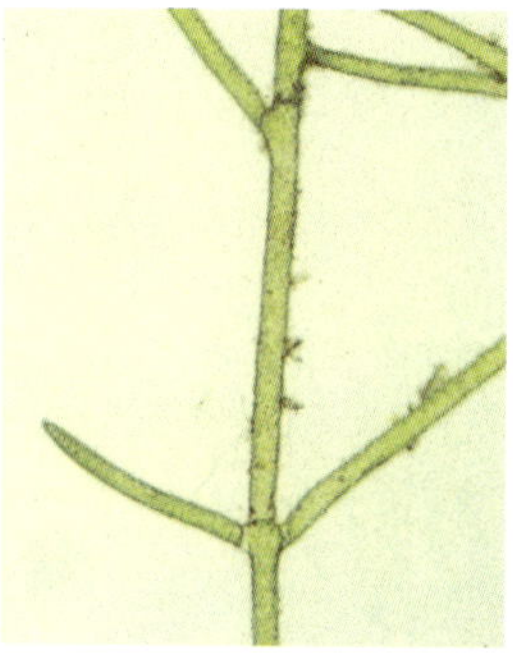

フシマダラ

ミドリムシによる「水の華」で田んぼが赤くなっている

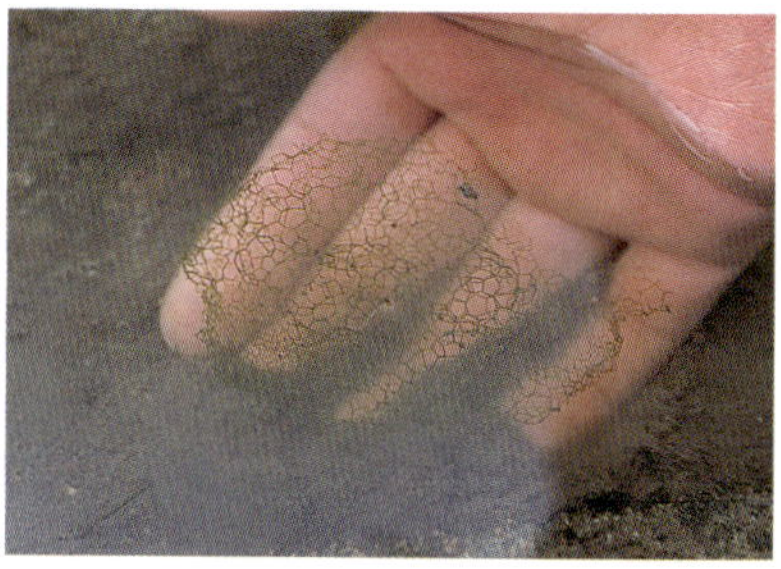

アミミドロ（岩下守撮影）

草効果は昔から注目されていて、増殖したら一旦干して膜状にする方法が採られていた。アミミドロは網の目のようになるのですぐ見分けられるが、アオミドロとフシマダラは見分けにくい。アオミドロはぬるぬるしていて、よく見ると一本の糸状で、枝分かれすることはない。フシマダラはざらざらしていて、糸が太く二股になってふえていく。これらは無性繁殖で、細胞分裂でふえる。

表層剥離とミドリムシ

浮き草類ではないが田んぼで目立つ二つの現象に注目しておこう。田んぼの生き物が少なくなると土の表面に繁殖した珪藻類が膜状に浮き上がって、気持ちが悪い。これが表層剥離だが、これを除草剤で枯らすのは馬鹿げている。貴重な土壌微生物、有機物だと認識すべきだろう。これがいやなら、おたまじゃくしやカブトエビやトンボのヤゴやめだかやドジョウをふやすべきである。

田んぼや池の水の表面に緑色の薄い膜がはって、それが急に紅色に変わることがある。「水の華」とも呼ばれ、ミドリムシという葉緑素を持った微生物が繁殖しているのだが、水の中に肥料分が多すぎる証拠だと考えたほうがいい。紅くなるのは体内にカロチノイドの一種を含んでいるためだ。

（農と自然の研究所）

二〇〇〇年七月号　田んぼの浮き草図鑑　浮き草への新しいまなざしを

マツバイ

アゼナ

ミゾハコベ

アメリカアゼナ

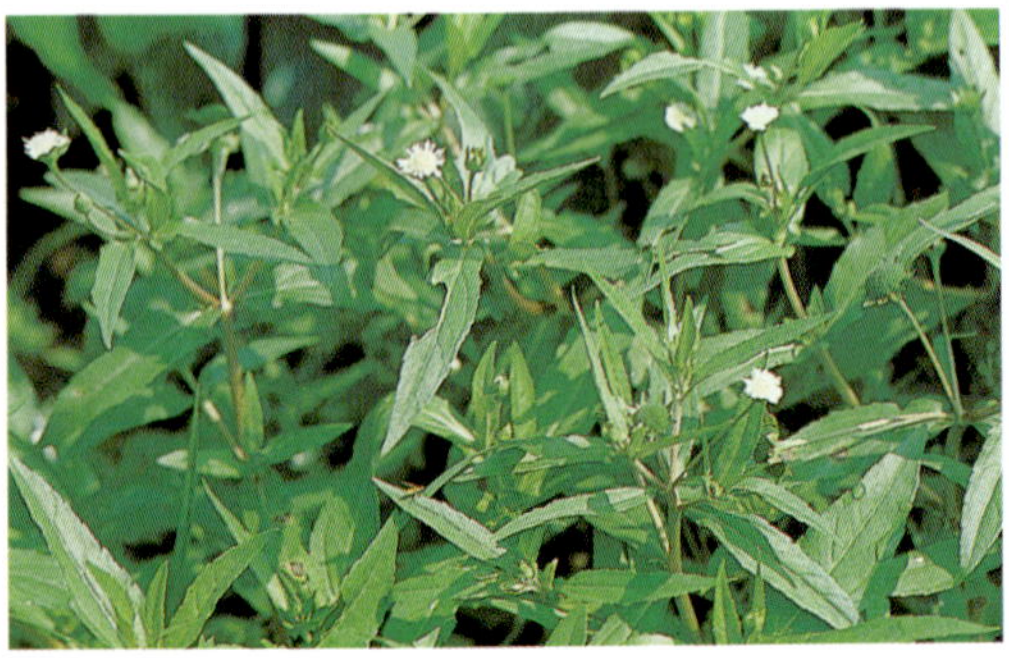
タカサブロウ

アブノメ

田の草図鑑

草の特性を知ってつきあう

宇根豊

害にならない草が六〇%

害にならない草はビッシリ生えない。それだけが「優先化」しない。表1を見てもらいたい。水田の主な雑草四三種のうち、ほとんど害にならない草が二六種（六〇%）もある。これは、田植え後に水を切らさず、除草機を一回押したと仮定しての話だ。

目立つけど、アゼナやアブノメ、キカシグサ、ホシクサ、マツバイ、ミゾハコベ、ヒデリコなどは、稲に害を与えることはない。除草する必要はない。また、アメリカセンダンソウ、タカサブロウやクサネム（種子が米に混じる）は稲より草丈が高くなり、いかにも害草のイメージがあるが、手で抜くのにそんなに骨が折れるわけではない。コナギ（イモクサ）だって、びっしり生えないならただの草。紫のきれいな花が咲くし、昔は食べていた。

表1　水田の草は、果たして害草か？

名　前	最優化するか？	害草か？
アオウキクサ	○	×
アオミドロ	○	×
アカウキクサ	○	×
アギナシ	×	×
アゼナ	×	×
アゼムシロ	×	×
アブオメ	×	×
アメリカセンダンソウ	×	×
イヌビエ	△	◎
イヌホタルイ	○	○
イボクサ	△	○
ウキクサ	○	×
ウリカワ	△	△
オオアカウキクサ	○	×
オモダカ	×	×
キカシグサ	×	×
キシュウスズメノヒエ	○	○
クサヌム	×	△
クログワイ	○	○
コウガイゼキショウ	×	×
コウキヤガラ	○	◎
コナギ	◎	◎
サヤヌカグサ	×	△
サンショウモ	×	×
スブタ	×	×
セリ	○	△
タイヌビエ	◎	◎
タカサブロウ	△	△
タマガヤツリ	△	×
チョウジタデ	×	×
デンジソウ	△	×
ヒデリコ	×	×
ヒメミソハギ	×	△
ヒルムシロ	○	○
ヘラオモダカ	△	△
ホシクサ	×	×
マツバイ	○	×
ミズアオイ	△	×
ミズオオバコ	×	×
ミズガヤツリ	○	◎
ミズハコベ	×	×
ミゾハコベ	×	×
ヤナギタデ	×	×

優先化するか？　◎優先化しやすい　○優先化する　△部分的　×しない
害草か　◎強害　○害を与える　△部分的　×害にならない

クサネム

ホシクサ

コナギ

イヌホタルイ

ヘラオモダカ

代かきすると減る草、ふえる草

ヒエは温度が一五℃を超え、水分があれば発芽してくる。だから秋や春の耕うんで少なくなる。

ところがコナギやイヌホタルイ、アブノメは代かきして土の中の酸素が不足すると発芽する。つまり、代かき、田植えという条件に適応している。普通の田んぼで除草剤を使わないで数年たつと、コナギが優先化してくるのはこういうわけだ。不耕起栽培ではこれらの草は発生しない。

乾燥に弱い草

セリやウリカワ、マツバイの塊茎は、冬の耕うんで田んぼの土が乾燥すると激減する。乾燥に弱いのだ。減らすには、田畑輪換や裏作、冬の耕うんが効果的だ。

ウリカワはまた、コナギがふえるとコナギの勢力に負けて少なくなってくる。逆にいうと、ある種類の草が優先化するのは、除草剤で特定の草を殺しすぎた結果である場合が多い。

水を切らさなければ生えない草

一枚の田んぼでも、水が深いところと浅いところでは草の生え方

タマガヤツリ

ミズガヤツリ

セリ

ウリカワ

チョウジタデ

が違う。土が水面に露出したところや極端に水が浅いところにしか生えない草がある。タマガヤツリやイヌビエ、ミズガヤツリ、アゼナ、キカシグサ、タカサブロウ、チョウジタデなどだ。水を切らさなければ生やさなくてすむ。

手で抜きやすい草、あぜ草刈りで抑えられる草

生えたとしても、手で取りやすい草もある。タマガヤツリは土が露出したところに生えやすいが、簡単に引き抜けて、しかもその場におきっぱなしにしても再生しない。

一方、イボクサやキシュウスズメノヒエは、あぜ草刈りをこまめにして、あぜからの侵入を防ぐしかない。

虫が食べてくれる草

ヒメミソハギやチョウジタデが目立つなと思っていたら、開花期になると黒い小さなカミナリハムシの一種が集まってきて、葉を食いつくしてしまう。殺虫剤を使わない田なら、取らずに残して観察してみてほしい。コナギだって、ヒメモロアラガイやガムシに食われている。

草を楽しむ

草取りをしながら、せっかくだから草の花にも

ヒルムシロ

イボクサ

クログワイ

ヒメミソハギ

タイヌビエ

ヒデリコ

キシュウスズメノヒエ

目をやる余裕を持ちたい。コナギやヒメミソハギ、イボクサ、そしてセリの花だってけっこう美しい。害にならないと思うと、ホシクサやヒデリコなんてすごくかわいいと思う。

　絶滅危惧種ではないが、かつては害草扱いされていたヒルムシロは、ビオトープの公園造成の水辺の植物として欠かせないとして、高価で取引されている。そのほか、環境庁のレッドデータブックに載っている貴重種で水田に生えるのは、スブタとミズオオバコとデンジソウ（田字草）、サンショウモ、アギナシ、アカウキクサ、オオアカウキクサだ。

（この原稿は愛媛大学の嶺田拓也さんの助言も参考にした）

一九九九年六月号　田の草図鑑　草の特性を知ってつきあう、防除する　より抜粋

千葉県佐原市　藤崎芳秀さんの不耕起田んぼでは、農薬も除草剤も入らず、微小な生きものやサヤミドロなどの藻類が豊富。メダカやドジョウが大増殖した
（倉持正実撮影）

イネの有機栽培

本書に取り上げた記事は、時代の流れの中で化学肥料や化学農薬だけに頼ってきたイナ作に疑問をもち、より自然とかかわりを深めることによって、新しい方向、あるべき姿を求めてきた農家の皆さんの知恵集である。忘れかけていた自然の豊かさを発見することによって、まわりの人々との新たな交流も生まれてきている。そんな豊かな有機栽培のおもしろさを読み取っていただければ幸いです。

新潟県松代町の若井明夫さんは、測量会社を経営しながら田んぼをつくり、民宿も営む。一昨年にはドブロクの製造免許も取得した。六反歩の棚田は無農薬・無化学肥料。交流している世田谷区の子どもたちが、小さな田んぼを造った（橋本紘二撮影）

有機農業を見る視点

有機農業＝有機ＪＡＳ規格？

九〇年代に世界的なオーガニックのブームが起こり、有機食品の販売額は毎年二〇％もの高率で成長し続けている。日本でも、二〇〇〇年に有機農産物の日本農林規格（有機ＪＡＳ規格）が制定され、「有機ＪＡＳマーク」の貼られた商品が、ほとんどのスーパーの店頭に並ぶようになった。

生産する側に目をうつすと、二〇〇〇年の農業統計では、減農薬や減化学肥料栽培にとりくむ農家は、販売農家の五人に一人（五〇万戸）にのぼり、無農薬二万七〇〇〇戸、無化学肥料は三万二〇〇〇戸と報告されている。しかし、有機認証を取得する農家は少なく、四六〇〇戸あまり（二〇〇四年）にとどまっている。日本では産直や提携など、生協や宅配を通じて有機農産物の市場が発展してきたため、高いお金を払ってまで、認定機関に認証してもらう必要がないからだ。

有機ＪＡＳ規格以来、長年有機農業にとりくんできた農家の多くは、自分の農産物のことを「有機栽培」と呼ぶことをためらうようになった。有機認証を取得しないかぎり、「有機」と表示することが禁止されているうえ（五十万円以下の罰金）、マスコミなどを通じて、有機農業＝有機ＪＡＳ規格という概念が、社会通念として広まってしまったからである。

世界市場の商品となったオーガニック

もともと有機ＪＡＳ規格は、一九九九年にコーデックス総会で採択された有機農産物の国際基準に準拠している。基準の内容は、ＩＦＯＡＭ（国際有機農業運動連盟、七二年にドイツで設立）が定めた基準とほぼ同じであり、一見すると有機農家の意見を一〇〇％反映しているかのように見える。しかし、もともとコーデックス委員会（ＦＡＯ・ＷＨＯ合同食品規格委員会）は、各国の食品に関する立法の壁をなくし、貿易を促進することを目的とした国際機関である。つまり、基準の内容よりも、基準をつくること自体がその目的なのである。

これには、有機食品のみならず、ＷＴＯ（九五年発足）など世界的な農産物の貿易自由化の動きが背景にある。じっさい、日本の有機食品の市場は約四〇〇〇億円と言われているが、じつはその八〇％を輸入品が占めている。そして、世界市場化したオーガニックはＥＵ、北米、日本にだけ集中し、目には見えないが、より根深い南北問題をはらむようになっている。有機農業は、かつてとは大きく姿を変えつつある。

有機農業運動の起源と意味

現代的な意味での有機農業の起源は、一九世紀末〜二〇世紀初頭のドイツといわれているが（ユーゲント運動の自然主義。シュタイナーがバイオ・ダイナミック農法を提唱したのは一九二四年）、直接的に、後年の運動に大きな影響を与えたのはイギリスのアルバート・ハワードである。植物学者であったハワードは、赴任していたインドの伝統的な堆肥農法を研究し、一九三一年に腐植の役割と有機物の利用について発表している。ついで四〇年には「農業聖典」

をロンドンで出版した。イギリスでは、一九三九年にイブ・バルフォアが慣行農法と有機農法の比較試験を始め、四三年に「生きている土」として発表した。バルフォアは土壌協会の設立（四六年）にも参加し、初代の代表をつとめている。同じころスイスでも、教師であったハンス・ミューラーと妻のマリアが、ドイツ人の医師で微生物学者のハンス・ピーター・ラッシュとともに活動を開始した（四六年）。日本では、病害虫の研究者であった福岡正信が、一九三八年に愛媛県伊予市で独自の自然農法を実践し始めていた。

彼らはともに科学者であり、科学的な手法に基づいて、作物、土壌を観察している。そして、化学肥料に過度に依存する近代的な農法に対して、有機物を重視した循環的な農法を提案した。

注　一九一一年にドイツのハーバーとボッシュが、水素と窒素から直接アンモニアを製造する方法を確立して以来、化学肥料（と火薬）が大量に生産されるようになっていた。また、一九三九年に、スイス、ガイギー社のポール・ミューラーが、DDTの殺虫効果を発見し、これが化学合成農薬の始まりとなった。

現在まで、ほとんどの有機農家はこれら先人の考え方を継承してきた。さらに、地球の温暖化や生態系の破壊、資源の枯渇が誰の目にもあきらかになり、現代の有機農業は、環境保全、省資源（低投入）、持続的などの意味がより強まっている。

ところが、有機農業がビジネスになり、有機農業＝有機栽培基準と、農家でさえ思い込むようになると、基準さえ満たせば資材の多投もいとわないという逆立ちした現象がおきることになる。

有機農業は時代とともにある

今回、「イネの有機栽培」を発刊するにあたって、本来の有機農法の思想に立ち返るとともに、現代的な意味も考慮し、以下のような考え方にもとづいて事例を収集することにつとめた。

①観察や分析が科学的な方法にもとづいていること。ただし、人間の言葉や認識に比べれば、自然ははるかに複雑で巧妙にできている。すべてのことを科学で解釈あるいはコントロールできるとは考えるべきではない。

②できるかぎり、再生不可能な資源や資材を使わず、再生可能で豊富な資源を活用する。人間の労働力は、最も豊富で再生可能な資源の一つである。

③急速に生態系が破壊され、土壌が消滅していることを認識すること。豊かな生態系や土壌を未来に残すことが現世代の最大の義務であることを自覚する。

④自然は多様であることを知る。自然とともにある農業もまた多様であり、農家は個性的でなければならない。

⑤農家の数を減らさない。逆に、一人でもたくさんの人が作物を育て、食べ物を作るライフスタイルをめざす。

⑥有機栽培の目的の一番目に、利潤の追求をおかない。大量販売→コスト競争→国際間競争→淘汰となり、本末転倒である。

⑦同じく、安全だけを目的の中心におかない。安全だけを求める消費者ばかりになれば、輸入品でもよいということになり、結局は右と同じ結末に至る。そもそも安全な食べものを供給することはすべての農業者の当然の責務であり、有機栽培だけがそういうわけではない。

有機農業は時代の流れの中で生まれてきたものであり、時代によってどんどん変化している。その時代のあるべき農業や社会の姿を見直す運動なのである。

農文協「現代農業」編集部

＊記載の数値等は「別冊現代農業」発行時（二〇〇五年三月）のものです。

イネの有機栽培

緑肥・草、水、生きもの、米ぬか…田んぼとことん活用

Part 1 緑肥・草生栽培

植物が土を肥沃にする草で草をおさえる

レイアウト・組版　ニシ工芸株式会社

省力・小力、増収、良食味
イネつくりのコツ
農文協ブックガイド

省力でおいしい米づくり

写真集 井原豊のへの字型イネつくり
井原豊著

1362円＋税

減農薬、低コスト、中期重点施肥の「への字型」稲作を、各生育段階を追って写真で解説。

太茎大穂のイネつくり
ポストV字型稲作の理論と実際

稲葉光國著

1657円＋税

限界が見えてきた多穂・短穂のV字型稲作を批判。誰もがめざせる安定多収、無農薬、省力稲作法。

新しい不耕起イネつくり
土が変わる　田んぼが変わる

岩澤信夫著

1457円＋税

省力に加え、冷害に強く減農薬の安定技術として評価が高い革新イナ作の実際を全公開。

健全豪快イネつくり
安全・良食味・多収の疎植水中栽培

薄井勝利著

1714円＋税

成苗・疎植・超深水・中期重点施肥を基本に、稲の生長生理を踏まえ安全・良食味・多収を実現。

あなたにもできる安心イネつくり
ラクして倒さず1俵増収

山口正篤著

1362円＋税

省力資材の活用やツボをおさえた作業で、手間がかからず単純で一俵増収できる米つくりを公開。

60歳からの水田作業便利帳
高松求著、トミタ・イチロー絵

1362円＋税

むりをせずに楽しく営農。ベテラン農家による体力に合わせた機械選びと使い方、周辺器具情報。

稲作の基本

新版 イネの作業便利帳
よくある失敗150

高島忠行著

1600円＋税

8万部を売り上げた名著の待望の新版。失敗を入口に腑に落ちる説明と誰にもわかる解決法詳述。

らくらく作業 イネの機械便利帳
矢田貞美著

1457円＋税

荒起しから、精米作業まで、稲作を楽にし、安定増収になる工夫二百数種。機種の選び方も案内。

イネのプール育苗
ラクして健苗

農文協編

1429円＋税

成苗ポットから乳苗までどんな育苗法でも簡単に良苗！ 注目のイネ育苗技術をわかりやすく解説。

コシヒカリ
日本作物学会北陸支部・北陸育種談話会編

15619円＋税

育種、生理・生態、技術、各地の栽培体系、新技術への対応、海外での試作状況、普及など解説。

稲作診断・食味研究

写真集 あなたにもできるイネの診断
農文協編

1314円＋税

天候不順に強い安定増収イネの特徴を葉、茎、根、さらにその内部まで入り込んで描き、指針を示す。

ここが肝心 イナ作診断
出穂40日前からの施肥と水管理

鈴木恒雄著

1657円＋税

V字、への字など多様な技術を検証し、登熟歩合90％、800キロどりの極意を具体的に解説。

おいしいコメはどこがちがうか
食味研究とイネつくりの最前線から

農文協編

1667円＋税

研究者、技術者、農家が、うまいコメの秘密を解明。食味の最新科学をもとに技術課題を追究。

おいしいお米の栽培指針
これからのお米はマグネシウム型

堀野俊郎著

1619円＋税

多収穫時代の慣行栽培を見直し、Mg／K比の高い美味しい米をつくる食味時代の栽培指針。

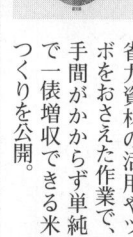

Part 1

緑肥・草生栽培

植物が土を肥沃にする
草で草をおさえる

本間裕子さんがつくった粘土団子。鳥や虫から種を守る
（60頁からの記事参照　本田進一郎撮影）

緑肥稲作に挑戦！

イネつくりは秋から始まる。秋はまず一番に緑肥のタネをまいて、水田の除草や元肥に役立てようという人が徐々にふえてきた。トロトロ層をつくる力は米ぬか以上。その分、田んぼの「わき」とうまくつきあう力も必要になってくるみたいだ。

栃木県・上野長一さんは、ライ麦を背丈ほどまで育てて、田植え20日前、モアで砕く。少し乾燥させてから入水し、そのまま浅く代かき・田植え。トロトロ層が長持ちして、除草機を軽く一回押すか押さないかで草を抑えられるのが例年なのだが、今年は除草機のタイミングがずれて、若干、草が多くなってしまった。「緑肥を活かす技術は奥が深い！」（赤松富仁撮影、以下＊）

千葉県・齋藤繁雄さんは、レンゲとイタリアンを混播（倉持正実撮影、以下＃）

水を入れてそのまま耕うん。すぐに土がトロトロになって、田植えがうまくできず、困ったほどだ（＃）

緑肥は浅く表層に入れる。田植え後の米ぬかの効果も合わさって、今年は草がほとんど出なかった（＃）

福島県・渡部泰之さんも、ライ麦やイタリアンを表層にすき込む。すき込むといってもロータリで株を起こす程度だ（＊）

その上からボカシ散布。緑肥に菌をまぶして、分解を助けるようなつもりで（＊）

緑肥を入れた田は、赤くなったり茶色くなったり、微小動物が激増したりしていろんな表情を見せる。表層で「わき」の現象も起きるので、活着のいい強い苗が必要（＊）

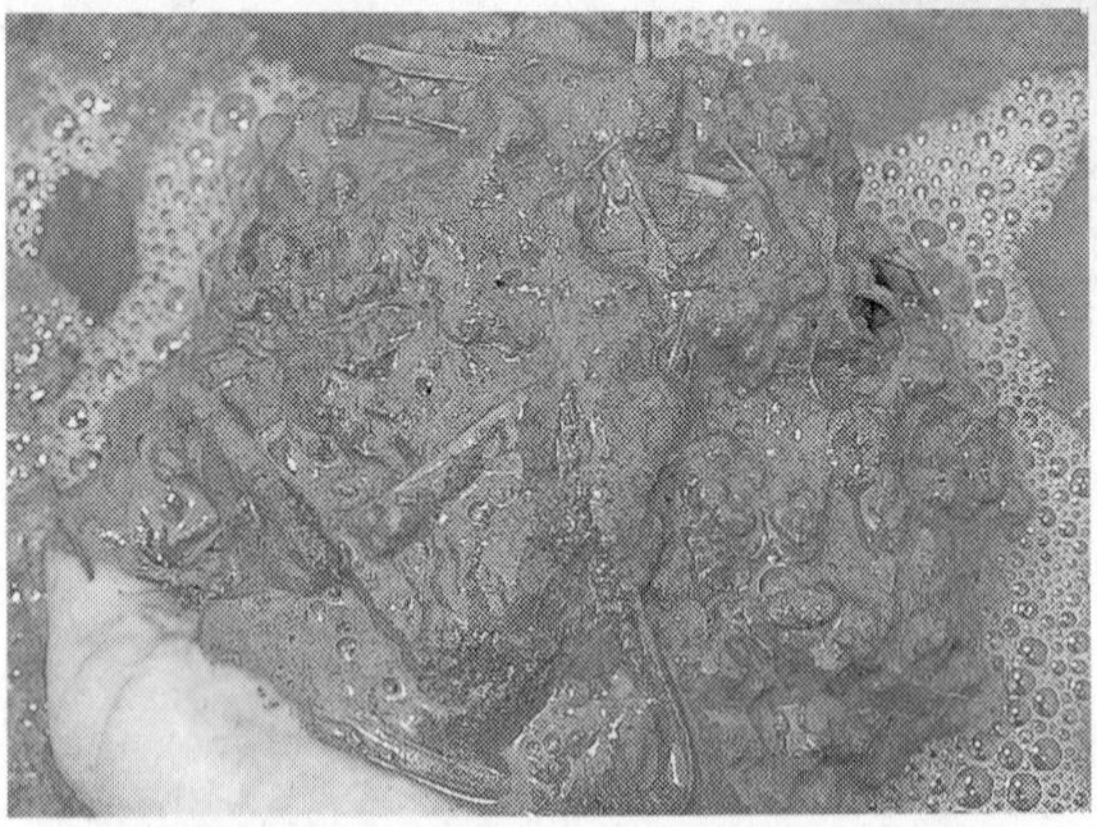

土はトロトロ。緑肥もまだ見えている（＊）

緑肥元肥・追肥なしで、自然にへの字になる栽培を目指す渡部さんのコシヒカリ、出穂40日前。肥効はちょうどピーク。今年は除草効果はてきめんだったが、わきの害が出たところも一部あった。来年は緑肥の量とすき込み時期を考え直してみるつもり（＃）

渡部さんは定年帰農してから、本格的に有機無農薬米つくりへ
(赤松富仁撮影)

緑肥こそが有機米づくりへの近道

東北でもつくれる緑肥はないか?

福島県原町市　渡部泰之

親父の秘伝　レンゲ稲作

稲刈りが終わると、まずは緑肥の種まきから、私の稲つくりが始まります。「いくつになってもできる小力の有機元肥一発栽培」のためには、緑肥作物利用が今のところ一番有望ではないかと感じています。今年は四町歩の作付けのうち、四割くらいの面積で緑肥稲作を実施しました。

有機栽培の米つくりでは、除草剤を使わないで雑草を防除することが最大のポイントになります。成苗二本植え研究会で、「水田裏作の緑肥作物の利用が除草剤なしの除草手段としてきわめて有効だ」ということが民間稲作研究所から報告されたとき、ふと思いだしたのが、わが家の秘伝、私の父親の時代のレンゲ稲作でした。

戦中戦後の稲作では、肥料は配給制でした。一町歩の水田への割り当ては硫安一〇kgくらいで、苗代の肥料にも足りず、貴重品なみの扱いだったそうです。そこで親父が考えたのが、レンゲ草緑肥の稲作でした。

レンゲの地上部は刈り取り、畑の肥料や家畜の飼料にしました。水田に使ったのは刈取り後の残茎と地下部の根で、これだけで反当たり六俵くらいのお米はとれたそうです。そして驚いたことに、レンゲを栽培した水田には雑草が生えなかった。これは当時の父の大発見だったのです。

レンゲ田では草がほとんどなかった

当時の水田除草は、田植えが終わるとすぐに、手押し田車除草機をタテ・ヨコ各二回かけました。その後は夏の太陽の下で四つんばいになって、指先と爪をすり減らしての除草作業。今思えば地獄のような重労働が、稲作農家の夏の主な作業でした。

ところがこれが、レンゲ草栽培田では、田車除草一回のみでOK。手取り除草は、軽く見てまわって雑草を拾いあるく程度ですみ、省略してもいいくらいだったとのことです。

渡部さんのサクラワセ。山桜が咲く頃に出穂する
（赤松富仁撮影）

全水田にレンゲ草をつくりたい。そうすれば米がただどりになる。除草もらくちん。……こんな生涯の夢をえがき、父は毎冬、外に働きにも行かず、レンゲのつくれない湿田の暗渠排水工事や客土などの土地改良に専念していました。

東北でもつくれる緑肥　サクラワセ

現在の稲作農家は、ほとんどが無家畜農家です。そして、機械化・早期密植田植え・便利な除草剤・略奪農業・環境破壊・果ては薬漬けの米つくりという状況に転落しつつあります。私も長年、親父の思いと秘伝技術を忘れ、除草剤・化学肥料を使った便利で安易な栽培を続けてきました。そういう状況を打開するのが、本当の有機農業なのだと思います。

こんなことを思案中に、「現代農業」にサクラワセ緑肥稲作の記事がのりました。それまでは、緑肥稲作は東北地方では難しいのではないかと思っていたので、桜の時期に出穂する「サクラワセ」という牧草があることを知り、うれしくなりました。緑肥を入れることで食味が向上するというデータものっており、これだ！と感じました。

当地方の冬季の気象条件でも生育し、五月中下旬の田植え時期にも間にあう緑肥・サクラワセ。これを利用した稲作の今年の私の体験を記述し、皆様の参考になればと考えます。ただし、緑肥栽培は、地域条件により相当異なってくることと思います。当方、東北地方南部の太平洋岸地帯のコシヒカリ栽培です。

種はボカシと混ぜてまく、排水に注意

サクラワセの播種量は、標準で一〇a四kgだそうですが、「土地のいいところでは、牧草は一kgだってちゃんと育つよ」といってくれる酪農家もいたので、一〇a二kgを播種しました。

コンバインで稲刈り後、切りわらの上にまず米ぬかを一〇a約一〇〇kg散布。そのあと、五cmくらい稲株が起きるくらいに浅く耕起しました。四～五日土壌を乾かしてから、サクラワセの種と米ぬかボカシを混合機で十分混合。ブロードキャスタで平均に散布し、トラクタのタイヤで鎮圧して完了。

このときの米ぬかボカシの量は、一〇a約一〇〇kgで、前年の七～八月に米ぬかとグアノリン酸を八対二で混合してつくります。

降雨時に滞水する場所は、湿害で種子が発芽不良になり、後に稲の生育ムラにつながりますので、排水には十分に注意します。

早春二月中旬～下旬頃になったら追肥もします。緑肥に対する肥料は、結局は稲の肥料になるものと思って施用しています。

一ｔの緑肥があれば、他の肥料は不要

コシヒカリの場合、坪刈りしてみて一〇a一〇〇〇kg前後の緑肥が確保されていれば、元肥・追肥ともに不要と思います。そしてもちろん、これで除草剤も不要にできると考えています。

すき込み量は多ければいいというものでもなく、多すぎればガス害が発生します。私の体験では、一〇a一三〇〇kgぐらいが限度で、八〇〇〜一二〇〇kgが無難なところでした。むしろ、生長量にこだわるよりも、田植え前三週間を限度として早めにすき込むのが重要です。

緑肥を刈り取らず、生えている状態のまま、ロータリでごく浅くすき込みます。なるべく地表面に近いところにあったほうが、稲へのガスの影響が少なく、除草効果は大であると思うからです。

緑肥のすき込みは浅く、株が抜ける程度の起こし方でいい　（赤松富仁撮影）

そのまま入水し、二〜三日後くらいにドライブハローで浅く荒代をかくと、一挙に緑肥が埋没し、鏡のように仕上がりました。代かきは、二回代かき法（一七四頁参照）を行なうと、除草効果がアップします。

トロトロ層が異常発達

荒代をかいた後から田の水がだいだい色ににごり始め、少し臭いにおいがし始めました。そしてトロトロ層が異常に発達。植え代をかいたあとも、土が浮いてきているようで、通常植え代かき後三日目にする田植えを二日延期しました。

それでも土がフワフワして、普通に植えたら苗が埋没してしまいそうに思ったので浅植えにしましたが、これが一つの後悔の要因ともなりました。活着はよかったのですが、浅植えのせいで、上から出てくる冠根がしっかり土中にはっていかず、根元が不安定でグラグラする「根返り」になったようです。

秋になり、台風がきたときは、ハラハラドキドキ倒伏の心配。手を合わせ、祈る気持ちですが、部分倒伏はさけられそうもありません。トロトロの土にまどわされず、冠根が十分発根可能な深さの田植えが必要だったと思いました。

ライ麦を坪刈りしたら、1.5kg／㎡。「んー、これは多すぎるなぁ」（赤松富仁撮影）

ガス発生　水を落として中干し

今年の苗は、我ながら素晴らしい出来でした。一箱三〇gまきのポット成苗。葉色は笹葉色で、すこぶる健康そうな理想的な苗でした。田植え翌日には太い根が発根。苗は直立

ブクブクと異様なガスわき。しかし硫化水素ほどいやなにおいではない（赤松富仁撮影）

サクラワセ緑肥の田。ガスをぬくために中干し中。真ん中の水のたまるところが特にガス害がひどかった

緑肥をすき込んで22日たってから田植えした田。7 月上旬、ちょうど肥効のピークを迎えた。茎数約22～23本。「やや早め、やや低めのへの字」が、緑肥栽培の肥効
（倉持正実撮影）

し、活着したようです。

しかしなぜか、その後の生育に元気がありません。窒素飢餓？ガス害？そのうち、田んぼ全面にブツブツ泡が出て、風下の側は苗が泡の下になり、とろけそうなところもあります。ひどいところは枯れそうです。

雑草防除のため深水にしていますが、ときどき浅水になってしまったようなところは、どうやら回復のきざし…やっぱりこれは、ガス害だ！

田植え後二〇日以上たった六月十日頃、水を落として中干しを決行。さっそく田車で中耕除草しました。すると五日後、稲から太い根が発生。七月に入るやメキメキ大変身。稲株はガッチリ開張。葉先は天を刺す鋭さ。七月下旬には、まわりの田に決して劣らなくなってきました。

田植え二〇日以上前すき込みが安全

もちろん緑肥をすき込んだ全部の田がこうなったわけではなく、緑肥すき込みから田植えまでの期間が二二日あったほうの水田は、順調な生育でした。緑肥元肥一発で、理想的なやや低めのへの字曲線肥効（肥効のピークは七月上旬）。いもち病なんかはね返す草姿です。

昨年の稔り。有機元肥一発で、太茎大穂のイネをつくる

ところがすき込みから田植えまで一五日未満だったところは、激しいガス害。七月に入ってようやく生長を開始した稲は、肥効のピークが七月中旬から下旬となってしまいました。これではちょうど、いもち病発生好適条件期や下位節間伸長期と重なり、極めて危険な栽培型です。初期にガス害が出ても、立派に回復することはするのですが、このことを考えると、やはりガス害が出ないような栽培が大切です。田植え二〇日以上前すき込みが、安全稲作の絶対条件になりそうです。

九月二日から連日十八日まで二週間以上に及ぶ長雨で、湾曲状に倒伏が始まりました。これの原因は、浅植えもありますが、やはりガス害が要因であったと反省しています。

緑肥稲作こそが有機米づくりへの最短距離

「八〇歳過ぎてもできるラクラク無農薬ただどり稲作」の技術確立が、私の目指すところです。小力の有機元肥一発で、いくつになっても楽しくラクラク。しかも低コストで有機米つくり。

そのためには、自然循環の農業であり、水田裏作緑肥作物栽培こそが、無家畜時代の小力少費の有機米づくりへの最短距離であると考えております。

水田裏作の緑肥作物としては、他にライ麦や自然発生のスズメノテッポウでもテスト的に行ない、好結果でした。

また、民間稲作研究所では、レンゲ草緑肥のコシヒカリ栽培を研究中とのことですので、この結果待ちで検討していきたいと考えております。

（福島県原町市馬場字欠下二二四―一）

二〇〇〇年十一月号　緑肥稲作で、除草剤なし追肥なしのラクラク有機元肥一発！

緑肥の種子代は反当1000～1500円。「本当にただどりを目指すなら雑草利用を考えたい」渡部さんはスズメノテッポウの種子が自分の田に流れ込むようにした（赤松富仁撮影）

菜の花緑肥で除草剤なし

への字の生育だから病害虫もよせつけない

岡山県岡山市　赤木歳通

への字、減農薬のイネつくり

昭和六三年に、まずは除草剤だけ使用する減農薬稲作に切り替えた。種子消毒から秋のウンカ防除まですべてを中止した。虫の飛来を回避し、病気の発生を防ぐためにまずは疎植にし、植付け後の早急な生育も避けるようにした。病害虫の発生状況も観察を行なった。

菜の花を緑肥にすると、除草剤不要の抑草効果と究極への字肥効果が実現！右手に持っているのが緑肥用からし菜、左手が菜種
（赤松富仁撮影）

これらの手法は、生育中期に本格的に追肥を行なう故・井原豊氏の「への字農法」、減農薬稲作の提唱者・宇根豊氏などの影響が大きかった。

有機稲作にとっては、除草剤の中止が最も高いハードルである。除草剤以外の農薬や化学肥料とはたやすく決別できるし、それはそのまま生産費を下げることになる。しかし、除草剤はそう簡単にはいかない。除草剤を使わないことは大変な労力を覚悟しなければならないし、それに見合う米の価格が保証されない限り農家は踏み切れない。

米ぬかや木酢液が除草にいいと聞いて試しにやってみるが、思った以上に草が生えてしまい苦しめられた。やがて民間稲作研究所編の『除草剤を使わない稲つくり』（農文協発行）から雑草による生育の特徴、抑草の基本理論、抑草技術の方法などを学んだ。草の種類によって、酸欠（強還元）に弱いもの強いもの、有機酸に弱いもの強いものなどの特徴があり、雑草の種類によって抑草技術も違ってくる。米ぬかなどはコナギに有効、深水は空気を遮断することによってヒエに有効であることなどを学んだ。

レンゲ緑肥による抑草がいいと知っても、スズメノテッポウが多くてレンゲが抑制されるし、生えかけたレンゲは、大型コンバインに踏みつぶされるのでちゅうちょしていた。人が喜んで見にきてくれるような緑肥をやってみたい。そこで思いついたのが菜の花であった。

私の住む地域は、海抜ゼロメートル地帯で夏期には地下水位が高く、畑作物を栽培することは困難である。転作に小麦を栽培しているが、その技術が菜の花の栽培に応用できたのも、菜の花との出会いに少なからぬ関係があるようだ。たとえば暗渠施工、弾丸暗渠やサブソイラーによる排水対策、また溝あけ機や鎮圧機を持っていたこと、そのほかにも均一に種をまく技術や麦わらを全量すき込んでの代かき技術など、菜の花栽培に共通している。

菜の花の強力な抑草効果

家族は、農業専従の私、勤めに出ている妻と息子、米寿を迎えた母との四人暮らし。農作業に関しては、農繁期のみ家族の手伝いがあるが、通常は私一人でこなしている。

しかし、こんなにも楽しくラクな有機農法があっていいのだろうか。炎天下の田んぼで四つんばいになるでなし、除草機を押して草と格闘するでなし、夏は畦草刈りと水の管理をするだけのラクラク有機稲作である。以前の苦労が今ではうそのようだ。手順をきちんと踏めばこんなにも草のことを忘れることができるとは。それが菜の花緑肥稲作である。

菜の花田んぼには必ず看板を立てよう。園児に囲まれてニコニコの著者

二〇〇一年、景観緑肥作物からし菜を四〇aに咲かせ、満開時には子供たちの遊び場となった。田植え後に米ぬかは従来どおり七〇kgほど散布した。代かきのときにすでに生えていたヒエが一部起き上がってきただけで、ほかには草はいっさい生えなかった。

からし菜以外にも、木酢液、米ぬか、深水などによる有機稲作はおよそ一haあったが、こちらはヒエ、コナギ、チョウジタデ、カヤツリグサなどの逆襲を受けて、炎天下に四つんばい農法をさせられた。この年、菜の花の力を垣間見た。

翌二〇〇二年には菜の花畑（からし菜と菜種）は二haに増やした。このうち生育が特に良かった田は米ぬか散布もなしで、六〇aでひとにぎりにも満たないヒエがあっただけである。

こうして二年目に菜の花の効果を見せつけられた。すでにこの年、兵庫県の仲間が菜の花農法を実行している。草が生えないことに、ある種の怖さを覚えるほど驚いている。私の田だけの特殊な現象ではないという自信と喜びを感じた。

二〇〇三年には菜の花畑は三haになった。万一これが草に覆われたと考えると、身震いするほど怖かった。この年の春先は例年になく雨が多く、土が乾いていることがなかった。一部まき直したが、再度湿害で発芽不良、生育停滞などで生長はきわめて悪く、菜の花の力をどこまで信じることができるかを試されたような年であった。

一枚の田を除き、念のため米ぬかやくず大豆を散布したが、田植え後五〇日たってもいずれの田もほとんど草は見あたらない。特筆すべきは、米ぬかなしの一枚の田である。まき直した菜種は湿害を受け、草丈は長いので五〇cm、短いのはわずか十数cmである。全体としては短いのが圧倒して多かった。にもかかわらず、その菜種をすき込んだ四〇aの田にはヒエがわずか数本だけである。菜の花にこれ以上何を望むことがあろうか。おかげで草を忘れるような有機稲作にひたっている。

抑草のしくみ

長効きする有機酸の効果

効果の原因はなんといっても大量の有機物から発生する有機酸だろう。茎の表皮は硬くて腐りにくい。綿を圧縮したような芯が分解して発生する乳酸、酢酸、酪酸などの有機酸は、切り口から時間をかけてしみ出るのではないのかと思う。だから効果が長続きするし、レンゲとちがって一度に発生しないから、いっさいの配慮をしなくても、田植え後の稲が障害を受けることもない。

強還元状態—酸素がなくなる

未熟有機物をすき込んで代かきすると、菌類が分解活動を始め泥の表面も中も極度の還元状態になり、酸素がまったくなくなる。それどころか、周囲のあらゆるものから酸素を奪おうとする。雑草も発芽後は酸素を必要とするから、たとえ発芽できても生長できない。草のはえない理由にはこの強還元状態も含まれているだろう。

微生物・小動物の働き

緑肥をすき込むと泥の中には微生物が爆発的にふえる。プランクトン、ミジンコ、カブトエビと食物連鎖が起き、カブトエビは除草にも一役かってくれる。またエラミミズのぜん動運動は、土の大きい粒子や草の種子を土中に埋める作用があるし、発芽直後の雑草を浮かせてしまう。そして、水中に出した尻からは消化できなかった土の微粒子を出す。つまりトロトロ層が発達する。これも抑草効果に大きく寄与していると考える。

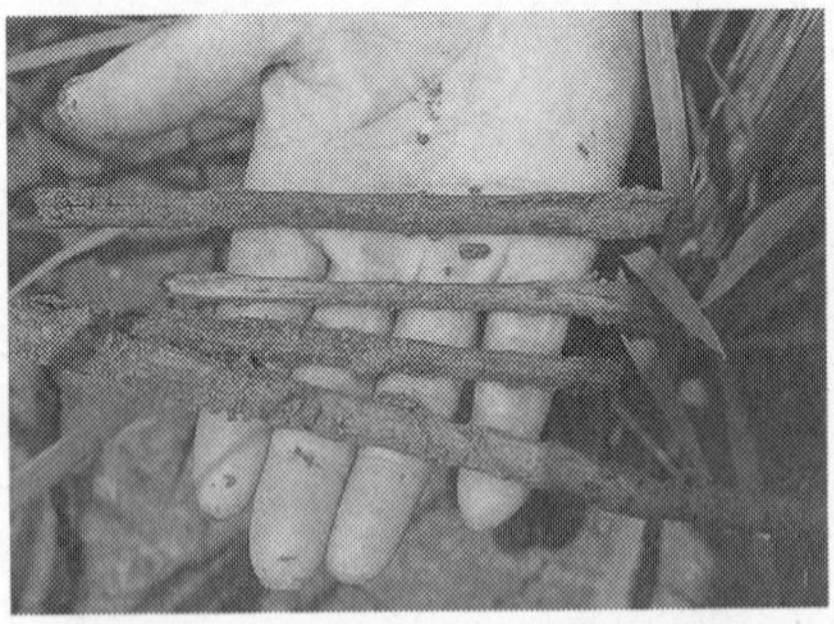

菜の花の茎は7月末になっても形が残っている

（赤松富仁撮影）

水のにごり

有機物の多い田んぼは粘土コロイドが沈降せず、水がいつまでもにごっている。雑草に届く光を弱くするので、これによる効果も大きい。

さらに効果をあげるには別の抑草技術を組み合わせるのがよい。たとえば、これに米ぬかを散布すると、泥の表面はもちろん、泥付近の水も強還元状態になるし、有機酸も緑肥だけより多くなる。あわせて深水管理もすれば効果は三重になる。抑草技術はたくさんあるから、自分がむりなくできて田に合った方法を考えることが成功の秘訣であると思う。自分流のひと工夫を考え出す農家でありたい。

反当三tもの有機物

草やレンゲは腐りやすく、肥料効果は高くても物理的に土をふかふかにすることは期待できない。もみがらや麦わらはその反対である。

この点で、菜の花は葉と茎で両方の役目をする。とりわけ茎は、秋の刈取りのときまで田面や土中にそのまま残っており、見た目は最初と同じだがこれは養分をすべて放出した後のかすである。これが土つくりになる。生育がよければ一〇a当たり生草重量で三t以上になる。

菜の花畑はたのしい

作物をつくっている田では、自由に中を走ってもらうわけにはいかないが、「花のなかで遊んでいいよ」と大書した看板を立てれば、子供たちは勝手に花迷路をつくって遊んでくれる。弁当を持った親子もやって来る。幼稚園の園外保育の場としても使える。ジャングルのようで楽しいとは子供の弁。

花あるところ蜜蜂もくるが、人もやって来る。元来閉鎖的な農地が社会に開かれた田んぼに変身するし、生産者と消費者を結びつける。

景観作物として転作の対象になるぐらいだから、地域でまとまればその景観は圧巻である。これを村おこしに利用してもよいではないか。たとえ一人でも農業を通じて社会に直接貢献できる。これは素晴らしいことだと思う。

への字、疎植なら病害虫がでない

一般に行なわれている、早期に茎数を確保し、中期には葉色を落とし、穂肥で再度色を出し多収をねらうやりかたは、農薬に裏打ちされた技術であると私は考えている。人によるコントロールが強い。

無農薬を貫くには最初から肥効を出さずにゆっくりと葉色は濃くなり、出穂一か月前あたりからなだらかにさめていくのがよい。ゆっくり上昇してゆっくり下降するから「への字」に似たカーブを描くわけである。そしてなにより疎植、細植えにして稲本来の力を引き出してやる。それが私の稲作の基本である。

菜の花緑肥を利用すれば自然とこの「への字」カーブの生育になる。葉色、茎数の変化をイメージすると図のようになる。

ゆっくり生育するから、葉色も茎数も周囲より遅れて当然である。いつの間にか葉色が出て、知らぬ間に茎数が増えて逆転するから不思議だ。疎植・細植えでは分げつ茎は斜めに外を向いて伸びてゆき、噴水状になる茎一本一本に風と光が当たるので、病気などでない。周囲より生育が遅れている頃に中国大陸からウンカはやってくる。色は薄いし開張して隠れるところがないから、ウンカは着陸しない。色が出てきた頃には飛来は終わっているから殺虫剤は要らない。

草を押さえるには田を均平に

菜の花を播種する二月までに、耕うん・均平と施肥をすませておく。

まず、圃場の高低差をなくすことが第一条件である。代かき時に写真を撮影し、メモを残して記録しておき、秋からの均平作業の参考にしている。ヒエは深水によって抑えることができるから、高い部分を六～七cmの水深にしたとき、低い部分の稲が水没しない程度まで均平に田を均す。菜の花の種は一mmほどだから、十分砕土したほうが発芽に有利である。

元肥は、有機稲作を目指す人は有機肥料を、こだわらなければ硫安でもよい。施肥量は、土質、稲の品種、植付け密度などにより一様ではない。私のつくる「朝日」という品種は、長わらで倒伏しやすい稲である。土は粘土質、そして疎植。菜の花なしでも鶏糞なら三〇〇kgが適量である。

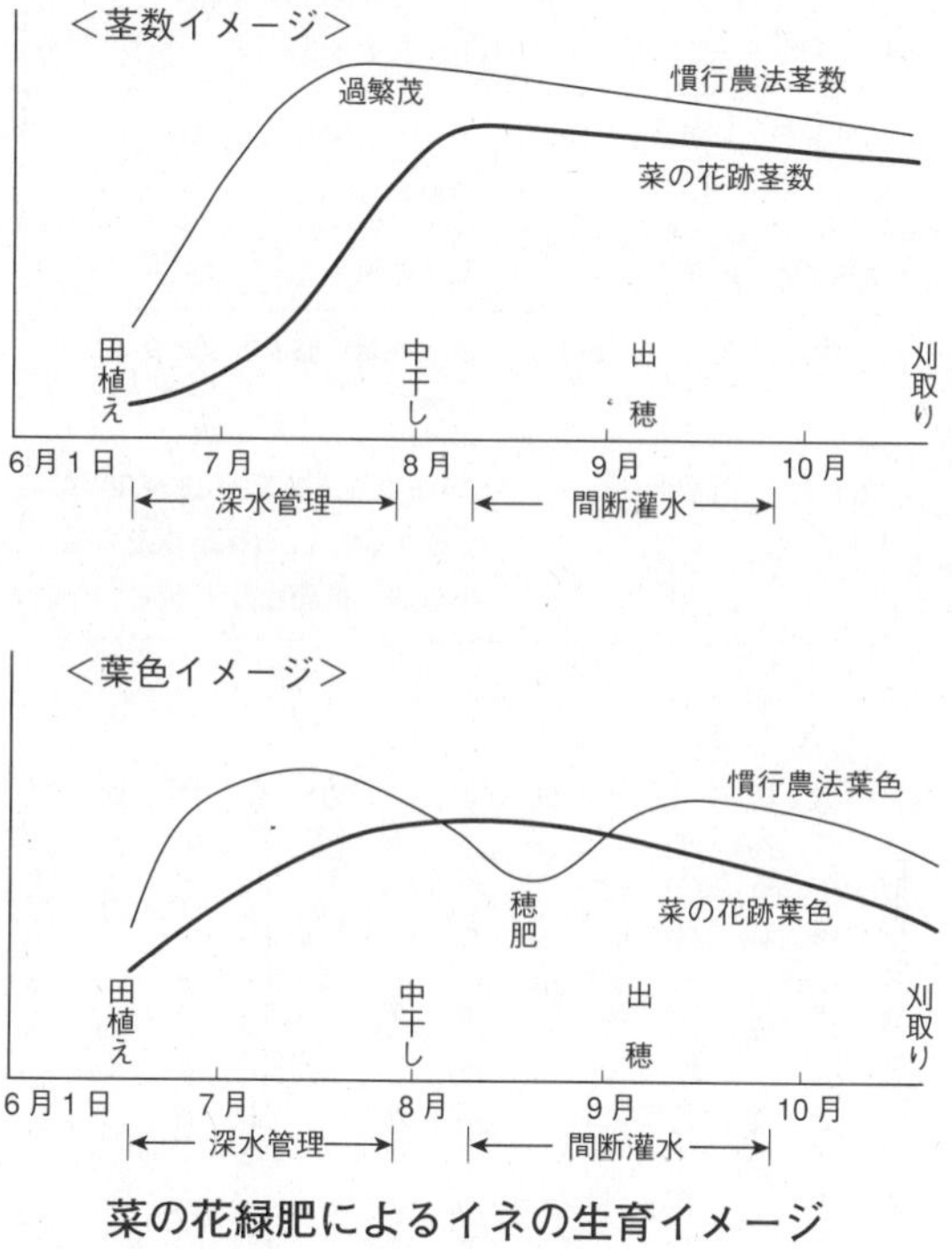

菜の花緑肥によるイネの生育イメージ

大きく開帳し、茎が太いへの字の稲

菜の花緑肥の作業工程

時期	作業工程など	作業概要
秋〜冬	高低均し・耕うん	高低差をなくし，十分砕土する
冬	鶏糞散布	10a300kg。ブロードキャスター使用
2月	播　種	10a1.5〜2kg。カラシナまたはナタネ。手回し散粒器使用。鎮圧ローラー掛け。逆転管理機で明渠を掘り，排水対策
4月中旬	開花開始	ナタネはカラシナより少し遅い
5月上旬	圃場開放	看板を立てて圃場開放。カラシナ草丈 1.5m
5月下旬	すき込み	モアーで細断，ロータリーで耕うん
6月上旬	再耕うん	ヒエ対策
6月中旬	入水・代かき	深水厳禁。必ずヒタヒタ水で行なう
2日後	田植え	35日ポット苗を坪33〜36株，2〜3本植え。10cm以上の深水管理。追肥なし

種まきは水分に注意

菜の花の播種前には、ロータリーのエプロン鉄板で圃場全体を平らに均しておく。

からし菜は反当二kg、菜種は種子が小さいから一・五kgをまくが、苗立ちが心配な人は少し多めにまけばよい。私は手回し散粒器でていねいにまき、麦踏み用鎮圧ローラーで種子を土にめり込ませる。

ロータリー爪の回転数を最低速にして耕深三cm以内に浅くロータリー攪拌してもよいが、絶対に深く耕してはならない。深まきとなり発芽不良、生育不良となる。小面積なら熊手の背か竹ぼうきでなでても種子は土に隠れる。播種後に大雨があると表面が板状になり、鎮圧しないほうが発芽もその後の生育もよい。晴天が続いたときはこれと反対で、鎮圧したほうがよい。種子が小さいからかスズメの食害はない。寒い地域は早めに、田植えの遅い地域でも三月上旬までにはまきたい。

湿害にはきわめて弱いから、排水対策は万全を期しておく。本暗渠があっても六mに一本、なければ四mに1本の明渠(溝)が欲しい。

圃場にお客を入れる時期が早すぎると、踏み倒されて草丈が確保できなくなる。一mになるまでは開放を待とう。

菜の花と表現してきたが、緑肥用からし菜と菜種を使っている。からし菜は茎に産毛に似た小さなトゲがあり、軟らかい皮膚にはこれが刺さる。子供が遊ぶには菜種に限るが、種子が高いから安価なからし菜と使い分けるとよい。また菜種は開花前の茎蕾は食用になるから朝市にも出せるし、花見客の土産にもなる。

花が終わったらすき込み、代かき前に耕うん

花も終わりに近づき伸びきったところですき込む。ナイフモアーでチップにしてから直ちにすき込むのが理想だ。時間をおくと大事な窒素が飛散する。ロータリーだけですき込むのであれば、ロータリーの爪の回転を最低速にし、走行を速めにするとからみつきにくい。倒しさえすればやがてもろくなるから、最初から細断しようとしないこと。すき込みから半月あれば田植えに支障ない程度に腐熟する。爪軸に激しくからみついたままだと、軸受を焼くことがあるのでときどき点検する。

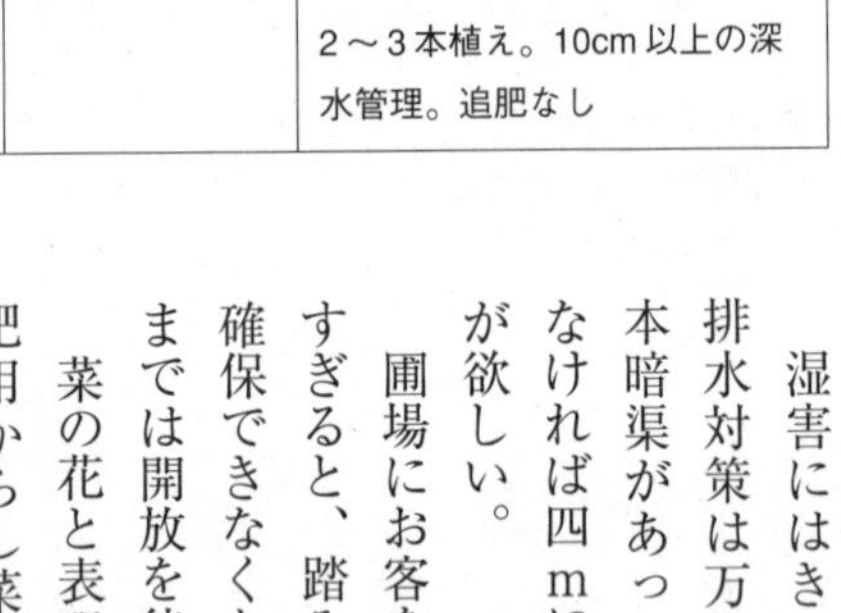

西洋カラシナのすき込み。幅広のバンパーを取り付ける

トラクターは花の中へ頭から突っ込んでいくから、花吹雪がラジエターに詰まる。トラクタ

ーの前方下部に幅広のバンパーを取り付ければ、あらかじめこれが茎を前方に倒すのでうまくいく。

代かきまでに途中でもう一度耕うんしてヒエが小さいうちにたたく。代かきのときにヒエが見えるようだと、いくらかは後で起き上がってくる。菜の花も米ぬかも起き上がったヒエには勝てない。ただし、田植えの早い地域は気温が低いので、代かきまでの耕うんは必要ない。

代かきはヒタヒタ水で、苗は三三株うえ

代かきは必ずヒタヒタ水で行なう。未熟有機物がことのほか多いから、深水でしかもロータリーを高速で回すと茎が浮き、田植えをしても転び苗になるし、茎が吹き寄せられて苗に覆い被さる。代かきのときの水の加減がすべてを決める。

泥が落ちついたら田植えである。苗は草丈一五cm以上で色は薄く、一株二〜三本、坪三三株の疎植とする。田植えも終わりが近くなって苗が余るようなら三六株植えに調節する。これほどの疎植だと、植えてしばらくは寂しい限りだが、やがて太い分げつがめきめきと出てくる。豪快な株になり太茎大穂のコースを自然にたどる。

左が田植え後まもなくの筆者の田。への字は、このさみしさに辛抱することから始まる　（赤松富仁撮影）

苗づくり

種子は自家採種も

品種をボケさせないために種子はおろそかにしてはならない。購入種子は毎年五kgと決めている。毎年決まった採取圃に植え、出穂前後はこまめに見て回る。早い穂、遅い穂、芒（のぎ）が異様に長いの、背丈が高いのは、株ごと切り倒す。こうして選抜した株から採種し、この種もみを翌年まくが、それ以上は採種しない。また新たに五kg買う。採種した種もみは、空気が乾いているときに芒や細かい毛を風選脱芒機で除去して春を待つ。

ばか苗病は温湯消毒で

比重一・一六を目安に、塩水選を行なう。播種量の二倍を秋に用意しておく。手早く塩水選を行なってメッシュ袋に入れ、風呂場に駆け込み、六〇℃で八分間湯浴みさせる（温湯消毒）。

温湯消毒後は大急ぎで冷水に浸す。必ず全体をまんべんなく冷やすことが大切で、私の場合は用水に浸している。この冷やす作業をもたもたしていると、もみが煮えてしまって発芽率が低下するから注意が要る。これでばか苗病菌の九九％は死ぬ。

ポット苗の播種

催芽は日陰で水に浸漬して行う。酸素補給とアクを捨てるために、水は毎日交換する。アメ色に吸水したら種もみを水から引き揚げ、上からゴザなどを掛けておく。こうしておくと空気に触れるので、酸欠による失敗がない。

苗枠に使う土は粒状のもののほうが酸欠を起こさなくていい。私はポット方式の育苗で、一穴に二〜三粒を目標に播種しているが、たまに四粒や一粒が混ざる。

三aの苗代で成苗を

苗代の元肥は大量に要る。四ha分の作付けに必要な苗枠一〇

○○枚分の苗代約三aには、冬の間に米ぬか七五〇kgを入れておく。

私はみのる式の育苗方法で苗を育てているが、育苗のスタート時点での失敗では、かわいがって水を入れすぎ、苗を酸欠にしてしまう例が多い。高い部分の苗が上出来なのは過湿だった証拠である。

肥料分がもう少し欲しいときは、苗代に水を入れながら水口に硫安をパラパラと落としてやれば均一に広がり、ムラが生じない。

前半はこまめに水を入れて伸長を促し、後半は乾かしぎみにして苗と床土の硬化を図る。後半に水を入れて苗丈を伸ばすと、苗も田も軟らかくて、のちのち困る。

育苗日数は三五日。葉色淡く、苗丈が一五～二〇cmあって太ければ及第点をつけ、葉齢は問わない。四・五～五・〇葉あたりだろう。田植えも終わり頃になると、育苗日数は四〇日におよび、苗丈二五cmにもなる。

深水管理でヒエ対策

一枚の田を植え終わったら直ちに深水にする。一五cm以上の丈の苗を植えるから、一〇cmの水深にしても五cmは頭が出ている計算だ。泥の表面付近で発芽したヒエは、力の限り芽を伸ばしても空気に届かないので死んでしまう。そのために田は均平にし、苗は大きめに育てておきたい。田植え直後に水深七cmが確保でき、生長につれてさらに一〇cmにできたらヒエで泣くことはもうない。

葉色の薄い苗を細植え、疎植、深水、そして即効窒素なしとくれば、遠目には水ばかり見えて稲は見えない。この時期飛来するウンカやガの目をあざむくことができる。ただ深水は稲にもダメージを与える。苗質がよくない場合はすぐ効く窒素分が少しあったほうが、伸長できて深水に耐えられる。

また、田植えから出穂までが六十五日を切るような場合も同じで、葉茎からゆっくり出る肥料分では茎数確保が困難になる。すき込んだ後に鶏糞を二〇kgほど即効用に振る。たくさん入れると「への字」カーブにならない。

植えたが最後、水の管理以外何もしないのが原則だが、田によっては出穂五五日前頃、ポイント施肥をしなければならない。砂がかった場所や高い部分、茎数がものたりない部分へは、私はペレット鶏糞をふる。中干しまでは水深一〇cmを保ち、一度田の中を見て回り、草や泥の状況を確認しておくとよい。中干し以後は、田面の軟らかいときは田に入らないこと。上根を切ってしまうからである。登熟期に水が切れるともみは太らない。早すぎる落水は米を捨てることになる。

＊

以上はあくまで私のやり方であり、全国一律に共通するものではない。降雪地方や冬に乾かない田ではやれない。冬季湛水や他の抑草技術を選ぶべきだろう。また、五月上旬の田植え地方では、菜の花は秋まきのほうがよい。

このように全国の田の条件は千差万別だから、稲作技術も田と同じ数があってよい。除草剤と異なり、九州でも北海道でも同じというような効果は期待できない。地方により、地域により、個人により、田によってひと工夫しなければならない。これが百姓の技だと思う。薬ふったり肥ふったりするのは技術ではない。稲を観る眼を養い、草や虫たちをも観察できる百姓になりたいものだ。

（自然を愛し環境を考える百姓　岡山県岡山市升田一三一）

作物編　第三巻　菜の花緑肥で雑草根絶　坪三三株植えの「への字」型生育、圃場開放で消費者を引き込む

探訪　レンゲ稲作の魅力

横田不二子

レンゲを一面に生やす法

乾田直播―レンゲの花の中に、イネを直播

　岡山市の大森恒さんは、田植え機なしの直播栽培（二四ha）。直播は、昭和三十年代から行なっているそうだが、レンゲを緑肥に取り入れるようになったのは、ここ十年ほどだ。秋にレンゲをまき、春にレンゲの花の中に種もみを直播している。元肥が不要で、レンゲが被覆して草を抑えてくれるので、直播につきものの除草剤も散布回数を減らせる。

　きっかけは、転作としてまいたレンゲの花の中に、稲が混じっているのを発見したことに始まる。前年コンバイン収穫をしたときにこぼれ落ちたもみが自然発芽したものらしい。そのまま放っておいたら、しばらくしてレンゲは枯れたのに、稲はけっこう育ったというのだ。さっそく、平成三年に一・七haほど、レンゲの中に種もみを直播してみた。苗立ちもよく、その秋はびっくりするほど立派な稲に育ったという。

　レンゲをまく時期は、九月下旬から十月上旬にかけてで、落水前後、稲の立毛間に背負い式の動力散布機でまいている。稲刈りが始まる十月初旬にはレンゲはすでに発芽して、モヤシのように伸びている。

　コンバインから排出されるわらが山になったところは、レンゲが生えず、スズメノテッポウなどの畑雑草が発生してくるという。

　播種量は、初年目が一〇aに三kg。二年目以降はレンゲの発生量をみて、一〜一・五kgくらいにしているが、今年はまた三kgに増やしている。初年目は生育がすごくよかったのに、三、四年たつにつれ、どうも不安定になってきたからだ。乾田直播では、レンゲは連作を重ねるほど、生育が劣ってくるようだ。

不耕起と耕起・代かきは一年おきで

　「不耕起レンゲ草生直播栽培」の研究と栽培を続けている広島県の堀内史朗さんにも会うことができた。堀内さんは、山間の小さな田んぼで試験栽培を中心になさっている方である。

―レンゲを田んぼ一面にうまく生やすコツってあるんですかね?

「稲の立毛中（登熟中期）、落水の一週間前

にまけば、たいていうまくいく。小さい種を手でまくときは、お相撲さんが塩をまくときみたいに、下から空に向かって、飛んでけーという感じでまくんだよ。そうすれば、ふわーっと飛んで、バラバラっと広がって落ちる。一回でうまく均一にまけないようなら、半分に分けて往復してまけばいい」（なるほどー。勉強になった）

　レンゲはちゃんと発芽すれば、播種量は一反に一kg以下で十分とのこと。大森さんのような直播稲作の田んぼではレンゲの生育が年々悪くなるということについては、

「レンゲを早くすき込まないで結実させると、秋になってものすごく発芽する。密度が高すぎるからヒョロヒョロに軟弱徒長して、菌核病などにやられやすくなるみたいだね。そこへ新たに種をまいたりしたら、余計にそれを助長する。

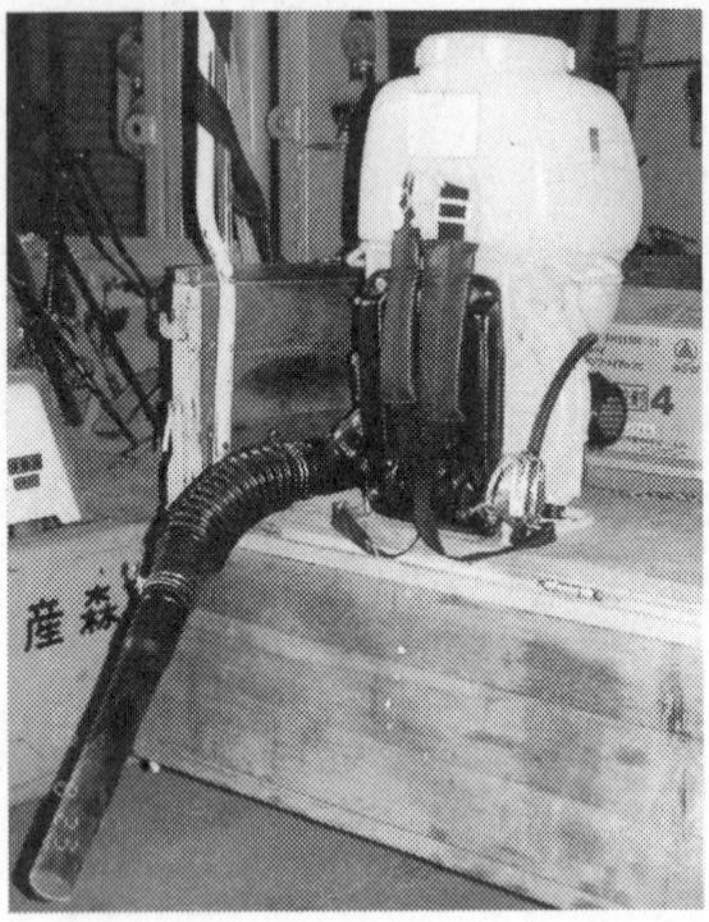

大森さんはこの動散でレンゲの種をまく

だから、レンゲをやった翌年は耕起・代かきしたほうがいい。一年おきなら大丈夫だよ」。秋、こぼれ種からレンゲが芽を出したところで秋起こしするか、多少生えが悪くても春までおいて緑肥としてすき込んで代かきするのであれば、別に問題ないみたいだ。

稲刈りの後、軽く起こしてからまく

　岐阜県JAにしみの営農技術主幹、野原定夫さんによれば、レンゲは昔から「秋のお彼岸の頃にまけ」といわれ、稲の立毛中の落水した頃にまいたという。しかし、稲刈りの後、稲株を引っくり返す程度に軽く起こしてからまいたっていいそうだ。「乾燥する年には、ごろ土の間に落ちた種が出てくるし、雨の年には土の表面に落ちた種から生えてくる。種をまいてから浅く起こしたって大丈夫。あまり深く起こすとダメだけど、五～一〇cmくらいなら」。

　大切なのは「ムラにならないようにまくこと」。まくのは手回しの散粒器で。レンゲの播種量は二～三kg。起こしてからまく場合は、少し多めにまいたほうがいいようだ。

11月、ひこばえの間に繁茂しているレンゲ

ちょっと傷つけてやると、発芽率アップ

　最後に、稲葉光國さん（民間稲作研究所）の意見をうかがっておこう。

「レンゲは発芽するときに水分が必要ですから、稲刈りの前、落水直後、土に十分な湿り気があるときにまくのがベスト。そのまままいてもいいですが、レンゲの種皮は硬いか

ら、手動の散粒器でまく場合は、砂に混ぜて少しもんで種の表面に傷をつけてやると、吸水性がよくなります。ミスト機でまくなら、川砂に水を加えて湿らせ、レンゲの種が均等になるように混ぜて勢いよく散布すると、発芽歩合がずっとよくなります。このようにすれば、播種量は一反に一kgで十分」とのこと。

また、レンゲは、水たまりがあったり、湿田だと生育しにくい。秋のうちに溝を掘るなどして、冬から春にかけての乾田化をはかりたい。

レンゲの肥効と調節法

乾かすと窒素が減る

レンゲをすき込むときに心配なのは、「初期生育がよくないかも?」「ガスわきがする」「窒素過剰で稲が倒れる」「食味が落ちるのでは?」などではなかろうか。野原定夫さんに、これらの質問をぶつけてみた。

「レンゲは窒素成分の多い緑肥。満開のときは草丈が四〇～五〇cmにもなる。これを生で全部すき込んだら、それは多すぎます。倒れるだろうし、食味にも影響すると思いますよ」。

JAにしみのでは、およそ五月中旬の早植栽培と六月中旬の普通栽培に分かれるが、早植栽培の場合は、

「四月上旬から中旬にかけて、レンゲの花が咲き始めて一五～二〇cmくらいになったら、ロータリーで浅く起こす。レンゲが土の中に深くまで入らないようにするんですね。水はすぐには入れません。土の表面に出ているレンゲを一〇～一五日くらい放置して乾かします。乾かすと窒素は急激に減るので、それから入水、代かきをするんです。レンゲがきれいに繁っていれば、一五～二〇cmくらいで刈ると、生草で反当約一・五～二tの重量になる。窒素は生草のおよそ〇・三～〇・四%ですから、六～八kg。実際に効くのは半分くらいという感じだから、三～四kg。ちょうどいいと思います。窒素が多そうだと感じたら、干す期間をもう少し延ばして減らすようにしています。」

レンゲの無機成分含有率（乾物当たり％）（富山農試、1963）

成分	刈取時期（月／日）						
	4／11	4／18	4／25	5／2	5／9	5／16	5／23
全チッソ	4.60	4.80	4.28	3.73	3.45	3.20	2.63
水溶性チッソ	0.21	0.24	0.20	0.18	—	0.15	0.15
リン	0.43	0.42	0.34	0.36	0.33	0.32	0.30
カリ	1.88	1.88	1.44	1.44	1.38	1.50	1.50
イオウ	0.57	0.35	0.28	0.28	0.42	0.35	0.39

※乾物量は、生草量のおよそ1／10が目安

「六月に田植えの普通栽培のほうは、五月中旬、レンゲの一部のサヤが黒くなったころ（結実期）に起こしますが、生草の量は二・五tくらい。それがちょうど、窒素で六～八kgに相当します」。

レンゲは、よく繁っていると一〇cmで約一tの重量になるという（反当たり）。窒素は、開花期が一番多く、花が終わるとどんどん少なくなるそうだ。表は、レンゲの刈り取り時期による成分含有率を調べた富山農試のデータ（農文協刊「レンゲ全書」より）。

疎植にすれば中期に肥効が出るレンゲ型生育

—レンゲはやっぱり初期の生育がよくないんですか？

「初期に効いてくる場合もあるんですよ。レンゲは乾燥すると比較的早く効いてきま

す。気温が高ければ分解も早いし。でも初期によくなくても、まったく問題はありません。健苗を育て、三本程度の細植えにし、疎植にすることが必要になりますけど。疎植だと稲は倒れにくいから」。JAにしみのでは、一〇〇g／箱の薄まき、一五株／㎡（坪五〇株）の疎植で植えている。

レンゲの肥効は、田植えから二週間ほど経つと、次第に葉色を上げ、出穂の二〇～三〇日前頃がピーク。その後はゆっくりと、出穂の頃もなだらかなカーブで推移し、成熟に向かってゆっくりさめていく。

3月下旬にシマ模様にすき込み、窒素制限した開花期のレンゲ（播種量1kg/10ａ）（民間稲作研究所提供）

「ダラダラ効く、いつまでも遅れ穂が出る」という声に、野原さんは、「それはレンゲだけでなく、有機はみんなそうですよ」と。ダラダラ効く印象でも、「それで食味が落ちることはない」とのこと。

また、ガスがわいてしまったときは「足を入れてアワがブクブクするようなら、水を落とす。落とせばガスが抜けますから」と野原さん。

レンゲをしま模様に刈って肥効を調節

稲葉さんのアイディアは、レンゲを緑肥とし、お花見も可能にし、しかも、レンゲで除草もしてしまおうという、一石三鳥のユニークなもの。

「三月下旬頃、レンゲの根粒菌の生育がまだ十分でないときに、トラクタでしま模様にすき込んで生育量を制限しておく。たとえば、火山灰の土壌では肥効が強く現れるので、トラクタの幅一条おきにすき込む。保肥力のある粘土質土壌では二条おきに一条程度すき込むといいでしょう」。

もっと正確に窒素の量をコントロールしたければ、レンゲの坪刈りをやって重量を計り、土質も考慮して刈る量を割り出すそうだ。

レンゲの肥効（不耕起直播の場合）

レンゲの生えてる中に、稲の種もみをまいていく

大森恒さんに播種機を見せてもらった。トラクタにドリルシーダー（岡戸式）をセット。鉄の突起で土に穴をあけ、種もみを落とし、ローラーで鎮圧していく。

「最初は、ヒマのある一月二月にまいたこともあったけど、四月二十日頃にならないと、自然発芽しない。あんまり早くまくと、発芽率が落ちる。かといってレンゲが繁茂しすぎてからだと、今度は種もみが落ちにくくなって、これも発芽率がよくない。だからレンゲの草丈三〇㎝以下、三月末から四月上旬くら

いがちょうどいいみたいだね」

もみの量は反当五kgくらいまいていたのだが、発芽率が落ちてきたようなので昨年は八kgにふやした。

最初は真っ黄色の生育も我慢の子

レンゲ田では元肥はやらない。「レンゲは初期には効かない。〝肥切れ状態〟みたくなってるけど、ほうってある。他の人じゃ我慢できんくらい効かないんよ（笑）」

じつは、レンゲ栽培を始めた頃、分けつ促進に窒素で約二・一kg（LP一四〇日タイプ）をふって大失敗したことがある。緩効性のLPとレンゲとがダブって効いて、秋に倒してしまったのだ。以来、元肥はふっていない。

大森さんは、「稲は黄色くて肥料を欲しがっている状態で、生育が抑えられているような感じでいい。不耕起だと、こぼれ種からも発芽するから、茎数は十分とれるのよ」とニッコリ。レンゲ田の施肥は、窒素でたったの反当二〜二・五kg。とても少なくてすんでいる。

V字溝切り播種機で種もみをまく

広島県の堀内史朗さんは、管理機の後ろにディスクを二つ取り付けた機械で、V字に溝

4月7日　レンゲの繁茂する中に稲の種もみをまく大森さん

4月30日レンゲ開花期　このレンゲの株元には稲がすでに芽を出している

大森恒さん。後ろの田は200mの長さのある5反田んぼ。すでに穂肥もやって、レンゲの肥効も出てきて稲がよくなってきた

堀内さんの工夫した播種機前のディスクはレンゲを切りながら土に切れ目を入れる。後ろには2枚のディスクが少し先細りに取りつけてあって、土をV字にこじあける

を切り、そこへ乾燥もみを落としていくように工夫している。

まく間隔は、三〇cm×一七cm。六粒ずつまけるようセットしてあるが、発芽率はおよそ五〇%。一株一〜三本あればいいという。もみの量は反当四〜五kg。種もみはまきっぱなしで覆土はしない。落とした種もみの上にレンゲが伸びてかぶさってくるから必要ないのだ（スズメに食べられることはない）。でも覆土しない理由はそれだけじゃない。それは「葉や茎がかぶさるのは構わないのだが、レンゲの根が種もみに当たると、アレロパシー物質が出て稲の芽が伸びないことがある」とのこと。

播種跡はこんなふうになる

レンゲの肥効は一文字

堀内さんも、元肥はレンゲだけ。五月下旬頃からレンゲが枯れ始め、稲が伸びてくる。「レンゲが枯れ始めたら、すぐに水を入れるのがポイント。ぐずぐずしていると、レンゲを食べていた虫が稲の芽をかじってしまうことがあるんですよ」という。七月中旬頃にはレンゲはすっかり枯れ、ウネ間に堆積。水は秋まで入れっぱなしだそうだ。

稲は前半やはり黄色。穂ばらみ期頃から後半に効いてくるという（八〜十月）。それでもイメージとしては、「レンゲの肥効は一文字。まっすぐダラダラと、という感じかな」。

収量は四〇〇〜六〇〇kgくらい。「収量が低くなるときの最大原因は、発芽した芽が虫に食われて苗立ち不足になることです。レンゲを連作すると虫がふえてひどくなるので、そういう意味でも不耕起は一年おきが無難だと考えています」という。

レンゲ除草

水を入れて、いきなりドライブハローでレンゲすき込み

レンゲ除草を実践中の稲葉光國さんを栃木県上三川町に訪ねて、根掘り葉掘り聞いてみることにした。仕事を中断して駆けつけてくれたのは、武子（たけし）俊一さん（四六歳）。武子さんは兼業農家で、稲葉さんが農業高校の先生をしていたときの教え子でもある。

有機酸がコナギの発芽を抑制

稲葉さんによると、「レンゲのアクは、たとえばコナギなんかには非常に有効なんですよ。コナギは水生雑草で、酸素がごく少ない条件になると発芽するという特性を持ってい

る。つまり水を入れて代かきすると、わっと出てくるんです。やっかいな雑草ですよねぇ。でも、コナギにも弱点がある。それは有機酸によって根が障害を受けやすいという点です。種子から根が出て伸びて、その先端が土に刺し込まれ根づいていく、まさにそのタイミングに有機酸と出会うと、根の細胞が壊され枯れてしまうのです」

有機酸というのは、蟻酸、酢酸、酪酸、乳酸などのことだそうだが、酪酸のようにイヤな臭いがする有機酸もある。じつはこの悪臭、私はレンゲから出るアクの黒い色から発するとばかり思っていたんだけど、アクは無色で、黒いのは「プランクトン」なんだそうだ。有機酸を出すのは、レンゲばかりではない。木酢、玄米酢も米ぬか、くず米、くず大豆、油かす、麦類、冬雑草なども、有機物はみんな、分解して各種の有機酸を出すそうだ。レンゲの出す有機酸は、結構強力だというのは確かみたいだ。

左が稲葉光國さん、右が武子俊一さん

「表層に浅くすき込む」のが重要なポイント

武子さんはレンゲ田に水を入れ、いきなりドライブハローでレンゲを倒している。

稲葉さんは、ハンマーモアで刈ってから入水し、カゴ車輪を付けたトラクタでロータリを高速回転させ、できるだけ浅くすき込みしながら代かきをする。この「浅く代かきする」という点がポイント。このようにすると、有機酸が地表面近くに大量に発生してくる。かけ流さず湛水状態が保てれば、ここで発芽しかけたコナギの生育はかなりおさえられる。

それから七～一〇日くらいして、臭いがほとんどしなくなったら、水をたっぷり入れて植え代をかいて田植えをする。ドライブハローを高速回転させ、できるだけ浅く、三～四cm程度で、ドロをかき上げるようにするとトロトロ層ができやすいという。

田んぼの雑草はいっぺんに出るわけではない。コナギやオモダカは、最初のうちは抑えられても、日がたてば、あるいは代かきすれば、また新たな種子が表面に出てくるだろう。レンゲで除草できる期間は初期の二週間（田植えがＯＫになるまでの期間）、うまくいって三週間くらいまでと思われる。

そのあとはトロトロ層で抑えるか、米ぬかで抑えるか、また深水を張って萎えさせるか。あるいはウキクサのマルチにつなげられるか、タニシやザリガニに協力してもらえるか。

レンゲが水の中で分解し、有機酸が出る。それが除草効果を発揮する

武子さんはレンゲ田に水を入れて、いきなりドライブハローをかけた。表層に浅くすき込むのが重要なポイント

レンゲのあとは、それぞれの圃場で、除草の工夫をつなげていくことになるのだと思う。

レンゲのにごり水で遮光

長年、「レンゲ・ゴロ土田植え」にとりくんできた、埼玉県岩槻市の清水幸次郎さんを訪ねた。清水さんがレンゲをまくようになったのは、地力をつけるため。ゴロ土で田植えをするようになったのは、草取りをラクにしたいと思ったからだ。

「土を細かくして代かきすれば田の草がどっと出てくる。だが田んぼの土を、空気たくさんの畑の状態の土にしておいて、それから水を入れて田植えをすれば、畑の草も水草も生えないんじゃないか」。そう考えてゴロ土での田植えを思いついた。そしてレンゲをすき込んだら、腐り水が光をさえぎって、あとから発芽してくる草をすっかり抑えてくれたのだという。

—レンゲはどんなふうに刈るんですか？

「レンゲは四月下旬から五月上旬にかけて刈る。ロータリで地面を削るように刈っていく。高速で、泥は掘らないようにして。そのまま三～四日おいて枯らし、もう一回、上っかわだけをかき回してやると、草が砕けて、下に埋まっている青い分も上に出てきて全体によく枯れる。生をぶっこんではダメだよ。枯れたら荒起こしする。二〇cmくらい一気にすき込む。にぎりこぶしより一回り小さいくらいのゴロ土にして、そこへ水を引いたら田植えをする」

—え、すぐに植えちゃっていいんですか？稲の根がやられたりしない？

「大丈夫だよ。レンゲを乾かしているからね。植えて二～三週間くらいして気温が上がってくると、レンゲが腐って地面の上に緑色の藻みたいなワタみたいなものが浮き出てくる。それが今度は赤褐色に変わる。褐色の腐り水が地面を覆うから、光を遮って芽生え始めた草が出てこないんだね。畑の黒マルチ効果と同じだよ」

清水幸次郎さん（85）はとってもお元気。ボカシつくりやわら細工の技術をますます磨く日々

ゴロ土どうしの間には空間があり、水を入れても酸素が多いので、稲はのびのびと根を伸ばすことができるし、有機物が腐ってガスが出た場合も地上に抜けやすい。そしてもうひとつ、清水さんが工夫しているのが苗。レンゲでやるときは苗が大事だという。苗箱の底にビニールをしいてつくると、先のほうの細い根も切れず泥がついたままで植えられる。泥つきなら植え傷みも少なく、レンゲのアクが出てくる前に根づいてしまうのだろう。

「そうすれば草は出ない。天国農法です（笑）。

ぜひ試してみてください」。その後レンゲのアクが消えても、水草が出てくるのは田植えから一か月過ぎと遅く、量もごく少ない。水草の発育が遅いので、そのうちに稲のほうが大きくなってしまうという。

レンゲのマルチ効果で草を抑える

堀内史朗さんは、「不耕起だと、レンゲ栽培の一年目はレンゲがよーく生えてムシロのようになるから、非常に多くの草を抑えてくれるんです。マルチ効果ですね。そしてその後、レンゲが枯れて葉っぱが落ち始めた頃（結実した頃）に、水を入れれば腐りやすい。乾いてからだと腐りにくいが、青みが残っているうちに水を入れれば急激に腐って、これで一年生の雑草（コナギなど）はほぼ完璧に除草できます」。なるほど、入水後にも除草効果を上げようと思ったら、レンゲが青いうちにやるのがコツなんだ。大森さんのやり方に、レンゲのアク除草を組み合わせるわけだね。

不耕起直播のレンゲは入水後も、枯れて稲の条間をマルチし続ける。抑草効果も期待できそうだ

「でも、レンゲがうまく生えなくてレンゲマルチに穴のあいたところからは、ポチポチと草が出てくるんです。ヒエ、コナギ…。不耕起にすると、見たこともないような雑草が出てきますからね」。このように、レンゲ除草をくぐり抜けてなお出てくる草に対しては、いま流行りの米ぬか、ほかにフスマ、アルファルファ、オカラ、腐りやすいものなら何でもいいから、ふってやる。それで大方の草は抑えられると堀内さんはいう。

ひと口に「レンゲ除草」といっても、地域によって気候も違うし、田植えの仕方もそれぞれ、水が引ける時期もちがう。が、代かき、不耕起、ゴロ土、いずれでも、レンゲ除草を効果的にもっていくには、まず田んぼ一面に、まんべんなくレンゲを生やすことから始まるんだと思った。

（田んぼのフーコ・フリーライター）

二〇〇〇年十一月号～二〇〇一年五月号　探訪　レンゲ稲作の魅力と不安

雪に強い品種は？

中国の長江流域が原産のレンゲは、一般に雪に弱い。富山県で雪に耐えられるよう品種改良された「富農撰」は、9月にまいておけば、1m雪が積もっても、雪が解ければ花が咲く。

開花が長い早生種は？

また、田植え前にレンゲの花を咲かすことのできる「日の出・岐阜早生」「日の出・岐阜極早生」もある。早生は四月上旬から咲き始めて五月上旬まで。極早生は三月中旬から五月下旬が開花期。

草生マルチ減耕起栽培法で

田んぼの生態系を豊かにする

日鷹一雅　愛媛大学農学部

不耕起にすると生物相が変わる

ヨーロッパでも不耕起に注目

耕さない農業という響きに、手間がはぶけるという期待感と、何かしらとんでもないという違和感とを感じる方が多いのではないかと思う。この期待と不安はいつも革新的な技術につきものだ。

今回は、耕すときとそうでないときで生物社会特に害虫個体群がどうなるのか、最新の研究動向を紹介しよう。というのは、筆者はウィーンで行なわれたある国際学会「有機農業における昆虫学的研究のワークショップ」に参加したが、耕すことを減らしたときの節足動物相の変化について触れた研究は、私の発表も含め、オランダ、ドイツ、イタリア、イギリス、デンマークなどで注目されていた。耕すことが当然と思ってきたヨーロッパでも、それだけ不耕起への期待が高まっている。どこの国でも農民は省力、省エネを求めているようだ。

それに不耕起プラスアルファで害虫の発生を抑えたり、土壌動物などの生物多様性を高めたり、肥料分リサイクルといった農業生態系の諸機能の活性化に期待をもたせる話もないではない。古くは九州山地などでの伝統的焼畑や、福岡正信氏の米麦連続草生不耕起稲作に端を発し、最近ではＬＩＳＡ（低投入持続型農法）のメジャーとして「耕さない」ことが民間農法の中で注目されている。

耕起は非選択性農薬と同じ効果

耕したり耕さなかったりすると害虫や雑草の発生はどうなるだろうか？　それを理解するためには耕すことの農地生態系へのインパクトを考えなければならない。

筆者が学生時代に代かきを手伝ったときのことである。西日本の暖地では五月の連休あたりから、田んぼはスズメノテッポウ、スズメノカタビラ、タネツケバナ、ナズナ、レンゲなどの春の草で覆われている。つまり耕さなかったことで、稲だけの水田から遷移が少し進んで、草原に近づいたわけだ。地表面から見えないくらいに草で覆われた田んぼには、様々な虫たちの姿を見つけることができる。中には『田の虫図鑑』でおなじみの生きものが目につく。コモリグモの仲間、サラグモやヒメグモ、アオバアリガタハネカクシ、トビムシ、ツマグロヨコバイ、ヒメトビウンカ、カメムシの仲間、ナナホシテントウ……。五月ともなれば十分な温度条件があるのでクモなどはすでに繁殖期にはいっている。サラグモ科の幼生が、手の平の下のわずかな面積に数十頭いたなんてことはよくある。

ところが荒おこし、代かきと相次ぐ耕起作業で状況は一変する。多くの虫たちはすみかを奪われ鳥にねらわれる。とはいっても、空へ飛び逃げるもの、あぜや水路の際に逃げるものがわずかに残り、絶滅するわけではないが、再び殖えるのは水田に稲がしげり出すまで待たねばならない。

要するに多くの虫たちにとって耕起は選択性のない殺虫剤と同様の役割がある（日鷹と那波　一九九〇）。耕起によりウンカ、ヨコバイの有力補食者キタヅキコモリグモが激減することは、水田の総合防除研究グループのデータを見ても明らかだ（川原ら　一九七四）。また冬季の耕起がツマグロヨコバイの密度を下げ萎縮病の発生を抑えるという話も同じ研究グループの中筋（一九七六）によって示されている。またツマグロヨコバイは、冬に耕さないと殖えるスズメノテッポウを好むこともその後わかっている（Wideattaら　一九九一）。

このように耕起は、水田土着性の生きものなら害虫も益虫も問わず減少させてしまい、そこに一つの矛盾が生じる。ツマグロヨコバイやヒメトビウンカなど土着害虫の防除面では農家にプラスに働くが、クモなどの天敵にはマイナスに働く。耕起によって本田初期に天敵が少なくなれば、西日本のように海外飛来のウンカやコブノメイガが多い地方では彼らの侵入繁殖を容易にさせる一因にもなりうる。その他の移住性害虫、例えばツトムシの発生も気にかかるところだ。

実は、クモが害虫を食べる事実は有名になったが、ウンカなど移住性害虫にクモが有効に働いた確かな証拠は今まで示されていない。通常の耕起作業体系ではクモの増殖が阻害されるからだというのが筆者の説である。

不耕起で減る害虫とふえる害虫

では不耕起では実際どうなるか？一九八九年を始まりに現在までレンゲ草生被覆不耕起とレンゲすき込み耕起の水稲栽培田での比較調査を行なってきた結果の一部（Hidaka　一九九三）を紹介しよう。

総じてセジロウンカ、トビイロウンカの発生は不耕起田で少なくなり、ツマグロヨコバイは水田での第一世代のみが殖えるという傾向が認められる。図1には近年では比較的ウンカ類の発生の多かった一九九〇年の例を示したが、その傾向が認められる。またクモの科別の密度変動（図2）をみると、コモリグモ科の密度が不耕起区で、本田初期からすでに株当たり二頭高く、耕起区とは比べものにならないほど。このようにクモの密度が本田初期より高く維持されたのは、コモリグモ個

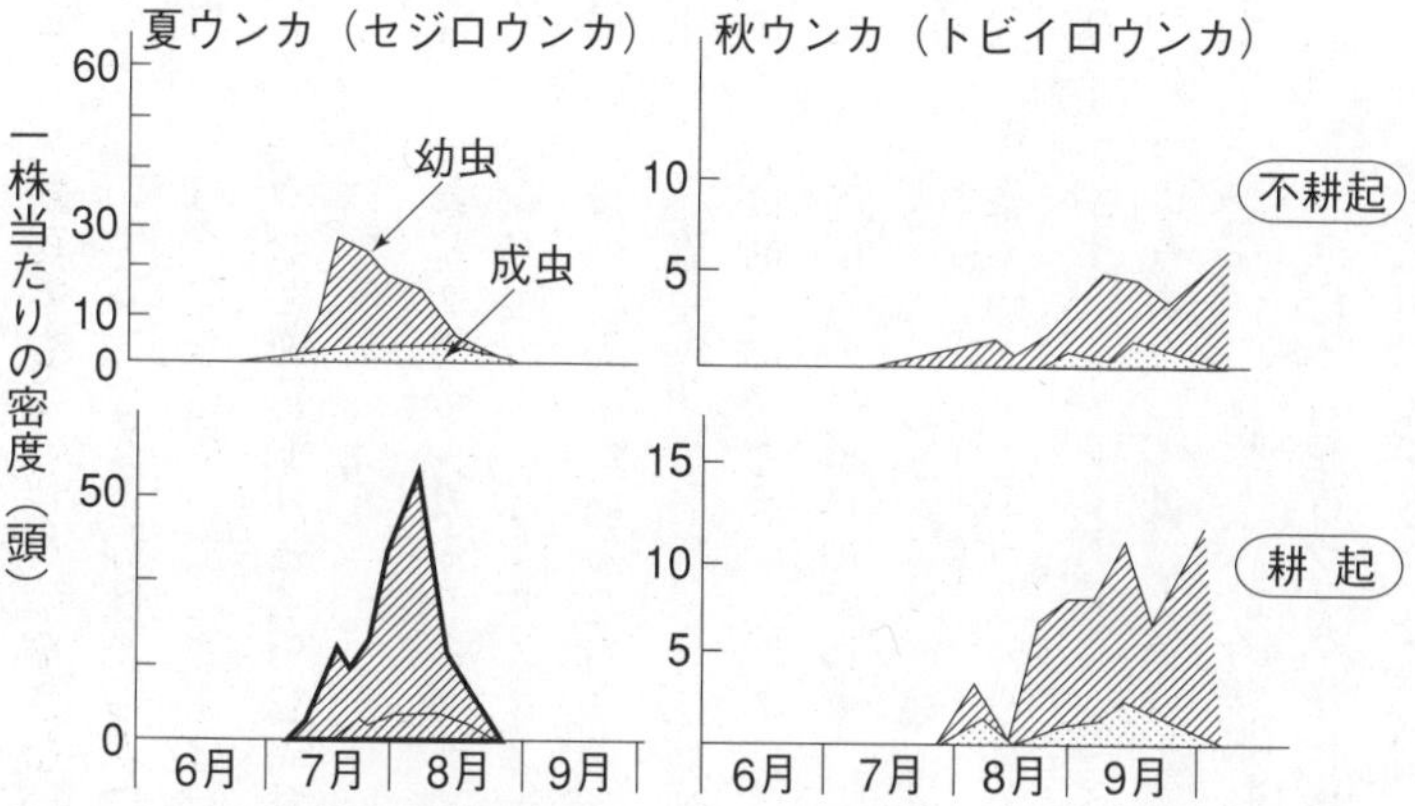

図1　レンゲ草生被覆不耕作の低投入持続型（上）とレンゲすき込み耕作（下）の夏ウンカ（左）と秋ウンカ（右）の成虫と幼虫の数の変動

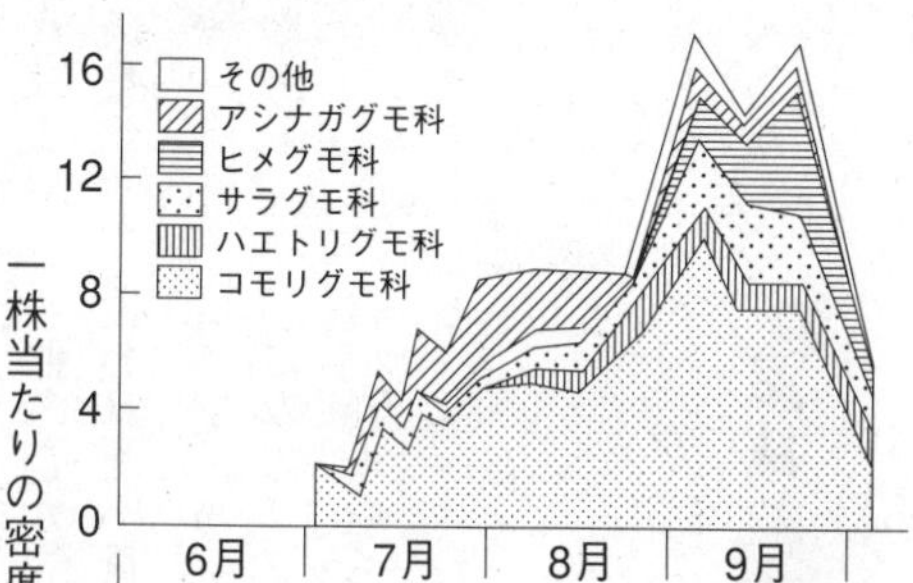

図2　レンゲ草生被覆不耕起の低投入持続型稲作（上）とレンゲすき込みの伝統的稲作（下）におけるクモの種類別の密度の変化1990年広島県福山市にて（Hidaka 1994より）

体群に耕起による撹乱が働かなかったことと、たくさんの餌となるただの虫の存在で生息環境が整ったためだろう。その結果、害虫に強い捕食圧が働いたと推察される。

またこれまでの研究（中国農試　一九七二）では、不耕起稲作では耕起作に比べ稲の生息が初期停滞型になることが指摘されており、実際はそうなるケースが多い。そのような稲では、害虫の増殖率自体も減少することが筆者ら（Andow and Hidaka　一九八九、梶村ら一九九二）の研究で示されている。不耕起作での害虫の減少は、一概に天敵の増加だけによるものではなさそうだ。同じような研究例はヨーロッパでもクモ類やオサムシ科で進められ、ある種のアブラムシの天敵として知られているオサムシが不耕起でふえることなどがわかっている。

不耕起＋草生被覆、あるいは減耕起

移住性害虫は減るが土着害虫が殖える。この不耕起での矛盾をどのように解決したらよいのだろうか？

筆者は、不耕起でのツマグロヨコバイへの対処法をこう提案している（日鷹と那波　一九九二）。ツマグロはスズメノテッポウという春草が好きでよく増殖するわけだから、不耕起でもこの草を殖やさないようにすればよい。レンゲなどの秋から春に繁茂する緑肥でほぼ完全に覆ってしまえば、スズメノテッポウなどを抑制することは可能である（嶺田・日鷹ら　一九九一）。あるいはクモなどの天敵に影響の少ない秋や冬のうちに、暇をみて浅く起こすこともスズメノテッポウを除去するのに効果があるだろう。

春草やツマグロヨコバイの対処法は除草剤と殺虫剤に頼ってきたのが、とかくこれまでの不耕起稲作の技術体系であった。しかし不耕起プラスアルファあるいは減耕起（浅耕または耕起回数減など）というような新たな技術体系でなければ、耕起ははぶいたが農薬資料はふえたというように、低投入持続型農法としての不耕起稲作の意味が大きく後退してしまう。

私は不耕起プラス草生被覆とセットでなければならないということを提唱してきたが、それは不耕起のまま裸地という生態系では、中途半端な遷移の進め方でありかえって病害虫・雑草は殖えるからである。ここでは詳しく述べられなかったが、トビムシといったただならぬ「ただの虫」も草生被覆で殖える。草生被覆は不耕起環境の遷移段階を進めて、作物が好適に生活できる作物社会をつくるための行為と位置づけられそうだ。不耕起プラスアルファでなければ生物協働体は形成できない。

除草剤がまかれた不耕起田の裸地と緑肥で覆われた不耕起田では、生きものの社会にどんな違いがあるだろうか。『田の虫図鑑』片手に春のレンゲ畑でのんびり観察してみるのはいかがなものか。

一九九五年六月号　イネ不耕起栽培＋草生被覆の提案

ヘアリーベッチ草生・減耕起栽培がおもしろそう

マメ科の緑肥と不耕起を組み合わせる

わが国の水田の場合は、昔から裏作物としてレンゲのような緑肥を栽培し、田植え前にこれをすき込んで利用するという形態が一般によく知られている（安江、一九九三）。いっぽう近年は、レンゲ後につくった米が「レンゲ米」といったネーミングで特別栽培米などとして流通しており、伝統的な緑肥の利用形態が復活してきているような状況だろう。

ここで筆者が紹介する緑肥の活用法は、「マメ科草生マルチ減耕起栽培法」という名で呼んでいるやり方であり、緑肥をすき込まないでそのまま放置し、移植または直播栽培する栽培法である。以前、本誌に可児によって紹介されたレンゲを前作とした不耕起栽培法もその一つ（八九年十一月号）。また、そのアイデアの源流は、クローバー草生不耕起農法で著名な愛媛県伊予市の福岡正信氏の自然農法にもある。

さて、ではこの草生マルチと不耕起を組み合わせた栽培法は、緑肥をすき込む伝統的な方法とどのように違うのだろうか。それを説明するために、アグロエコロジカル・デザインにおいて（日鷹と那波、一九九二）提案した、レンゲ草生マルチ減耕起栽培法の生態系の機能についてモデル化したものを表に示しておいた（日鷹ら、一九九五）。

従来のレンゲなどをすき込む栽培法では、根粒菌のチッソ固定能によって肥料分が空中から土壌中に取り込める機能と、景観の良さといった点が活かされてきた。しかし、この肥料分供給機能については一面では欠点も指摘されている。病害虫の多発である。伝統的なレンゲの緑肥利用が衰退していった理由の一つに、レンゲのできすぎの害がよくあげられる。これが時として、病虫害や青立ちや倒伏などによって収量の不安定化をもたらすという報告もある（富山県農試、一九六三）。

その点、草生マルチ不耕起（減耕起）栽培は、天敵を自然増殖させたり、ムダな分けつの発生を抑えるために、むしろ病害虫に強い栽培法と考えられる。そして、なんといっても以下に述べるように、草生マルチすることによる雑草抑制効果も狙っている。

表　マメ科草生マルチ減耕起栽培法の生態系の機能

不耕起	レンゲ草生マルチ
①害虫の密度にあまり依存しない広食性捕食天敵（子守グモなど）の密度を高く維持 ②代替餌（害虫の代わりに天敵の餌になる虫）を含む多様な生物相 ③イネの有害分けつの抑制 ④耕すと発芽しやすくなるコナギ等の強害草種の発生を防ぐ ⑤省エネ・省力・省機械・減農薬	①空中窒素固定による栄養塩のイネへの供給 ②イネとの時間的すみわけが可能 ③同左③ ④同左④ ⑤被覆による雑草抑制効果 ⑥直播の場合に種もみを保護 ⑦減肥料・減農薬

レンゲマルチは年々雑草がふえてしまった

広島県福山市と愛媛県松山市近郊の重信町で行なわれたレンゲ草生マルチ不耕起直播栽培の実験結果について、収量を図3に示した。

レンゲの播種量は一〇a当たり四kg。レンゲの開花期に散粒機で芽出しモミを一〇a当たり六〜一〇kg散播して、ただちに入水。手取り除草二回までで、労働時間を二〇時間以内に抑えた無施肥・無農薬栽培である。

初年度は収量の面でも反収八俵と良好であった。ところが二年目は六俵、三年目にいたってはわずか二俵と、収量の著しい減少傾向がみられた。原因は、レンゲ群落の衰退にともなって雑草発生量が増大したのが主因であると考えられる（Hidaka *et al*, 1996）。

レンゲ草生マルチの効果については、レンゲ前作なしの対照区との雑草発生量の比較から、そこそこ効果があることは認められている（嶺田・日鷹ら、一九九七）。だが山陽地方のある農家の栽培事例でも、特に二年目以後の雑草問題は甚大であった。レンゲ草生マルチ栽培法では、少なくともこのときの試験地域では、不耕起栽培で生じやすい休耕田への雑草植生遷移をレンゲによってくい止めることはできなかった。栽培は成立しなかったのである。

ヘアリーベッチなら草を抑え続ける

レンゲと同じマメ科のヘアリーベッチは、耐寒性に優れ緑肥としての効果が高いことから、米国では研究が数多くなされている。また、藤井（一九九五）によれば、室内検定法によるとアレロパシー効果がレンゲよりも高く、雑草の発芽・伸長を抑えることがわかっている。そこで、ヘアリーベッチを前作とした草生マルチ栽培についても、一九九四年からレンゲと比較しながら、無施肥・無農薬で試験を続けている。ヘアリーベッチの播種量は一〇a当たり四kg。稲は株間一五〜一六cm×畝間三〇cmで移植している。

収量はレンゲを利用した場合よりも高い（図3）。現在のところ、試験三年目でも雑草の発生を抑えている。昨年の試験でも一〇a当たりの収量は八俵以上あった。ただ、施肥なしの不耕起栽培をはたして何年間続けられるかには検討の余地がある。現在、筆者の附属農場で研究を進めているが、今後の試験結果に興味がもたれるところである。

図3　レンゲ、ヘアリーベッチを緑肥として利用した水田の収量

A、B、N：レンゲ草生不耕起、C：レンゲすきこみ、H：ヘアリーベッチ草生不耕起

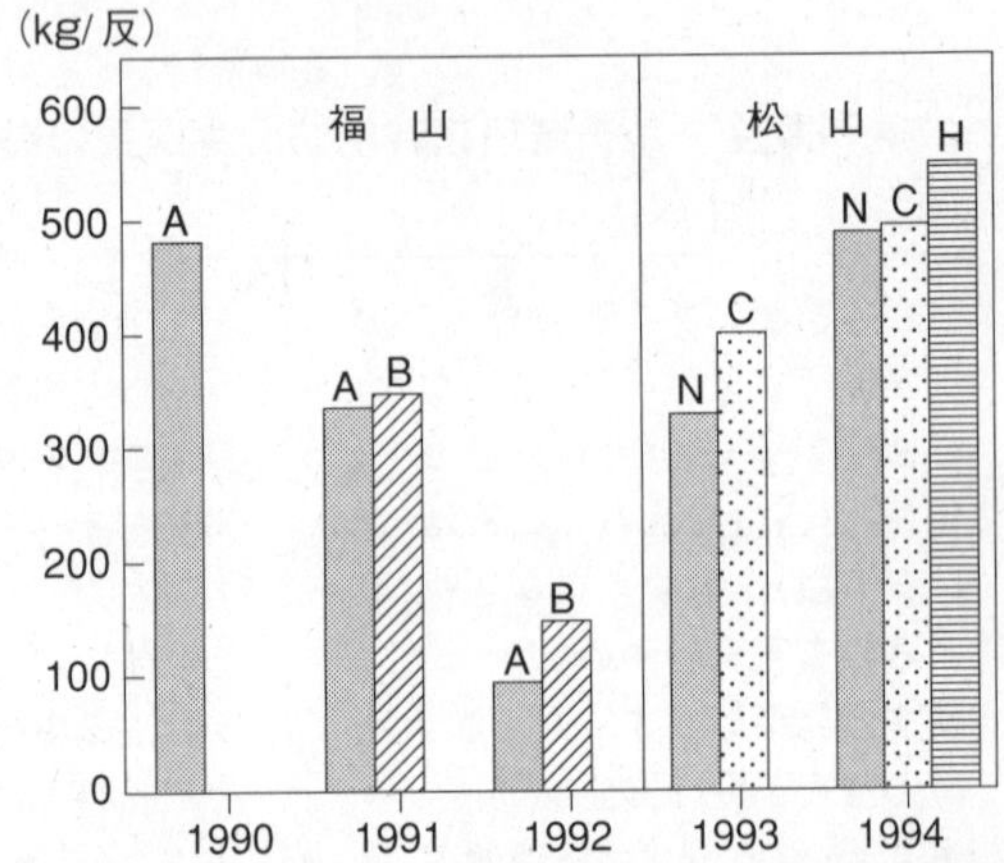

福山の結果に現われているとおり、レンゲ草生不耕起を続けると収量が減る傾向がある（A、Bいずれも同じ栽培法）。ヘアリーベッチ不耕起は、レンゲと違って94年以降も比較的高い収量を保った。93年の収量が低いのは冷害の影響。

今後の課題

ヘアリーベッチを使うやり方でも、現在の実験栽培の段階でいくつかの問題点が出てきている。

直播でやるには？移植精度を上げるには？

レンゲの場合は直播でも苗立ちが良く、栽培が可能であったが、これと同様にヘアリーベッチで草生立毛間直播を行なうと、発芽伸長が抑制されてうまくいかなかった。現在は移植で実験中だが、ふつうの田植え機を利用した移植では、苗立ちのバラつきがまだまだ大きい。専用の不耕起移植を使う手も考えられるが、移植溝を切る装置にヘアリーベッチが巻き付くおそれがないかどうか…。

悪臭をなんとかしたい

ヘアリーベッチが枯れるのはレンゲより遅い。そこで移植前一〇日間は浅水状態で湛水し、青さの残る地上部を枯らせて六月二十五日前後の移植に備えるが、このとき悪臭が出る。

自然植生への悪影響はないか

近年は、外来の侵入生物の自然生態系への影響が大きく取りざたされる。たとえ農業上有用な生物種であっても規制をどうするかが問題となっている。筆者の実験栽培では、結実前に湛水して枯らすので問題はないかもしれないが、水田から外へ広がって自然植生へ及ぼす影響の評価が今後必要だろう。

倒伏・病害虫発生をより完全に防ぐには

水管理のしかたによっても変わるが、倒伏が生じる場合もある。また、病害虫発生の変化など、栽培上の問題についてもまだまだ検討・改善の余地がある。

（愛媛大学農学部附属農場）

一九九七年十一月号　ヘアリーベッチ草生・減耕起栽培がおもしろそう

あっちの話こっちの話

早播きは損、タイミングが大事
イネ刈り前日に播けば、春には一面のレンゲ畑

朽木直文

レンゲの種は初秋にまくものですが、「早まきは損する」と言う方がいます。福島県須賀川市の樽川久志さんがその人。

樽川さんも、以前は稲刈りの二～三週間前にレンゲの種を播いていたそうです。しかしこの方法だと、稲刈りする時には一～三㎝くらいの芽が出ているので、コンバインでこれを踏み倒してしまいます。すると発芽揃いが悪くなる。翌年の春に、「あたり一面、じゅうたんを敷きつめたよう」という具合にいかないのです。

いろいろ試した結果、樽川さんは、レンゲをうまく育てるための種播きのタイミングをついに発見しました。

「稲刈り前日だよ。動散で散布する。コンバインで種に少し傷が付くが、それがかえって発芽を良くするような気もする」とのことです。

一九九三年九月号

これでいいのかと心配なほど簡単なドロオイムシ防除法

福留均

あぜ道にじいちゃんが、ぼんやりして立っています。田んぼは、ドロオイムシが大発生して見るも無残に真っ白けです。

どうしたのか聞くと、田植えのときに、例年だとパダンで苗箱消毒するそうですが、それをうっかり忘れてしまったと言います。農協に大至急注文したのですが、約束の日になっても届かなくて、そのじいちゃん、さすがにイライラ…。そうしている間にもドロオイムシは、稲の葉を食い荒らしていきます。もし私がそのとき、このことを知っていれば…、とつくづく思ったドロオイムシの防除法を紹介します。

それは、福島県熱塩加納村で有機農業に取り組む大竹久雄さんに聞いた方法です。そんなことでいいのかなと思うほど簡単です。

山に行ってクルミの枝を一〇本ばかり取ってくればよいのです。束にして、それで葉についているドロオイムシを払って落としてやると、一度落ちたドロオイムシは二度と登ってくることはないそうです。大竹さんはこの方法を三年ほど前から実行していて、昨年などその効果はてきめんだったと言います。

どうしてドロオイムシがつかなくなるかについては、大竹さんも不思議そうに「昔からクルミの木の下に作物は育たないというし…、臭いでもついてドロオイムシがいやがるのかな」と首をひねっていました。

一九八六年六月号

不耕起直播で五石どり

愛媛県伊予市大平 福岡正信さんのやり方

編集部（一九六五年）

暖地の稲作農家に注目すべき新技術が広がっている。その名は不耕起直播。すでに一〇年あまりの間、この技術の確立にとりくんできた福岡さんは安定して五石をとっている。

麦刈りあとを耕起せずに、直播して麦わらをおおっておく。稲刈りあとを耕起せずに麦をまき、稲わらをおおっておく。

このくり返しで一〇年以上も耕起をしていないが成績は上々だ。稲の草丈は短いが、穂の長い姿となり、出穂五〇日後でも生きた葉が五枚ある。

播種直後

種もみをまいても覆土はしない。そのかわり麦わらで全面をおおう（上の写真）。一〇a当たり一tはほしい（前作麦の全量）。

種まき後、長雨に遭って湛水すると発芽がひどく悪くなるから、上の写真のように五～六m間隔に幅二五cm、深さ二〇cm以上の排水溝を必ず作る。

播種は福岡さんの考案した機械でやる。円盤が、深さ三cmのV字溝をほり、そこに一定量のもみが落ちていく（前頁の写真）。

あとにも先にも土を起こすのはこの播種溝と排水溝だけ。湿った溝に落ちた種は、わらでおおわれて湿気も空気も豊富にうけ、発芽はほとんど心配ない。

分けつ初期

やがて麦わらをくぐりぬけてヒョロヒョロと稲が発芽してくる。発芽当時はあまりにもさみしいので、いささか頼りない。しかしそ

れは直播の常で、ぜんぜん心配はいらない。

右上写真は分けつ初期で、だんだん稲らしくなってくる。左側に見えるのが排水溝だ。麦わらがあるから除草がめんどうでなくなる。わらは耕土を肥沃化して不耕起を可能にするだけでなく、雑草を防ぐ効果もあるわけだ。

分けつ期後半

だんだんにぎやかになってくるが、畦間はスキッとしている（左上と左下の写真）。水はまだ入れない。月に一～二度雨があればＯＫだ。幼穂形成期以降にはじめて水を入れるが、湛水と湿潤の状態を二～三日ずつ、くり返す。

排水溝に水が満ちている程度がよく、表面を水が走るようでは多すぎる。穂ぞろい期以降は湿潤状態に保つ。

出穂前後

出穂直前で草丈は腰ぐらい（前頁

ふつうの直播きイネ（右）と不耕起直播イネ（中央と左）の草丈比較

右下の写真）。葉は直立しているから、今やかましくいわれている受光姿勢も充分で、力強い出穂になる。

坪当たり一〇〇株で一株一五〜二〇粒の種が落ちるように播種すると、出穂期には一株二〇〜三〇本の穂が出て、坪当たり穂数は約二〇〇〇〜三〇〇〇本確保できる。

収穫

多収の稲は上の写真のように葉は厚く硬く、生きている。茎は最後まで青い。草丈は八〇〜九〇cmだ。

ところが同じ直播でも右下の写真のように、多収イネと対象的な姿になって、収量も並みのものがある。この違いは分けつ期に湛水した結果だ。水のために草丈は伸びたが、穂は小さく枯上がりも早くなった。

水を入れるのをうんと遅くする→そのためにわらを敷く→不耕起も可能になる、というまことに独創的かつ合理的な直播技術ではないか。

一九六五年五月号　不耕起直播で五石どり

福岡正信のクローバー草生米麦連続不耕起直播

本田進一郎

古くて新しい自然農法

福岡さんが自然農法を始めたのは一九三八年のことで、シュタイナー（注1）やハワード（注2）らとならび、世界でもっとも早くから有機農業（注3）を提唱してきた。「自然農法・わら一本の革命」（七五年）は二〇ヵ国語以上に翻訳され、世界的なベストセラーになった。

しかし、日本の一般の農家の間では、自然農法はながいあいだ無視され、現在、弟子とよばれる人はたった二人しかいない。近年、多くの農業関係者が不耕起や直播に関心をもつようになっているが、その源流は自然農法にあることを知る人さえまれである。私自身も「わら一本の革命」は、すでに古典であると思っていた。

福岡正信さん　茨城県の自然農法家浅野祐一さんの休耕田にて
（写真はすべて本田進一郎撮影）

ところが、〇二年頃、遺伝子組み換え（GM）作物の問題を調べているとき、私はそれまでの認識をあらためることになった。愛知県では稲の直播栽培が急速に広がっており、当時、県はそれとセットで除草剤耐性のGM稲を開発していた。私が訪れた、鈴木農生雄さん（当時、稲作経営者会議の会長）は、地域で減農薬の稲づくりに長年取りくみ、GM稲の開発に強く反対していた。しかし、直播栽培そのものには大きな関心をもち、すでに除草剤なしの直播栽培に挑戦していた。草負けして失敗してしまったが、次はレンゲ草生を試すつもりだという。直播にこだわるのは、省力化のみならず、稲がきわめて強勢で病害虫に強く、収穫量もふえるからだ。

このとき私は、福岡正信の米麦連続不耕起直播のことを思い出していた。そして、鈴木さんのような、〝先進的〟な稲作農家が、まるで自然農法のようなやり方を真剣に模索し始めたことに、内心驚いていた。私は、昔読んだ福岡さんの本を、もう一度、読み返しはじめた。

クローバー草生米麦連続不耕起直播

福岡さんは、この栽培技術を六〇年代の始めにはほぼ完成させていたようであるが、その長い名前からもわかるように、複雑な体系をもっている。概要は以下のとおりである（栽培暦は伊予市での場合）。

溝掘り　湿害対策のために、田んぼの中に四〜五メートル間隔で、幅二〇センチ、深さ五〇センチの排水溝を掘っておく。時期は麦刈りのあとか、稲刈りあとがよい（現在の福岡さんの田んぼでは、一反の田んぼの周囲と中心を、「田」の字に切っている）。

緑肥の種まき　九月一〜十日ころに、ラジノクローバーを粘土団子にして、稲の立毛の中に、手でばらまく。播種量は反当五〇〇グラム。レンゲではなくクローバーを選ぶ理由は、レンゲは背が高くなりすぎるが、クローバーは横に広がる、また、レンゲは麦刈りのころには結実しているので、麦にレンゲが混じってしまうため。

麦の種まき　稲刈りの二週間前に、早生裸麦を粘土団子にして、稲の立毛中にばらまく。播種量は三〜一〇キロだが、初心者や草が多い田では一〇キロがよい。裸麦は生育が早く、五月二十日ころに収穫できるので、春からの稲の作業に都合がよい。

稲刈り　九月下旬〜十月中旬。乾燥・脱穀のあと、全部の稲わらを麦の粘土団子の上からばらまく。カッターで切ったりせず長いまま。

稲の種まき　四月にはいったら、稲の種もみを風呂の残り湯に浸種する。一ミリくらい芽が出たら粘土団子をつくる。麦刈りの一か月前に、この粘土団子を麦の立毛中にばらまく（四月十五〜二十日ころ）。下のほうではすでにクローバーが茂っている。播種量は反当三〜一〇キロ。薄まきのほうが多収になるが、最初のころは草に負けないように一〇キロがよい（稲を秋まきにする場合は、発芽しないように、気温が一五度以下になってから）。

麦刈り　五月二十日ころ。乾燥・脱穀したあとすぐに、全部の麦わらを長いまま田んぼにふりまく。稲は、クローバーと麦わらのすき間を通って出てくる。裸麦は押麦や丸麦、味噌に加工する。

水管理　六月上旬、クローバーが繁茂してくると、稲の生育が悪くなるので、田んぼに水を入れてクローバーを枯らす。四〜七日間湛水すると半枯れ状態になる。その後落水して、稲の生育前半は七〜一〇日に一度走り水をやる程度。幼穂形成期日（出穂二四前）以降も、短期灌水、落水を繰り返して間断灌水にする。

自然農法の品種

イネは、その地方に適した普通の品種でよいとされているが、福岡さんは自分で育種したハッピーヒルを栽培している。これは終戦直後に近所の人がビルマから持ち帰った糯（もち）と、日本の粳（うるち）一〇種類をかけ合わせたもので、多粒、短稈、耐乾、耐病害虫、耐雑草性で、反当り一トンもの超多収が可能というもの。ただし食味は劣る（と福岡さんは書いている）。ハッピーヒルは一、二、三、X号の四種類があり、二、三号が暖地に適し、一号は北国にむく。

以前アメリカのアグリビジネスが、ハッピーヒルや福岡さんの著作など知的所有権のいっさい

福岡正信

一九一三年愛媛県伊予市の富農に生まれる。岐阜高等農林（岐阜大学農学部の前身）で植物病理学を学ぶ。師は著名な植物病理学者の樋浦誠教授（注4）であった。師は著名な植物病理学者の樋浦誠教授であった。岡山県農事試験場を経て、横浜植物検査課に勤務し、細菌や菌類、害虫の研究を続けていた。この研究室ではジベレリンを発見した黒沢栄一氏に師事している。

二五歳のときに、急性肺炎をきっかけに懊悩するようになり、ある日横浜の丘の上を徘徊していた。木の根元で夜を明かしていたとき、崖の下から飛んできた青サギの鳴き声で目を覚ました。その瞬間に「この世には何もないじゃないか」という心境に至った。すぐさま、職場に辞表を提出すると、全国を放浪して歩く。しかし、誰にも相手にされず、やがて故郷のみかん山にこもった。

このときから、「何もない」という啓示を証明するための自然農法が始まった（三八年）。しかし、戦争への動員が始まり、翌年には高知県農事試験場病虫部の主任になった。当時は食糧増産が最大の課題であり、そのためにサンカメイチュウ根絶対策を立案、実施する。三年間の県をあげての大がかりな事業の結果わかったことは、農薬や化学肥料を使ってどんなに科学的な農業を行なっても、ごくわずかな増収しかもたらさないということであった。

四七年、故郷に帰り、再び不耕起、無肥料、無除草、無農薬の四つを原則とする自然農法を実践しはじめた。終戦直後に「無」と題する謄写本を発刊、五八年に「百姓夜話」と改題して出版した。六九年には、哲学編の「無」、実践編の「緑の哲学」を新たに執筆、刊行した。七三年に前三作をまとめて、「無（Ⅰ宗教編、Ⅱ哲学編、Ⅲ実践編）」を発表した。八四年「自然に還る」刊行。

八〇年代以降は、砂漠の緑化にとりくみ、ソマリア、エチオピア、中国、アフガニスタン、ギリシャ、ベトナム、インドなどで粘土団子による緑化の方法を指導している。

を売ってほしいと言ってきたことがあるそうで、福岡さんはこの品種が多国籍企業に独占されることを恐れて品種登録している（同じ理由で粘土団子は特許を取得）。福岡さんは世界中の人にこの種を配布したいと考えており、自分で栽培したいという人には分けている。

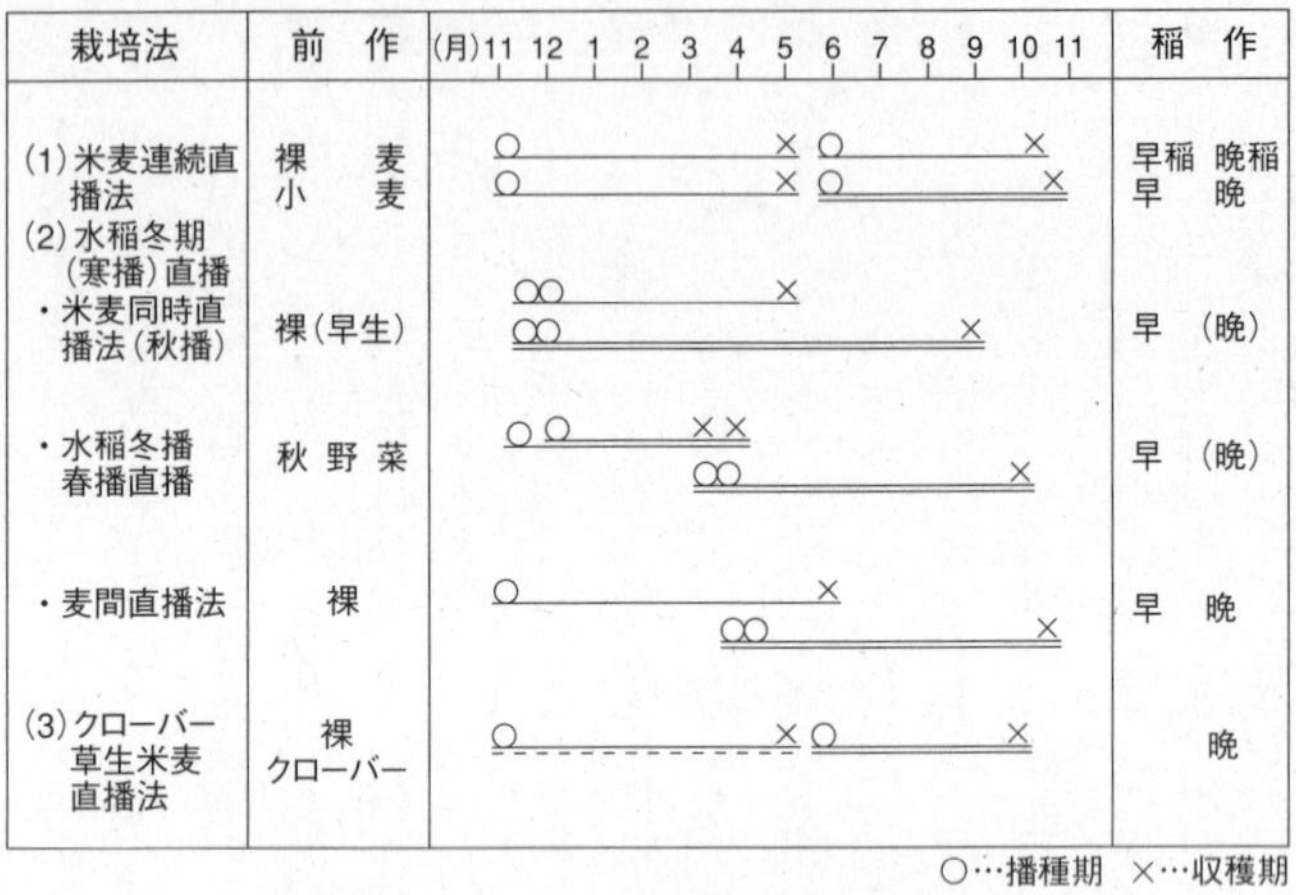

1962年、「農業及園芸」に米麦直播栽培法を発表した

（無Ⅲ自然農法　春秋社より）

雑草対策

自然農法のやり方は、「無Ⅲ実践編」に詳しく書かれているのだが、実際にやっている人に私は会ったことはない。やってみたけれどうまくいかなかったという話はたまに聞く。うまくいかない主な理由は、①雑草をうまく抑えることができない②種もみの発芽率が悪く、発芽しても虫や鳥、ねずみに食べられるなどである。

本には「何もしない」という言葉が何度もでてくるので、そのまま受け取ると失敗する（というか、ちゃんと読めば本当の意味が書いてあるのだが、たいていの人は自分に都合のよい解釈をしてしまう。福岡さんは一〇〇回読むべしと言っていた）。

福岡さんに雑草対策についてたずねたところ、「現在の品種は、草に対しては弱くなっている。休耕田などを自然農法の田んぼに変えるときは、一年目はまず草を減らすのが主な仕事。田んぼの中に草の穂が見えたら、ただちにその穂を鎌で刈り取る。雑草の種がこぼれてしまうと、なかなか草を減らすことはできない。セイタカアワダチソウなど宿根草は二～三年かかる」、「草が多すぎてクローバーさえも生えないときは、より抑草効果の高いヘアーリーベッチやザートウイッケンをまくとよい」と言われた。

ちなみに、除草のために湛水することについては、「水を支配することはできず、自然の力には及ばない。田んぼに水をためるにはより多くの知恵（土木技術など）が必要になる。しかし、種をまくことなら誰でもできる」と語っていた。福岡さんは一九二〇年ごろに湛水直播を試みているが、水利に苦労して失敗した経験がある。

福岡さんは二五歳の頃に、父が管理していたみかん園を放任し、すべての木を枯らしてしまったことがある。この経験から「何もし

自然農法の野菜づくり

近年では、昆虫など生態系の研究によって、殺虫剤や殺菌剤を使わなくても野菜の栽培が可能なことはかなりよくわかってきた。しかし、雑草となると話は別である。無農薬栽培の最大の課題は雑草対策であり、最後は手でとるという方法しかないからだ。

自然農法の場合でも〝除草〟はする。ただ、もっとも「何もしない」という方法をとるのである。

①春と秋の二回、粘土団子による種まきをする。

②草の花が咲いたところに粘土団子をまき、草を根元から刈る。花が咲いた植物は根が急に弱ってくるのでそのまま枯れてしまう。

③粘土団子には、なるべく多くの作物の種を混ぜる。多種類を混播すれば、その植物を好む昆虫や天敵のバランスが自然にとれ農薬は不要。また、植物が根から出す分泌物や好む養分のバランスも自ら最適となり、施肥が不要。

本間裕子さん　1968年仙台市生まれ。筑波大学大学院芸術研究科を卒業後、紙すき職人の修行をしていたが、96年に福岡さんが緑化運動のための女性指導員を募集しているのを知り参加。伊予の自然農園の山小屋で２年間起居し自然農法を学ぶ。福岡さんの弟子と呼ばれるのは、ギリシャで自然農法を実践しているパノス・マニキス氏と本間さんしかいない。現在は主に緑化運動に取りくみ、粘土団子のつくり方などを指導している（ほとんど自費で）。写真は人力で団子がつくれるように、廃品を利用して試作したコーティング機械

ない」だけではだめで、「何もしないためにはどうすればよいか」をつきつめて考えるようになった。「私はただ無心になって、自分のできることを自然から吸収しよう」と、果樹や野菜、穀物など多種類の種をばらまいては、観察を繰り返した。

自然の生命は、その場の環境・条件のなかで、自分たちの生存にもっとも合理的な状態（生産性が高い状態）に至ろうとする。作物、土、周囲の生態系がもっとも豊かな状態になれば、人間は加える力は最小限ですむようになる。ただし、この豊かな状態にするためには、きわめて注意ぶかい観察と細やかな働きかけが必要である。「何もしない」という言葉にはそのような意味が含まれている。

「稲がまさるか草がまさるかは、ちょっとした違いであり、自然農法はきわめて微妙な農法なのだ。だから、毎日田んぼへ通い、一生懸命やらなければできない。僕は六五年間一生懸命、自然農法をやってきた」

粘土団子

種もみの発芽をよくすることは、福岡さん自身も長年の課題であったようだ。最初のころは、発芽不良、鳥やネズミに悩まされた。三〇年代に長期保護剤をコーティングした種子を自分で開発し、秋まき越年稲に成功。そして、最終的には現在の粘土団子にたどりついた。

本間裕子さんが伊予の自然農園にいたとき、福岡さんからいわれた仕事は、「割れない粘土団子をつくること」だった。本間さんは二年間の山小屋生活のあいだ、まったくの手探りで団子づくりをくり返し、ようやく雨にあたっても割れない粘土団子をつくれるようになった。

粘土団子のつくり方　最も重要なのは粘土と種の割合、粘土の質である。種の量が多いほど、粘土の粒子が大きいほど、団子は割れやすくなる。粘土の量は種の一五～二〇倍で、一つの団子に二～三個の種が入る割合にする。

粘土と種に水を加えて混ぜ、粘りをもたせる。床に何度もたたきつけ、空気をよくぬく。空気が多いと、気温の上昇によって膨張し割れてしまう。空気がよく抜けたら、手のひらで転がしながら、一センチほどにまるめる。

粘土は現地で調達できるものを使うのが基本であるが、本間さんが講習などでよく使うのは、愛知県産の木節（きぶし）粘土。湖の底に堆積した粘土で有機物を多く含む。

コンクリートミキサーを使う場合　大量につくるときは小型のコンクリートミキサーを使用する。まず、粘土と水をこねて、溶けたチョコレートくらいの泥水をつくる。湿らせた種を泥水に入れ、ザルであげて、泥を落とす。次に、粘土の粉末をまぶし、手でほぐし

てバラバラにする。

ほぐした種をミキサーに入れて、毎分三五～三八回で回転させる。霧ふきなどで水をかけながら、粘土の粉をまぶしていく。ミキサーをまわす時間は二〇分以内を目標にする。三〇分以上回転させると種の目がまわって(?)発芽が悪くなるという。

芽出しする　稲の粘土団子の場合の、もう一つのポイントは、芽出しした種もみを使うことである。催芽もみを使うことは案外知られていないので、それが失敗の原因かもしれないと本間さんは話していた。

ところで、福岡さんは粘土団子が最終的な方法というわけではないとも言っている。昨年は三反の田んぼの一部で、稲の穂に泥水をまぶしてまいてみた。穂のままだと、雀がうまく引き上げられないのか、思いのほか食害がないのだという。あるいは、鳥たちは「自分たちは人間のように飽食ではないということを、私に教えているのかもしれない」と語っていた。

緑肥、草生、不耕起

自然の森林や草原では、動植物の死骸が積もり、土壌微生物の働きで土はおのずと肥沃になる。地球上のすべての肥沃な土壌はそのように生き物の力で出来上がったものであり、もちろん施肥は不要である。一方、ふつうの農地では収穫物を持ち出すことに加え、耕うん・除草して裸地にするのでだんだん土壌が消耗し、肥料が必要になる。

茨城県の自然農法家　浅野祐一さん（うしろの畑は浅野さんの畑ではありません）

自然農法の田んぼでは裸地にせず、クローバー（マメ科）、わらがあるので、ふつうは無肥料でよい。ただし多収をめざすときは、麦わらをまく前後に、乾燥鶏糞を反当二〇〇～四〇〇キロ散布する。追肥も必要ないが、出穂二四日前に鶏糞、糞尿、厩堆肥、木灰など施してもよい。さらによいのは、アヒル（反当一〇羽）や鯉を放すこと。草や虫をおさえて、施肥の効果も高い。

浅野さんが、粘土団子をつくるとき使っているコーティング機械。中古の落花生菓子用の機械を利用している

福岡さんは、自然農法を始めたばかりのころ、荒地に開墾したみかん畑を肥沃にするために、ダイナマイトで穴を掘って、わら、刈り草、樹皮、木材などの有機物を大量に投入した。同時に数十種類の緑肥をまいて、どの資材や植物が優れているかを試した。結局、土の肥沃さを左右するのは有機物の重量であり、もっとも労力が少なくかつ早く肥沃にす

る方法は、木を植えることだった。

みかん園の場合は作業性も考えて、ラジノクローバーを主体に、ルーサン、ルーピン、ウマゴヤシを組み合わせた草生栽培がよいとしている。堅くやせた土地の場合は、モリシマアカシヤや山モモ、マキなどの混植がよい。深耕の効果と同時に、木に鳥が集まり糞を落とすので、リン酸の補給もできるからだという。

こうした試行錯誤を何十年も繰り返し、緑肥（無肥料）、草生（無除草、無農薬）、不耕起という方法にたどりついている（私が昨年話を聞いたときは、「クローバーをまいて土の中の窒素がふえるということが、作物や草にとってどういう結果をもたらすかは、本当のところはまったくわからない」とも語っていた）。

近年は、不耕起という言葉はごくふつうに使われ、不耕起にすると土壌の消耗が少ないということが、世界中で認識されるようになった。しかし、福岡さんが不耕起栽培を始めたころ（四五年前）は、多収の条件は深耕というのが常識であり、「最初この不耕起という言葉を使い、提唱するまでには、人に言えない決意をしたものである」と振り返っている。

◆

「何もない、何もしない」という突然のひらめきは、何か宗教的な啓示のように一般には受止められている。しかし私には、病害虫研究の最先端にいた福岡青年の、自然の複雑さ巧妙さに対する驚嘆、自然を過度にコントロールしようとする科学主義（科学とは違う）にもとづく人類の活動によって、自然がどんどん滅んでいるという直感であったように思える。

晩年の福岡さんは、世界の農村を歩き、種子や知的所有権をめぐるアグリビジネスとの軋轢にもまきこまれた。それらの体験から、多国籍企業による種子や食料の支配に対して強い警告を発するようになった。

地球温暖化や生態系の破壊はもはや人類共通の課題であり、農業の分野でも持続型、環境保全型などさまざまな言葉で食糧生産システムの転換が叫ばれている。しかし、現実はその逆で、M&Aによる企業の多国籍化、GM作物など知的所有の独占、農産物の貿易自由化が進もうとしている。

鈴木農生雄さんたちの活動を思いおこしてみると、九〇年代以降のグローバリゼーション（資本・産業・市場の世界化）の浸透と、それにあらがおうとする人々によって、ながいあいだ封印され忘れられようとしていた自然農法が、再び揺り起こされているように私には思えた。

（ジャーナリスト）

注1　ルドルフ・シュタイナー（一八六一―一九二五）オーストリア人の思想家、教育者。もとゲーテ研究者であったが一九一二年に人智学協会を設立、社会三層化論（精神生活における自由・法律上の平等・経済生活における友愛）を提唱した。自由ヴァルドルフ学校を開校し、以後、世界中にシュタイナー学校がつくられている。一九二四年に八回の農業講義を行ない、神秘主義的なバイオダイナミック農法を提案した。

注2　アルバート・ハワード（一八七三―一九四七）イギリス人のハワードとその夫人は二人とも植物学者で、インドのインドール研究所で、品種改良を行なっていた。やがて、土壌など総合的な農法の研究にうつり、インド農民の伝統的な農業技術に学びながら、インドール式堆肥システムを提唱した。その集大成である「The Waste Products of Agriculture—Their Utilization as Humus（農業廃棄物—腐食としての利用1931）」と、「An Agricultural Testament（農業聖典1940）」（邦訳は横井利直ほか訳「ハワードの有機農業」農文協）がロンドンで出版された。

注3　福岡さん自身は、「有機農法は、過去の有畜農業の焼き直しであり、本来が科学農業の一部であるがゆえに、巨大化した科学農法や、その体制に、のみ込まれてしまう」と批判している。発起人の一人として参加した日本有機農業研究会の設立のときも、「有機農業」という名前をつけることに反対した。「有機」というのはもともとアジアで伝統的につくられてきた堆肥のことであり、福岡さんが、生わらの散布や緑肥、不耕起という方法に行きついたのは「どうしたら堆肥をつくる重労働から農家が解放されるか」ということが動機のひとつであったからだ。

注4　樋浦誠（一八九八―一九九一）　植物病理学者。北海道帝国大学卒、名著といわれた「植物病原菌類解説」の著者。キリスト者であった樋浦は、のちに酪農学園の初代学長に招かれ、大学に通うことができない農村青年のために三愛塾を開催した。

草を生かす、草を敵としない

自然農　川口由一さん

本田進一郎

川口さんは、福岡正信さんの米麦連続不耕起直播（六〇頁参照）から出発して、やがて、自分の田んぼの稲、土、草にあった独自のやり方をつくりあげてきた。ひとことでいうなら、「雑草草生不耕起移植栽培」であり、川口さん自身の言葉を借りれば、

耕さず
肥料は施さず（持ち込まず持ち出さない）
農薬除草剤は用いず
草や虫を敵としない

という自然農の稲作である

川口さんによれば、米麦連続不耕起直播は形がきまりすぎており、自分の田にそのままはめ込むことが難しい。時代ごと場所ごとに、稲も土も草もどんどん変化していくので、その都度臨機応変に対応していかなければ、稲を育てることができない。

福岡さんの農法にふつうの人が取りくむことが困難なのに比べて、川口さんのやり方は、鎌と鍬だけあればすぐに始められ、かつ失敗しない。

現在、全国四〇か所以上に自然農の学習の場があり、三重県と奈良県の境にある赤目自然農塾では、毎年三〇〇人近い人が、実際に稲や野菜を栽培しながら学んでいる。

もっとも独自なのは草に対する見方で、世界中の農家がとにかく草を抑える、取り除くことに四苦八苦しているのに対して、「草を生かす・草を敵としない」という方法にいち早く転換している。

自然農の稲つくり

川口さんの奈良県桜井市での稲づくりのあらましを次にまとめてみた。

溝掘り　田んぼに排水溝を掘っておく。あぜ際のぐるりと、田んぼの中のほうは四メートル間隔。

苗床づくり、種まき　四月中旬〜下旬、苗床を田んぼの中につくる。苗床にするところの草を一・四メートル幅に鎌で刈って、刈った草はわきに置いておく。鍬で表面の土をけずって、冬草の根っこと、夏草の種を取り除く。削った土は苗床のまわりに寄せておく。鍬と手を使って表面をきれいにならす。苗床の広さは、田んぼ一反分で、一・四×一八メートル確保する。

ならし終わったら、種もみをまく。種の間隔が均一になるようていねいに作業する。密になってしまったところは、一粒ずつつまんで離す。種もみの量は一反分で五合だが、最初のうちは七〜八合用意する。よく実った、いいもみを選び、浸種や催芽はしない。自然の発芽にまかせる。

苗床の周囲三〇〜四〇センチのところに溝を掘る。掘りあげた土を手でほぐして、種も

川口由一さん　左が川口さんの田んぼ。かつては専業で７反ほど作付けていたが、現在は稲1.5反、畑１反

みの上にかぶせる。この溝は、ねずみ・もぐらよけもかねている。最初に刈っておいた草を、苗床の上にかぶせる。さらに周囲の草を刈り取って、苗床の土が見えなくなるくらいかぶせる。さらにその上から、雀、猫、犬よけのために、細枝をのせておく。草でおおっているので適度に湿り気があり、かん水は基本的には不要。半月〜一か月で芽が出てくる。苗床に生えてきた草は取りのぞいてやる。

最初の頃は土がやせており、米ぬかを冬期にまいて準備していたという。しかし不耕起を続けるとだんだん土が肥沃になり、現在は

9月中旬の稲　1枚の田んぼに‘豊里’と古代米数種類を作付けている。8月上旬に1回（1列おきに2回）除草している。その後は草をとらない。草とわらが堆積し、表面に10㎝ほどの層ができている

苗に元気がなければ、米ぬかを少し上からまく。育苗期間はおおよそ二か月。

田植え　六月中〜下旬、田植え。田植え前にあぜをぬり、水を三〜五センチ入れる。田植えのときは作業しやすいように、ひたひたぐらいに落とす。大苗の一本植えで、三五×四〇センチ間隔。目じるしのロープをはって、冬草をなぎたおしながら、苗を植えていく。冬草はそのまま枯れていく。夏草はまだでていない。

草とり　田植えから一か月間は（晩生は四〇日間）、夏草を除草して、稲の生育を助けてやる。自然農を始めたばかりのころは二〜三回草とりを行なっていたが、現在は一回のみ。一列おきに、根の深い草は刈ってその場におき、簡単に抜ける草は、抜いてねかせておく。一〇〜一五日後に残りの列をやる。幼穂形成期（八月十日ごろ）以降は草とりしない。稲がある程度大きくなれば、稲の足元に草があっても全く問題はない。生えるにまかせておく。

草をできるかぎりとらず、わらも外にもちださないので、表面に有機物が厚く堆積した層（川口さんは亡骸の層と呼んでいる）ができてくる。堆積層が厚くなると、だんだんと夏草が少なくなり、除草作業は年々楽になる。まったく除草なしですんでしまう年もあるという。

水管理　水は常にはりつめない。水を入れて

川口由一

一九三九年　奈良県桜井市に専業農家の長男として生まれる。十二歳のときに父が亡くなり、中学を卒業と同時に就農。その後定時制の高校に通いながら農業をやっていたが、弟達の卒業を機に画家の道をめざす。二〇代は美術研究所に通い、農繁期は農業、農閑期は絵を描きながら全国を放浪するという日々。そのころは村の中で最も熱心に農薬を散布するような農家だった。

三〇歳になると、放浪の生活から農業に暮らしが落ち着き、三六歳で結婚する。このころ、自分や身近な人が病気になり、医者からも見放されてしまう。仕方なく独自に漢方医学を勉強・実践する。三七歳の時に、たまたま読んだ「複合汚染」をきっかけに、耕うんして無農薬の稲つくりを試みる。翌年からは、福岡正信の米麦連続不耕起直播に取り組み始めた（七八年）。

最初の二年間は失敗の連続で、収穫無し。三年目から不耕起移植栽培に切り替えて、徐々に自分のやり方を見つけていく。一〇年後に、おおよそ今のやり方にいきつく。川口さんは、生死をかけて勉強・実践した漢方治療に比べれば、自然農の方はたいしたことではなかったという。

八八年、妻の進言がきっかけで、雑誌「八〇年代」に連載を始める。記事を読んだ人が畑を見にくるようになり、毎月一回の見学会や一泊二日の合宿学習会を開くようになった（八九年）。九〇年、連載をまとめた「妙（たえ）なる畑に立ちて」刊行。九一年からは、耕作放棄されていた棚田を借りて、赤目自然農塾がはじまる。九三年、「自然農から農を超えて」刊行。九七年記録映画「自然農—川口由一の世界」、二〇〇〇年「自然農—川口由一の世界」、二〇〇一年「子どもの未来と自然農」発行。

五〜一〇センチたまったら止め、あとは自然に乾くまでほっておく。溝の中の水がなくなったら、また水を入れる。有機物が表面に厚く堆積しているので、水をためるとガスが発生する。稲の根がいたまないように、入れたり干したりを繰り返す。
　水が抜けやすい田でも、表面の堆積層が厚くなると保守力が高まり、あまり水を入れなくてもすむ（ただし、分けつ期だけは水がないと分けつが悪くなる）。棚田のザル田さえも、かけ流しでなんとかなっているという。
稲刈り　十一月中旬稲刈り。稲木にかけ一か月乾燥させる。後作に麦をつくるときは、稲刈り後の田に、手で麦をばらまく。播種量は一反あたり約八升。ばらまき終わったら、冬草を鎌で刈るか手で抜いてその場におく。
稲わらをもどす　十二月中旬、脱穀し終わった稲わらを全量、田んぼにばらまく。
冬の田んぼ　稲刈りのあと、最初に生えてくる草は、スズメノテッポウ（イネ科）で、そのあとはカラスノエンドウ（マメ科）が多くなってくる。草は、場所や時によって自然にどんどん移っていく。

草が土を肥沃にする

自然農では肥料を施さないと本などに書いてあるが、作物に肥料分が不要ということではない。

　自然農法に切りかえた最初の二年は、直播をしていたせいもあり、稲が草にまけてまったく収穫できなかった。草のせいだけでなく、そのころの田んぼは、腐植が少ないせいで土が固く、肥沃さがまったくなかった。草ぼうぼうのまま三年目にはいると、枯れた草が積もって田んぼの土がふわふわしてきた。このとき、「やれる」と直感したのだという。

　だから、何年も草だらけにしておいた休耕田が、一番米がとれる。ほとんどの人は、肥料を入れず耕さないとだんだん土がやせて荒地になってしまうと考えているが、実際には表面を裸にせずに草を生やしておけば、土はだんだんと肥えてふかふかになってくる。

　無肥料というのは、化学肥料や有機質肥料、堆肥など「施肥」をしないということであって、土が自然に肥えるような方法をとる。

　川口さんの田んぼでは、稲の生育のじゃまにならない限りできるだけ草をとらず、刈ったときもその場に置く。外に持ち出さない。収穫物は、し尿や米ぬかとして田畑にもどす。野菜くずや食べ残しさえも、ゴミにはしない。「持ち込まず、持ち出さず、巡らせる」。

　稲の収量は地域の平均にくらべてひどく低いというわけではなく、七〜八俵ほどである。暖地の人では、自然農のやり方で一〇俵とれるときもあるという。資材や機械をまったく使わないので、労力以外のコストはゼロである。

　もともと、水田というのは、水を引き入れることによって、森林や草地、田畑の養分が補給

雑草をかきわけてキャベツや白菜の苗を定植する。川口さんの草を生かす方法は、野菜づくりでより力を発揮する。小さいうちは草に囲まれていると虫はつかない。さらに、草があるので地面が乾燥しにくく、かん水が不要。周囲に生えていた夏草は冬に向って自然と枯れていく、冬草のほうは芽を出しても春まで大きくならないので、草まけすることもない。草はすべて有機物として補給されるので、堆肥をつくる必要がない。ただし、化学肥料を使う農法に比べて、収穫量は2〜3割落ちる。機械をまったく使わないのでコストは激減するが、栽培面積は1haが限度という

されるので、何千年も稲を連作できるというすぐれた装置なのだ。そして、土を肥沃にするには、草こそがもっとも自然で、豊富な資源であることをあらためて気付かされた。

赤目自然農塾

話には聞いていたが、赤目自然農塾に実際に来てみて驚いた。とにかく、集まってくる人数が多く、しかも若い人が多い。

約二町五反の棚田を細かく区切って、毎年三〇〇人ほどの塾生に割り当てられる。毎月第二土曜、日曜に川口さんの現地指導があり、すべてボランティアによって自主的に運営されている。

川口さん（右）の話を聞く、赤目自然農塾の参加者たち。この日は50人くらい。稲づくりに機械は使用せず、脱穀も足踏み脱穀機。機械と呼べるのはもみすり機だけ

もともとは、川口さんの田んぼに見学にきていた人が、耕作放棄されていた棚田を提供したことが始まりで、石垣はくずれ、用水施設はズタズタであった。草木におおわれて、外からみるとただの「山」のようになっていた。草を刈り、崩れた石垣を積み直し、水が通うようにした。こうした土木工事は重労働で技術もいる。いったん荒れた棚田をもとにもどすのは確かに困難だ。しかし、土のほうは逆で、草が多いところほど稲がよくできたという。

初老の人もいるが、二〇～四〇代の若い人が多い。特に若い女性が目立つ。ふつう田舎の田んぼや畑で若い女性に会うことはまったくないので、とくにそう感じる。大阪、京都、奈良など関西在住の人が中心だが、中には横浜から来ている人もいる。現地に住み込む人も数名いるそうだ。

すでに家庭菜園のベテランだという人と話をすると、赤目にわざわざ遠くからやってくるのは、稲づくりを学びたいからだという。野菜は本を読んで自宅の庭でもできるが、素人が稲を作ることは難しい。技術だけでなく、機械や用水、制度など多くの障害があって、相手にされない。ここでは、高価な機械などなくても誰でも稲づくりが体験できる。

◆

赤目の棚田で、嬉々として農作業をしている老若男女をみていると、「担い手が不足したために、中山間の農地が荒れる」というのは、正しい言い方ではないことがわかる。稲を作ってみたい、農作業を体験してみたいという人々はおおぜいいるにもかかわらず、それを拒んでいるのは農村自身であり、田んぼから人を排除する稲作技術なのだ。私には、工業優先の経済政策のせいだけでなく、農村みずからが消耗・衰退のサイクルに自分たちを追い込んでいるように見える。

もうひとつ私の頭に浮かんでいたのは、先史時代の農の姿である。きっと、当時の人々は田を起こす鍬さえ無くとも、注意深く自然を観察し、自然に逆らわず寄り添い、その恵みをうけ、一定の収穫が可能であったのだろう。遺跡から発掘された精緻な工芸品に人々は驚くが、じつは決して貧しい原始生活などではなく、それなりに豊かで、風景は美しく、美や芸術を愛し、きわめて文化的な人々が暮らしていたに違いない。私は、現代の農村が、そんなたおやかで豊かな場所へと変わりゆく可能性をかい間見ていた。

（ジャーナリスト）

あっちの話こっちの話

もみがらで抑草、反当一tで効果は五年間持続

兼松昭夫

鳥取市松原の谷口如典さんは、自然農法によるイネつくりを三〇年以上も続けています。「農業は雑草との闘い」とおっしゃる谷口さんから、もみがらと油かすを利用した除草法を教えてもらいました。

まず、秋のうちにもみがらを反当たり一t（約八反分のもみがら）、油かすを五袋入れて耕うんします。このとき注意することは、乾土効果を高めるために二山すき（二山耕）にすること。耕うんした跡が白く乾いた頃（好天が続けば、三～四日後）にもう一度耕うんしておくとなおよいとのこと。そして翌年の春の田植え前にもう一～二回耕うんします。

代かきは、水をいっぱいに入れないで八分目にしてやるのが調子がいい。爪の深さは五cmくらいにして、排土板でギュッと抑えながらサッとすませます。ギヤは「低速の三」か「高速の一」くらい。反当たり二〇～三〇分くらいでやってしまうのがコツです。そして、一度入った田んぼには二度と入らない（二回目の代かきはしない）こと。

谷口さんがこの方法を発見したのは一〇年ほど前。あまりの忙しさに、本来は平らに散らさなければいけないもみがらを、ムラができたままにしておいたのがきっかけです。多量にもみがらが入ったところだけ、翌年に雑草が生えなかったのです。

試験場に問い合わせたところ、もみがらにはモミラクトーンフェノールという雑草を抑える物質が含まれているとの答えが返ってきました。谷口さんの経験によると、もみがら一tの投入一回で、五年間くらいは効果が持続するそうです。

また、もみがらには稲を硬くするケイ酸もたくさん含まれているので、谷口さんの稲はバリバリ。いもちにも負けません。

一九九五年一月号

柿の皮は減農薬の強い味方

吉本郁夫

全国各地で減農薬に対する関心が高まっていますが、福島県国見町の菊池喜平さんはふつうなら捨ててしまうものを使って減農薬の工夫をしています。

国見町一帯では、「アンポ柿」という干柿づくりが冬場の大事な収入源。菊池さんは、このときに出る柿の皮を使って柿酢をつくるのです。

つくり方はとっても簡単。五〇ℓぐらいのポリタンクいっぱいに柿の皮を詰めて放っておくだけです。ただし雨水などが入らないように。一冬おけば、これで一升ビンに三〇本分くらいの柿酢がとれます。これを五〇～一〇〇倍くらいに薄めて作物にかけるわけです。

単用するほか、ストチュウ（玄米酢＋果糖＋焼酎）の玄米酢の代わりに使ってもいい。もともと菊池さんがこれを思いついたのも、値段のはる玄米酢に代わるものが欲しかったからです。

この柿酢が効いたのか、全国的にいもち病が大発生した一昨年も、菊池さんの稲にはほとんど被害はなし。

一九九五年四月号

Part 2

有機物を活かす

堆肥、米ぬか、稲わら、くず大豆…を田んぼで発酵させる

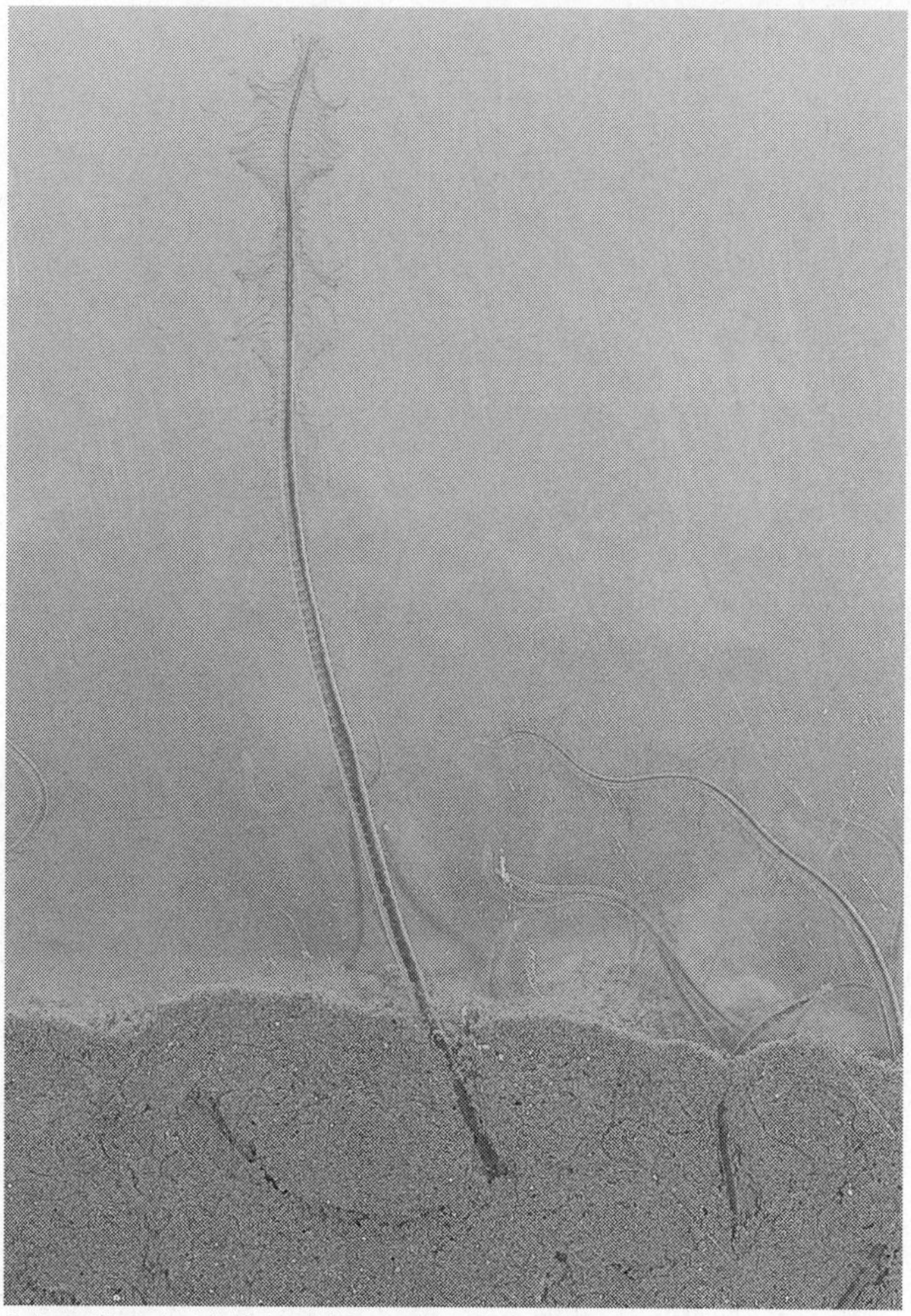

わらや米ぬか、くず大豆を田んぼに入れると、イトミミズがふえる。イトミミズは泥の中の有機物や微生物を食べて、上側の尾の先から排泄する。雑草の種は泥の中にもぐってしまい、発芽できなくなる
（赤松富仁撮影）

米ぬか・大豆かす・牛ふんを活用した

有機稲作の苗づくりと除草

平田啓一　生産法人（有）山形川西産直センター

牛糞堆肥とボカシをベースにした育苗用の発酵肥料。高温発酵させているので苗にやさしい（＊）

平田啓一さん（倉持正実撮影、以下＊）

育苗に使う有機肥料をどうするか

肥料が発酵して苗に障害

有機稲作の技術を安定させるためには、おそらく数十項目の栽培技術の開発・積み上げが必要だと感じていますが、なかでも育苗の問題は、重要なポイントになってきます。

化学肥料を使用しない育苗用の有機肥料には、二つの難点があります。私だけでなく、有機栽培に挑戦している多くの仲間たちが失敗を繰り返してきました。

難点の一つは、有機肥料が育苗中に二次発酵して、種子の発芽に障害を与えることです。ボカシ肥料を床土に使って、芽だしのために温度を加えると、ボカシ肥料が再発酵を始め、その際に発生する有機酸が種もみの芽を傷めてしまうのです。おかげで苗箱の中のところどころしか芽が出なかったり、ほとんど発芽しなかったり…という苗になってしまいます。副次的にはpHが上がり、床土がアルカリ性になって苗の発育を阻害するということもあります。さらに、床土の表面に白い菌糸がびっしりはって、上からのかん水を通さなくなるということも起きました。

高温発酵の肥料なら苗にやさしい

従来、ボカシ肥などの発酵肥料は、五〇℃以下くらいの低温発酵でつくるのがコツとされています。

ところが、そうした低温発酵肥料の多くは、加温によって二次発酵し、発芽障害を引き起こします。二次発酵しない発酵肥料はどうやったらつくれるだろうか。それは二次発酵の余地がないよう完全発酵させてしまうしかないのではないか…というのが、私の考えたことです。これまでの常識の「発酵温度は五〇℃以上に上げないようにする」ということが、未発酵の部分を残すことにつながっているのかもしれません。

そこで、「有機物は水を加えるとなぜ発熱するのか」ということを調べてみました。すると、それは微生物自身の運動熱だということが判明。だとすれば、六〇℃以上、七〇℃にも自然に発熱するということは、そういう高温下でも十分増殖できる微生物がいるからに違いない、それが自然というものだ、と考えるに至り、それまでの低温発酵のやり方を高温発酵に切り替えました。

発酵資材に水を加え、積み上げておくと発熱し、何日か放置しておくとやがて水分が失われて乾燥し、温度が下がります。そうしたらまた水を加えて切り返し、積み上げて発熱させる。これを数回繰り返してつくります。

今年、完成した発酵肥料を、私のところで一〇〇〇枚分強、仲間たちに四〇〇〇枚分ほどを分けてやりましたが、いずれも二次発酵などの障害は出ませんでした。

育苗箱用発酵肥料に使用した資材

牛糞堆肥ベースの場合

	量	比率	備考
完熟堆肥	750kg	72.9%	牛糞堆肥（モミガラ・米ぬか入り・高温発酵スミ）
ボカシ肥料	200kg	19.4%	おから・米ぬかで発酵（高温発酵スミ）
魚かす	13kg	1.3%	
木炭粉末	6kg	0.6%	
微生物資材	30kg	2.9%	家畜用微生物（枯草菌等）
生物活性水	30kg	2.9%	

ナタネかす等ベースの場合

	量	比率	備考
第1混合物			
種こうじ	25kg	2.3%	こうじ菌 70g／米ぬか 5kg／コーラン 20kg
米ぬか	200kg	18.3%	
モミ	20kg	1.8%	
生物活性水	7kg	0.6%	
第2混合物			
ナタネかす	600kg	54.9%	
魚かす	80kg	7.3%	
発酵ケイフン	30kg	2.7%	
ヤニガラ	40kg	3.7%	
骨粉	40kg	3.7%	
くん炭	50kg	4.6%	モミガラくん炭

発酵温度

経過	堆肥ベース	ナタネかす等ベース
0日後	27℃	30℃
3日後	57	40
4日後	65	50
10日後	60	68
13日後		68 第1回切り返し
14日後		42
15日後	55	
16日後	第1回切り返し	64
17日後	45	
18日後		64
19日後		59
20日後	61	
21日後		57
22日後		第2回切り返し
24日後		60
25日後		65
34日後		54
35日後		第3回切り返し
36日後	53	
37日後	第2回切り返し	55
38日後	60	60
43日後	60	
54日後	55	55
55日後		第4回切り返し
56日後	50	
57日後		50
58日後	48	48
59日後	第3回切り返し（無加水）	58
61日後	47	
62日後	35	
63日後		58
65日後		54
70日後	15	
74日後	（終了）	45
		第5回切り返し（無加水）
76日後		59
78日後		59
80日後		53
84日後		49
89日後		40（終了）

育苗箱用発酵肥料のつくり方

では私の今年の育苗箱用発酵肥料つくりを具体的に説明します。

発酵資材は用心のため、二つのコースを準備しました。一つは私が昨年も取り組んで成功したわが家の牛糞堆肥をベースにしたもの。もう一つは薄上秀男さんが本などで示されている資材をベースに、菜種かすなどを中心に設計したものです。

気温がだいぶ下がり、寒くなってきた昨年十月下旬頃から、発酵肥料つくりを始めました。

温度が下がってきたら切り返し

堆肥ベースのほうのつくり方を中心に述べます。まず、もみがらを敷料にした牛糞堆肥（一年間ほど積んで、間に七～八回切り返しを行なった完熟堆肥。生のときに比べてその量が半分くらいに減っている）を全体の三分の二くらい。そこへ、あらかじめつくっておいたおから中心の自家製ボカシ肥料を二割弱混ぜ、さらに、発酵を促すための魚かす・木炭粉末・枯草菌などの含まれた家畜用微生物資材・牛の尿でつくった生物活性水などを加えます。

水分は、これらの混合物を手でにぎると固まり、開くとほぐれる程度にします。攪拌を繰り返しながら、まんべんなく水分が行き渡るように時間をかけて切り返しながら、高さ一mを超えるくらいに積み上げます。

さらに、土着菌を豊富に含んだ肥料とするために、稲株つきの田んぼの土を二スコップほど、落ち葉などと一緒に中に入れます。そして最後には、野良に生えているカヤ、ヨシなどの青草、稲わらなどで上にカバーをします。

発酵が始まると、四～五日で六〇℃を超すようになります。それが二週間ほど持続したあと、やがて温度が下がり始めます。その頃、堆積物の上の部分を中に入れ、中の部分を上に上げるようなやり方で、水をやりながら切り返しを行ないます。するとまた六〇℃を超す温度上昇があって、やがて温度が下降し始めるので、また水をかけて切り返し…。この工程を繰り返します。ただし、最後の切り返しは水をかけないで行ないます。

堆肥ベースの場合は約七〇～八〇日間で三回ほど切り返し、菜種かすなどの材料のほうは五回ほど切り返しながら約三か月間くらいで、カラカラに乾燥した発酵肥料ができあります。このくらいの期間と切り返しの回数が、二次発酵をしない程度に発酵が進み、かつ、わりと効きの早い肥料分を保持した発酵肥料つくりに適しているのではないかと判断しています。

二つのコースの肥料とも、変わらない結果となったので、今後は資材の自給できる牛糞堆肥ベースの肥料をつくっていくつもりです。

平田さんは長年、有畜複合経営にこだわってきた（*）

苗箱一枚一〇円の超安肥料

有機栽培・有機肥料というと、コストがかかるというイメージを持つ人も多いようです。たしかに市販の有機質肥料を購入してそのまま使ったのでは、苗箱一枚当たり一〇〇円くらいすぐかかってしまいます。

しかし、牛糞堆肥とおからを基本資材にしたこの発酵肥料の場合は、魚かすや木炭などを除けば、ほとんどお金はかかりません。

肥育牛四〇頭の私の経営では、もみがら牛糞堆肥は無尽蔵です。その他は、自家精米でとれる米ぬか、ただ同然でいくらでも入手できるおからが中心の肥料となるので、資材は七三頁の表の他にまだカニガラなどを入れたとしても、稲苗箱一枚当たりの肥料代は超安の一〇円もあれば間に合ってしまいます。

1年くらい堆積した完熟堆肥。７～８回切り返し、高温で発酵させている（*）

来年用の肥料は、欲しい人には分けてあげられるよう量産体制を目指します。有機栽培はカネがかかるというイメージを打破し、誰でもが取り組める状況をつくっていきたいと思っています。

遅い窒素肥効発現への対策

難点の二つ目は、有機肥料の窒素の発現が、苗の発育に追いつかず、初期の生育が停滞するということです。

窒素発現の遅れの問題は、東北地方の寒冷地では、一つの課題になると見ています。肥料の窒素発現が遅れて、育苗が長引けば、田植えも遅くならざるを得ません。その分、作期がせばまり、大きな面積をこなすのが困難になるからです。

同じ有機肥料を使ったテストでは、四月上旬に播種した苗は窒素発現が遅れ、葉色が黄緑色で草丈もなかなか伸びません。ところが、四月下旬に播種したものは、葉色が濃く、苗の生育も旺盛。

このときの平均気温は四月上・中旬が八・三七℃。四月下・五月上旬が一二・〇五℃で、約三・七℃の温度差がありました。

このことから二つのことが考えられます。一つは、気温が低いことによって有機態窒素の分解が進まない。もう一つは稲の根の活動が活発でなく、有機態窒素を吸収できない。

今、私が対策として考えていることの一つは、材料の中では一番分解が早く、速効性のおからの量を多くした肥料にすること。二つ目は、牛糞より速効性の馬糞堆肥を使うこと(馬も飼っています)。この二つをぜひ試してみたいと考えています。

農薬なしで苗を育てる

有機栽培技術の公開・交換を

自分たちのグループでも、どうしても今までやってきた慣行栽培の体系をそのままにして、農薬や化学肥料を「抜く」だけという方法に走りがちです。発想を変えて根本のところから有機の栽培体系を積み上げる、という具合にはなかなかいきません。


たとえば、坪当たり七〇株も密植し、最高分けつ期に二〇〇〇本もの茎数を立てておいて、もん枯病の農薬を「抜く」のは、多湿の私の地方ではとても無理です。農薬をかけないでもん枯病を出さないためには、坪当たり五〇株、一四〇〇本以下くらいに茎数を抑えなければなりません。そうしておけば、もん枯病の農薬は必要なくなるわけです。

次頁の表は、私がイメージしている有機栽培の米つくりに必要な栽培技術の項目です。極めて不十分ですが、有機栽培を安定的に確立するためには何が必要かを明らかにし、どの点が解決され、何が未解決なのかの課題をはっきりさせる。そしてお互いに情報を公開、交換し合って、一日も早く輸入農産物に負けない、安全で環境を守れる日本型有機農業を確立することが大切ではないでしょうか?

有機の技術が未来をひらく

世界の稲作面積の一・六%しかない日本の稲作の農薬使用量が、世界全体の五四%(金額ベース)を占めます。お隣の韓国の五・七倍、中国の七八・一倍という驚くべき量。こうした農薬づけ、化学肥料づけの日本農業を環境保全型の農業に大きく転換しなければなりません。


この転換を可能にする決め手となるのが、有機栽培の技術なのです。たとえば、農薬を使わずにばか苗病などを予防する種子消毒が「温湯浸法」として確立。すでに温湯機も開発され、誰でもできる技術になりました。慣行栽培の人も減農薬栽培の人も応用でき、種子消毒の農薬は、水稲についていえば使用しなくてもよくなったのです。

とかく有機栽培は、普及率が極めて低いことから、特殊な栽培方法だと軽視されたり、慣行栽培や特別栽培とは無関係なもの・異質なものと考えられがちですが、決してそうではなく、その一部でも慣行栽培に導入することによって、農薬や化学肥料に頼りきっている日本農業の現状を大きく改善できるのです。環境保全型の農業を推進する機関車の役割を果たすのが、有機栽培だと私は考えます。

有機稲作の栽培技術の中でも、とくに重要なポイントは、育苗・本田の除草・そして収量と食味、の三つだと私は考えています。

比重選は一・一五〜一・一七で

もん枯病の土壌伝染を除けば、稲の主な病気のいもち病やばか苗病、苗立枯病などの病原菌は主にもみがらに存在し、種子から伝染する種子伝染性病害だといわれます。これらの病原菌におかされた種子を取りのぞくことが、その後の病気の発生を防ぐ上でのポイントです。

一般に、病原菌におかされている種子は比重が軽くなるといわれます。そこで、普通は一・一三の比重選のところ、有機栽培では一・一五～一・一七で行ない、二〇～五〇%の種子を除去します。比重を測るのに、しばしば新鮮な卵が用いられますが、ここは正確

有機栽培米の技術体系（平田試案）—有機栽培と慣行栽培の比較—

	NO	項目	有機栽培	慣行栽培	説明
種子	1	採種	有機栽培圃場（原則）	採種圃場	
	2	塩水選	1.15～1.17比重選	1.11～1.13	不充実種子や病苗におかされた種子を除く
	3	消毒	温湯57～60℃、5～7分	薬剤処理	ばか苗病など予防
	4	浸漬	低温水15日位	10日位	
	5	芽出し	20℃2昼夜	30℃1昼夜	低温催芽で病原苗の増殖を防ぐ
床土	6	床上消毒	焙土	タテガレエース、ダコニール処理	床土を85℃位で加熱殺菌
	7	肥料	有機肥料 ①発酵肥料、②加熱肥料	化学肥料	
	8	農薬	×（不使用）	○（使用）	
育苗	9	播種量	箱当たり60g以下	150g～180g	（中苗100～130g）
	10	育苗期間	40日5.0葉齢成苗	20日2.5葉齢稚苗	（中苗30日位）
	11	育苗法	水中（プール）育苗	ハウスなど畑育苗が主	プール育苗によりカビの発生を防ぐ
	12	農薬	×（不使用）	○（使用）	
本田	13	土づくり	堆肥、ボカシなど有機肥料を必ず投入	格別行なわない場合が多い	
	14	耕うん	浅うない	深うない	
	15	代かき	2回代かき	1回	2回代かきで雑草（芽）除去とトロトロ層づくり
	16	栽植密度	坪当たり35～50株	70株	疎植によるもん枯、いもち予防
	17	植付本数	1坪当たり2～3本	6～7本	無効分けつを出さないイネつくり
	18	茎数 （坪当たり） うち無効分けつ	コシヒカリ　1,000～1,100本 ひとめぼれ　1,200～1,300 0	1,800～2,500本 400～600	慣行は20～30%の無効分けつ出るのが常識。農薬なしではすまない
	19	肥料	有機肥料	化学肥料が主	
	20	除草剤	×	○	
	21	抑草	①2回代かき、②深水管理、③米ぬか、大豆かす、緑肥、④紙マルチ、⑤にごり水、他		
	22	除草	①アイガモ、②除草機、③手取り、他		
	23	病害虫防除	農薬×	○	
	24	倒伏防止			
	25	冷害対策			
	26	高温障害			
	27	動植物の利用	①藻類アオミドロ等、②アオウキクサ、③イトミミズ、④ドジョウ、他		抑草、水温調整など有益な動植物の活用をはかる
	28	収量目標	コシ　ひとめ 茎数　1,000本　1,300 1穂粒数　110粒　90 登熟歩合　85%　85 千粒重　22g　22 10a収　600kg　630		
	29	食味			

を期すためボーメ度比重計（一本一〇〇〇円くらい）を使用します。多く除去することになる分、種子を多めに準備しなければと心配される方もいるかもしれませんが、その分、薄まきになるため、普通栽培よりも種もみの量は少なくてすみます。

このような徹底した比重選を行なった種子は、その後、温湯処理などしなくても、ばか苗病などはほとんど発生しないことが、私たちのテストでも確認されています。

温湯処理

五七℃七分間で温湯処理

比重選された種子を温湯処理します。これは種もみについているばか苗病菌などの病原菌を殺菌することと、もう一つの重要な効果として、種もみの発芽抑制物質を不活性化させ、発芽率を高めることにあります。

一般的には六〇℃、五～七分で処理されるようですが、私たちは五七℃七分間で行なっており、効果は変わらないようです。発芽テストでは、あきたこまちで一〇〇％の発芽率でした。

比重選のあと洗濯機で脱水、温湯処理のあと冷却

高温処理なので、下手すると芽を焼くなどの失敗に結びつきます。失敗しないコツは二つ。一つは、比重選を行なったらすぐに脱水することです。電気洗濯機の「脱水」三分くらいで、簡単にできます。塩水選をしてそのまま水に漬けておくと、種もみは水分を吸収。そのときに、もみの外から芽の部分に通じる通路ができてしまうようなのです。その後、温湯に漬けると、熱いお湯が芽を直撃し焼いてしまうので、くれぐれも注意が必要です。

二つ目のポイントは、温湯浸漬が終了したらただちに冷水に漬けて冷やすことです。時間は、お湯につけている時間と同じで七分くらい。東北地方では、三月中下旬なら北側の屋根の下の雪がまだたくさん残っています。水道の水をどんどん流さなくとも、おけに雪水の低温水をつくり、熱くなった種子を冷やします。

プール育苗

水中育苗なら病気は来ない

育苗で最も怖い苗立枯細菌病などは、三〇℃前後の高温で湿潤な条件のもとで最もよく繁殖しますので、ハウス畑苗代育苗などでは、農薬なしではまず育苗は不可能だと思います。

しかし畑育苗を水中育苗にきりかえると、水中では立枯病菌やカビなどの発生する条件が断たれるため、タチガレンやダコニールなどの農

ハウスをかけない露地でのプール育苗（＊）

薬を使用しなくても、育苗はラクにできます。

温湯浸種とプール育苗。この二つの技術の開発と確立によって、育苗段階での農薬を完全に排除することが可能になりました。

山形で、露地プール育苗成功！

私は昨春、一七〇〇枚ほどの露地プール育

苗に挑戦し、成功しました。

私のところでは、四月十七日、遅い降雪があり、団子のような大粒の雪で地面が真っ白になりました。一番播種は四月十日頃で、降霜などを考えると、露地育苗はかなり危険をともないます。

しかし、ビニールなどをできるだけ使わず環境保全・コスト低減を目指したいということと、五月下旬～六月上旬ともなると気温が上昇してハウス育苗では軟弱徒長をさけられないということで、昨年、思い切って露地育苗を導入しました。露地育苗が成功すれば、六月上旬でも育苗ができ、田植え期の幅が広がります。

二年ほど試作はしたものの、昭和三十年代の前半くらいに姿を消した水苗代以来の取り組みです。一抹の不安もありましたが、東北地方でも露地育苗は十分可能で、おかげで田植えの最後を六月八日まで延ばすことができました（従来は五月末）。水中育苗は「保温」にも大きな役割を果たすことも痛感しました。

薄まき大苗にする

田植え時の苗の大きさは五・〇～五・五葉、一八～二〇cmの成苗を目標に、一箱六〇gまきとしています。

有機栽培に薄まきの成苗が必要な理由の一つは、イネミズゾウムシなどの害虫対策。イネゾウは田植え直後から、幼虫が根を食い荒らし、成虫は葉につきます。こうしたやっかいな害虫に農薬なしで対抗するには、田植えの当初から多少の害虫の食害にびくともしないような、活着よく生育の旺盛な苗をつくることが求められます。

もう一つの理由は、除草剤なしの抑草・除草のために、深水管理のほか米ぬかなどの有機物の大量投入が必要となるからです。これらの管理技術を可能にする前提条件が、前述の大苗となります。こうした大きい苗をつくるには、一〇〇g以上の厚播きではとても無理です。

除草は、二回代かき＋深水＋米ぬか・大豆かすの組み合わせで

「上農は草を見ずして草をとり、中農は草を見て草をとり、下農は草を見て草をとらず」という格言があるように、農業にとって除草問題は、昔から農家を評価する基準になるくらい重要な位置を占めていました。有機無農薬栽培での除草問題は、昔と変わらぬ最大の課題です。ただ、以前は「はいつくばってやる除草法」でしたが、現在は「除草剤を使わず、なおかつラクしてやる除草法」というきわめて難度の高い除草技術の開発と定着が求められていると思います。

紙マルチ・合鴨は二年でリタイヤ

私は無農薬の除草に紙マルチと合鴨から入りましたが、どちらも二年で失敗、リタイヤしました。

紙マルチのほうは、田んぼの下層が泥炭層で基盤が軟弱なため、非常に重たい紙マルチ専用田植え機の車輪が、耕盤を突き破ってめり込み、動けなくなるトラブルが何度も起きました。深耕が増収のカギと信じて長年深耕にはげんできたせいで薄くなっていた耕盤が、なおさらのこと破れやすくなってしまいました。

さらに紙マルチは、抑草効果は高いのですが、紙を敷くことで地温が一～二℃低く経過するため、寒冷地では初期生育の遅れがさけられません。この遅れも、硫安などの速効性の化学肥料を一部使用すれば、一挙に取り戻せるのだとは思いますが、完全無化学肥料で栽培した場合、よほど土ができていないと収量への影響はさけられないように思います。

ただ最近、紙を薄くしたり、黒色にするなど、熱を吸収しやすく改善されていますので、寒冷地でも使いやすくなってきているようです。紙マルチ農法は、最も確実に雑草を抑え込むことができるので、私たちのグループでは現在、最も多くの人たちに取り組まれています。

紙マルチはコスト高も難点の一つで、紙代と専用田植え機で一〇a当たり約二万円。一俵当たり二〇〇〇〜三〇〇〇円近いコストを要します。

天敵にやられたアイガモ

私の合鴨農法の失敗は、「天敵」でした。ネットの囲いが不十分なこともあったと思いますが、とにかくヒナ鴨をねらう野犬や野良猫、タヌキ、トビ、タカなど、周りからも空からも襲ってくるので、毎日の管理と不断の注意が求められます。面積が少ないと、特に集中攻撃を受けやすいようです。

また、東京の米屋さんから合鴨米が欲しいといわれて送ったところ、食味が落ちるとの指摘を受けました。カモの糞の肥効が稲の稔実の頃に出てきて、米粒に窒素が多く残るためではないかと考えられます。最近は羽数を減らしたり、放飼期間を短くしたりと工夫されていますが、食味を下げないための注意が必要だと思います。

三つの抑草法を組み合わせ

私はこうした失敗を重ねた後、雑草の発生を抑え込むため、現在三つの抑草法を組み合わせています。一つの方法だけでは、後で述べるように雑草を抑え込むことは難しいからです。ちなみに私は、雑草防除を、雑草が生える前に抑え込む「抑草」と、生えた雑草を除去する「除草」と二つの概念に分けて対処しています。

二回代かきでトロトロ層、植え代は雑草の発芽を待ってから

私の田んぼの場合、長年、堆肥を入れ続けてきたので、スズメノテッポウがたくさん生えます。一回目の代かきをどんなに丁寧にやっても、スズメノテッポウが頭をもたげてきます。そこで従来は、二回目の代かきは水をはずして行ない、頭を立てたこの草を土中に埋め込むという要領でやってきました。

しかしこのやり方では表面が固まりますから、トロトロ層はできません。そこで三cmくらい水を張った状態で代かきすると、土の粒子が水中に浮き、やがてそれが沈殿して表面にトロトロ層ができます。その際、比重の軽い土の粒子が雑草の種子をカバーする形になり、雑草の発生が相当に抑制されます。

具体的には、一回目の荒代は三cmくらい水を張った状態で行ない、そのまま一〇〜一五日間放置します。二回目の植え代は、できれば雑草の発芽を確認してから、水をはったまま行ないます。トラクタの速度を最低に落とし、代かきロータの回転を高速（PTO2）にして、すでに発生している雑草の芽を浮かせると同時に、土の粒子を浮かせてトロトロ層をつくるのです。

東北地方のような寒冷地では、一回目と二回目の代かきの間隔を一週間程度おいただけで雑草は発芽しない場合が多いようです。それを待ちきれずに植え代をかいて田植えすると、発芽しかかっていた雑草が田植え直後にいっせいに芽を吹き出し、米ぬか散布も後手に回って、「二回代かきもやって米ぬかもふったけれど、雑草にはまったく効果がなかった」という結果を招きかねません。したがって、二回目の代かきは「じっと我慢の子」で、発芽を確認してから行なうのが大切です。

四〇馬力以上の大型トラクタの中には、低速歩行のきかないものがあり、タイヤの痕跡も深くなりがちなので、私は馬力の小さいも

のを使っています。また有機物の少ない田や砂質土壌は、トロトロ層ができにくいようです。できるだけ浅うないにし、上層に有機物が多く残るようにすると同時に、ボカシ肥などで発酵を促進することも、トロトロ層をつくるうえで大切だと思います。

深水管理でヒエをおさえる

一〇cm以上の深水にすることは、ヒエなどの湿性植物には効果が非常に大きい。ヒエに限っていえば、深水管理でほぼ完璧に抑えられます。しかしコナギやホタルイなどの水生植物には、深水はまったく効果がありません。

漏水などで一晩でも水位が下がると、ヒエが水面上から頭をもたげます。こうなると、その後いくら深水にしてもヒエの生長を抑えられなくなります。ですから三〇cmくらいの高さで五〇cmくらい幅のあるしっかりした畦畔をつくることが、まず第一の前提条件となります。特に有機田ではザリガニが増えて穴をあけるので注意が必要です。

また、田植え当初から一〇cm程度の深水にも耐えることのできる丈夫で大きな苗が必要です。

しかし深水管理は、上流からの水が止められてしまうこともあったり、水路の底の高さが田面より低いと一〇cm以上湛水することが困難だったりと、外的な制約があります。この技術だけで雑草を抑えるのは難しいと見なければなりません。

ヒエは深水でおさえられる

米ぬか十大豆かす散布区の抑草は完璧

米ぬか十大豆かすの組み合わせがいい

私は昨年、約二・二haを有機無農薬栽培しましたが、そのうち約半分に米ぬか一〇〇kg、残りの半分には米ぬか八〇kgと大豆かす二〇kgの合計一〇〇kg散布しました。手散布で、時期は田植え後三～七日（田植えは植え代後二～三日）。

米ぬか単体散布区は、コナギの抑草効果九

○%以上で、ほぼ完璧に近いものでした。しかしホタルイにはまったくといっていいほど効果はありませんでした。ここ数年姿を消していたホタルイが、突然ニョキニョキ顔を出したのには驚きました。

ところが米ぬかと大豆かすを併用した田んぼでは、ホタルイも八〇～九〇%発生が抑えられました。

この差の原因は、いったい何だったのかを考えてみました。私の推定では、まず第一にコナギとホタルイの発芽に時間差があるのではないかということです。コナギは早く、ホタルイは若干遅い。確かにコナギよりもホタルイのほうが種子が大きくカラも厚いようです。そして第二には、米ぬかと大豆かすの有機酸やガスの発生に時間差があるのではないか？ということ。米ぬかが早く、大豆かすが遅い。

こう考えてみると、米ぬか単体区では有機酸・ガスの発生時期とコナギの発芽の時期がうまく重なって抑草できたが、ホタルイのほうは米ぬかのガスの発生が終わってから、何の支障もなく悠然と発芽してきた。いっぽう米ぬかと大豆かす区のほうは、ホタルイの発芽と大豆かすのガスの発生が重なって、抑草効果が出た…と、推測できます。

また、有機栽培をやっている仲間たちで米ぬか散布が遅れてコナギが大発生した田んぼには、ホタルイが一本も見当りません。時期に遅れた米ぬか散布は、コナギには間に合わなかったけれど、ホタルイには効果があったということではなかろうか、とも考えられるのです。

だとすると、雑草の種類ごとの発芽時期を明らかにすること。さらに米ぬかや大豆かすなど有機物投入後の有機酸・ガスの発生時間と、その組み合わせを研究し、明確にすることが、極めて大切な課題なのではと考えます。

米ぬか散布をラクに

一八kgもある米ぬか袋を持ち抱えて田の中を歩く米ぬか散布は、たいへんハードで、一日四〇～五〇aがせいぜい。能率の上がらない仕事です。大面積をやるにはおのずと限界があり、散布時期を逸する原因ともなります。

したがって数ha、あるいは数十ha規模で行なうには、乗用田植え機などにセットして行なう散布機の開発が急がれます。これはそんなに難しいことではないと考えますので、早期の開発をメーカーなどに期待します。

米ぬか散布。もう少しラクにやる方法を工夫しないと…

にごり水を長く保持

にごり水などで日光がさえぎられると、雑草の発生が相当抑えられるので、私はにごり水をできるだけ長く保持するように心がけています。

まず二回目の植え代は三cmくらいの水をはったまま行なうことは前述の通りです。このとき粒子の比較的大きなものは沈殿しますが、粒子のごく細かいものはなかなか沈殿せず、そのまま浮遊して、いわゆるにごり水となります。これを保持するには、そのまま落水せず、湛水状態で田植えします。すると寒い日や風の強い日は苗が消耗せず、活着が早まります。

田植えすると、田植え機のせいでさらににごり水がつくられ、そのままの湛水状態で行なう米ぬか散布や除草機押しで、にごり水は一か月以上も保持でき、抑草効果を高めるようです。

米ぬか100kg施用区はホタルイがびっしり出てしまったので、除草機で除草

イトミミズのトロトロ層

農薬と化学肥料を使わない稲つくりは、水中のイトミミズなども増殖させます。水中をよく観察すると、無数のイトミミズが土中に頭を突っ込み、お尻を水中に浮かしてユラユラ揺れているのが見てとれます。その部分の土を手に取ってみると、トロトロになっています。トロトロ層は、二回代かきによってつくられるだけでなく、こうしたイトミミズなどの排泄物がトロトロ層の堆積を厚くして抑草効果を発揮するのではないか、と思われます。

除草は動力除草機で

雑草が生えてきたら迷わず早めの除草を行なうのが、手が着けられなくなるほど田んぼを荒れさせないコツです。

私の場合も、米ぬか単体散布区の約一・〇haは、ホタルイの発生で動力除草機を押しました。ところが手押しの人力除草機を二回かけたAさんの場合は、ほとんど除草効果はありませんでした。歯車（爪）が高速回転する動力除草機を使用することが肝要です。

動力除草機といえどもたいへんな苦労を強いられますので、乗用田植え機などにアタッチメントできる除草機の開発が切望されます。歩行用の動力除草機を使用する場合には、できるだけラクに歩くために、三cmくらいに水を張った状態で行なったほうがいいようです。

（生産法人（有）山形川西産直センター代表取締役　山形県東置賜郡川西町大字小松一三〇〇）

二〇〇〇年十月号　イネ育苗箱施用しても、害の出ない発酵肥料ができた！
二〇〇一年三月号　農薬なしで苗を育てる
二〇〇一年四月号　二回代かき＋深水＋米ぬか大豆かすの組み合わせで抑草

種もみをまく石井稔さん。苗箱にくん炭を利用しているので軽く、片手でもてる（倉持正実撮影）

米ぬか、ボカシ肥、炭の活用

ボカシ肥で収量が安定 食味もよくなった

石井稔　宮城県登米町

ボカシ肥による有機栽培に転向

現在の経営は、水田一六〇a、畑ニラ五〇aを無農薬で栽培し、減農薬のりんごを長男が担当している。当地では降水量は比較的少なく、春から夏にかけて偏東風（ヤマセ）と呼ばれる冷風が石巻湾方向より吹きつけ、しばしば農作物に被害を与える。基幹作物は水稲であり、近年、水稲プラス畜産経営に複合作目としてニラ、なす、キャベツ、白菜がふえている。

ボカシ肥施用による無農薬栽培米に取り組んで十二年目に入った。水田には毎年一t以上の堆肥を投入し積極的に土つくりを行なってきた。化学肥料、農薬づけの農業に疑問を持ち、これからは食味と安全を重視し、消費者に喜んで食べてもらえる米つくりでないと稲作農家は生き残れないと考え、有機物を主体としたボカシ肥料で農法を試み、水稲を中心に積極的に取り組んでいる。試行錯誤の取組みのなか、生育が良好で、品質もよくなってきた。

ボカシ肥とは米ぬか、エビ殻、カニ殻、骨粉、大豆、くん炭、その他身近にある有機物を菌と混ぜて発酵させたものだ。当初は米ぬかや大豆かすなどを主体に使用してきたが、植物性のためか、肥料切れが早く、食味もよくなかった。その後、骨粉などの動物種のものも加えている。

温湯と木酢で種子処理

種もみは自家種で、種子処理は六〇℃の湯に種もみを五～六分漬け、湯から上げたらすぐ冷水で冷やす（ばか苗病はこれでよい）。浸漬してから木酢五〇～一〇〇倍液で二四時間消毒する。これで種もみ消毒は終わる。

くん炭培土で育苗

育苗用の培土に、もみがらくん炭を利用している。くん炭育苗の一番の利点は、原料が各自の家にあり、手軽にくん炭がつくれることだ。もみがらを片付けながら、床土の準備ができるのでとてもありがたい。

くん炭と肥料（アグレット有機666）を混ぜるときは、少々の水分があったほうがなじみやすいので、軽く水をかけてから。混合するのは播種の五日前頃でもよいと思われる。

このやり方で唯一問題点となるのは、くん炭一〇〇％は軽すぎて、一般の播種機のホッパーからうまく落ちないことだ。チリトリなどを使って手で多めに箱に入れてから播種機に流してやると、播種機のブラシがきれいにならしてくれる。この方法で一時間に二五〇～三〇〇箱と、普通のスピードで播種ができる。くん炭は軽いので、チリトリで入れても全然苦ではない。

播種後の覆土にはホッパーを利用したい。くん炭一〇〇％では無理なので、ここでは乾燥したくん炭五〇％と山土五〇％の混合土を使う。この割合ならスムーズだ。くん炭が多いと、運搬中に覆土が飛んでしまうことがあるので、飛ばない程度に全体にかん水して湿らせておいたほうがいいようだ。

播種が終わったら、保温折衷苗代かプール育苗にする。この方法は、なんといっても苗箱が軽いのがいい。何箱でも持ち上げられる。

炭で土壌改良

土壌改良剤として、堆肥のほかに、炭を一〇a当たり一〇〇～二〇〇kg毎年入れる。

栽培のあらまし

播種日	4月8日
播種量	90g／箱
種子消毒	温熱処理，木酢
育苗様式	保温折衷，中成苗
田植日	5月18日
栽植密度	14株／m^2
堆肥	1.5t／10a
元肥	米ぬかボカシ100kg／10a
追肥	ボカシ100kg
土壌改良剤	竹炭，木炭，くん炭100kg／10a
除草	除草機，手取り
病害虫防除	竹酢，米酢，食油
収穫	10月上旬ころ
収量	480kg

もみがらくん炭の培土でも苗の根ばりよし（倉持正実撮影）

炭には、次のような効果がある。

①空隙が多く、土をふかふかにする
②有害ガスを吸収し、植物の生長を助ける
③土の温度を上げる
④微生物の増加
⑤ミネラルの補給

ボカシ肥で元肥と追肥

堆肥は一〇a当たり完熟したもの一・五t、米ぬかボカシ一〇〇kgを散布し、代かき前に三回以上耕起する。深さは五cmほどの半不耕起とし、早目に稲株を分解させている。

ボカシ肥は元肥、追肥ともに施用し、用途に応じて材料の配合割合を変えている。ボカシ肥は、いわば生きた肥料である。除草剤を使用すると八〇%は死んでしまい、それまでの苦労が水の泡となる。

ボカシ菌もいろいろ購入して試してみたが、やはり地元で採れた微生物を混合して使用したものが一番効果があるようだ。

微生物での除草の試み

圃場には地元でとれる多くの微生物を投入している。一回でも農薬を使用するとせっかくの蓄積された微生物が死んでしまう。特に除草には手間がかかり、今年から微生物で除草できないかを試験中である。雑草が大幅に減った圃場も出たので、今後は本格的に取り組んでみたい。この方法が確立できれば無農薬栽培に大きな力となってくれるであろう。

炭で水質も改善

また、取水口にも炭を置き、圃場に入る水を炭に通し、ろ過、殺菌してから入れる形をとっている。そうすると稲の根張りがよくなり、丈夫な茎をつくる原動力となる。

生育目標と施肥の考え方

元肥には窒素を使わず、追肥に重点を置く。そのため私の稲は初期生育がわるく、他の圃場の稲と比べて貧弱にみえる。しかし食味の高い米をつくるためには、茎の太い稲でつくられる粒張りのよい穂に仕上げなければならない。早くから茎数を取ってしまうと、茎が細くなって粒張りがわるく、乳白が多くなり食味が落ちてしまう。

このあたりのひとめぼれは六月上旬には最高分けつを終えるが、私の田では七月二〇日ごろの最高分けつを目標に追肥をしている。

稲は自分の力で土から十分な養分を吸収できるようにし、穂ができる一番大切な時期に青々とした稲になるように生育させることが、粒張りのよい米にするための条件である。

田んぼの見まわりの度に米ぬかボカシを1～2袋トラックに積んで行き、風上の畦畔からふって歩く。風向きに応じていろんな方向から少しずつまく。深水や除草機の組み合わせて、除草もこれでそこそこOK（倉持正実撮影）

幼穂形成期から出穂期に黄金色に近い葉色になってしまうと、実が登熟しないで、乳白が多くなったり完全に登熟しない米となり、食味を落とすことになってしまう。とくにひとめぼれは、茎数が少なく穂が小さいことで、元肥を多くする早期茎数確保の指導がなされ、茎も細く倒伏の原因となる。この時期に栄養バランスがよくないと、大きな穂がつくれないし、粒張りのよい米とならない。

いまの指導では減数分裂期に、葉緑素計値で三一、カラースケール値で三・五と、収穫期の葉色になるよう指導されているので、栄養バランスがわるく、小さい穂で粒張りのわるい米となっている。ひとめぼれ本来の特徴を消してしまうことになる。ボカシ肥を用いてからは冷害の影響もなく、安定収量が得られるようになった。平成五年などは、冷害でいもち病が激発した年であったが、いもちの被害も少なく一〇a当たり五八〇kgの収穫量で、平年を上回る大豊作となった。

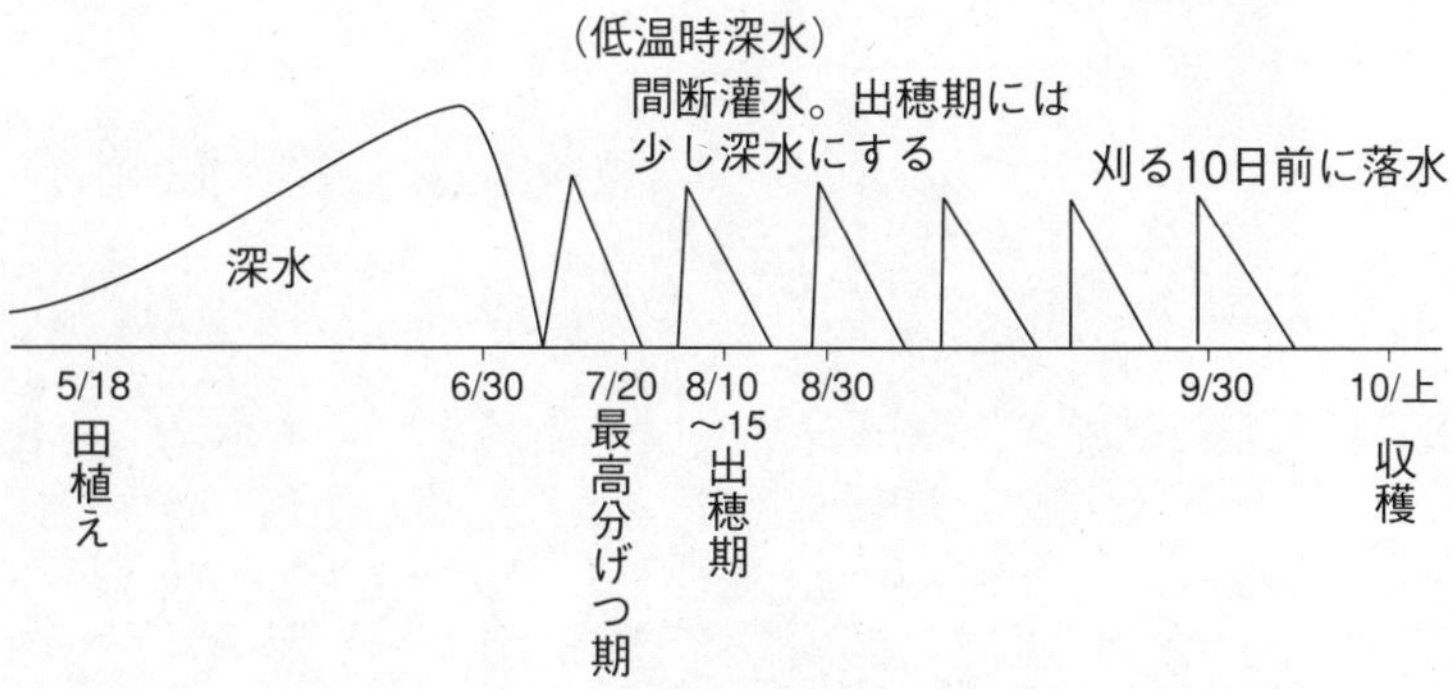

私の水管理

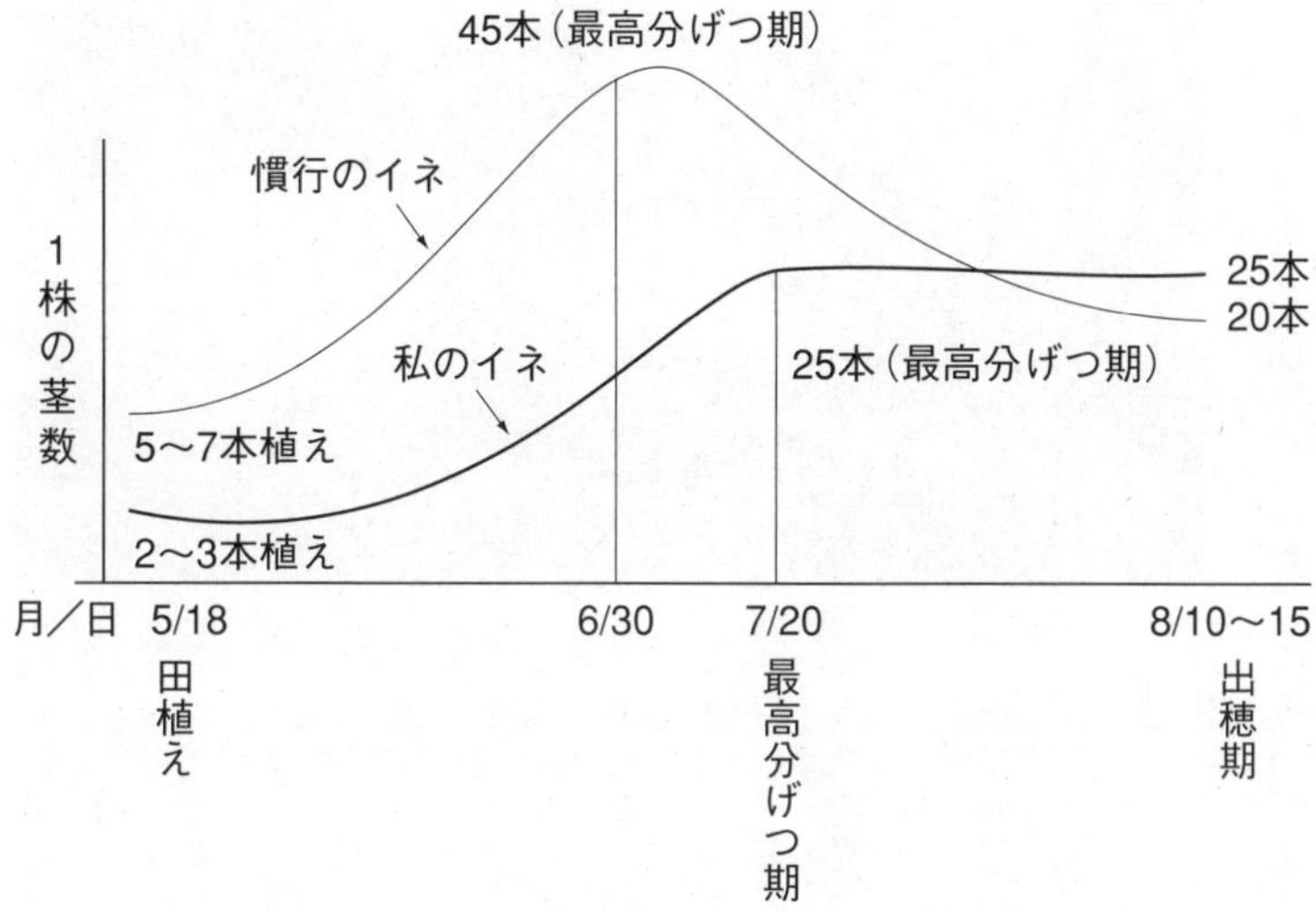

私のイネと慣行のイネの生育のちがい

微生物利用が環境保全米つくりに

化学肥料や農薬に対する評価は、賛否両論である。アメリカでは「長年化学肥料や農薬を使用していた大半の農地が、有機栽培を始めて一年以内には(残留農薬の)安全基準をクリアしており、農薬の大半のものは使用をひかえれば(土壌が)浄化しうるという見通しが立てられている。この場合、有機物を施用しなかった土壌においては、一年経過後と農薬の残留が確認された例が多く、微生物の活動と農薬の分解に強い相関が認められている」ということも聞いている。土壌微生物による残留農薬の分解ということから、今後もよい微生物を利用した環境保全米つくりで、消費者に喜んで食べてもらえる米つくりをしていきたい。

稲刈り

ハサがけ乾燥

炭酸ガス利用の冬眠加工で食味長持ち

販売面で一番苦労したのが梅雨以降の食味低下だった。顧客が多くなると、多少でも味がわるいと、「おいしいくない。後はいらない」とキャンセルされる。

そこで古い物置を改造して四～五坪の予冷庫を設置し、食味低下を防止した。それでも八月、九月となると食味は低下する。なんとか新米のまま一年を通して貯蔵できないか、頭を痛めていた。

平成六年の秋、満永食品新技術研究所の後藤さんより電話があり、米に炭酸ガスを吹き込むと、米自身がガスを吸い込んで、袋がカチカチに固まり、常温でも食味が低下しないことを聞いた。一年間、私の米で試験してみたところ、結果は予想以上に良好で効果に確信を深めた。七年産米から本格的に冬眠米に取り組み、販売を始めた。

この方法は、満田久輝氏（日本学士院会員、京都大学名誉教授）が、食糧の国家備蓄を目的として開発した保存法である。開封しなければ常温で食味が長持ちするのが特長だ。

この冬眠加工は秋収穫後、早いほど新米の味が保たれる。早目に白米処理をして冬眠加工して貯蔵すると年中新米の味が楽しめる。

冬眠米の販売を開始してからは、これが口コミで伝わって、予想以上の反響だった。おもしろいことに、当初の予約注文以上に数がふえてくる。不思議に思って何人かに聞いてみると、「おいしいので家族で食べる量がふえたのと、近所の人から分けてくれといわれ、その分を余分に頼むようになった」とのことだった。

注文は黙っていてもふえてきた。珍しいので贈りものに使いたいとか、東京に住んでいる子どもにまとめて送ってほしいとかいう注文も入った。開封しなければ常温で長持ちする〝冬眠米〟ならではの注文もあいついだ。

私の米がとっくになくなってしまったころ、「石井さんが指導してできた米なら買います」といってくる米卸店もあり、一〇〇〇俵ほどの冬眠処理した米を予約注文してもらっている。その米は、私の稲作に興味をもって集まってくれた仲間がつくってくれることになっている。適正な価格で買い取ってもらえるので、みな喜んでいる。

（宮城県登米郡登米町寺池鉄砲五六―三）

農業技術大系　作物編　第三巻　炭酸ガス利用の白米常温保存　ボカシ肥と炭、木酢の活用で無農薬・無肥料栽培、ハサがけ乾燥　一九九六年

堆肥、緑肥の一発元肥で有機栽培への字稲作

輪作すれば肥料は不要

井原豊

私の稲作はいろいろなスタイルがある。私の著書では、「元肥に過石一袋—四五日前硫安一発」なんて書いているが、これは私の稲作ではない。指導の稲作であって低コストを打ち出しているにすぎない。見学者や研修の皆さんが「井原はん、硫安は何キロぐらいふりますか」と質問されるがそうじゃない。有機栽培のために、限りなくタダ取りのために、何枚もある田んぼを同じようにはつくれない。自分のやっている稲作と、教える稲作とはやり方がちがう。考え方がちがう。地力がちがう。条件がちがう。

私のやっている稲作を紹介し、低コスト小力増収の「への字型」にバラエティーのあることをお伝えしたい。元肥ゼロが絶対条件の「への字稲作」が、疎植ならば元肥全量一発でもへの字になるのです。

牛ふん堆肥四~五t一発でタダ取り

私の一町五反の水田も十枚十色である。借地により田んぼは分散してないが、前作や有機投入量によって地力と残効はまちまちである。

このうち、稲わらと堆肥交換散布の田が三分の二。裏作を休んで稲の単作、冬に堆肥投入するこれらの田は、完全なタダ取り増収となる。畜産家がマニュアスプレッダーで反に三台（約五t）散布してくれる。三年に二回のローテーションで、堆肥散布は品種により量を加減。コシヒカリは反四t、短稈種は六~七tが適量で、三年二回だと、入れない年も稲わら還元のみで完全無肥料稲作ができる。畜産家さえ協力してくれればこれほど無労力タダでありがたい方法はほかにない。

なのに近所の農家は「堆肥を入れてもらうと化成肥料がふれなくなる」といって堆肥を嫌う。何を考えているのだろうか。化成肥料をふりたいために堆肥入れを断るのだから百姓の考えることは摩訶不思議だ。「堆肥入れをやめる」と言う。

堆肥入れたうえに化成ふっては稲をヤワにする。だから堆肥の反五tぐらいでは土が半分見えている。頼りなく感じて、それだけでは肥料分が足りない、と思うのであろう。それと、やはりどうあってもビニール袋の口を破いて化成肥料をまかないと稲は育たないと思い込んでいるらしい。

堆肥の散布時期で肥効に大差

堆肥散布は、牛ふんの質と散布時期によって肥効に大差が出る。年内や、冬の一月二月にまいた堆肥は、質が牛ふんであろうとよく乾いた発酵したものであろうと、含まれる窒素分は稲作初期にはまったく効かない。冬中に田んぼでカラカラに乾いて窒素が抜け、春の雨で硝酸態窒素は流亡し、代かき入水ではとんど地下流亡してしまう。

だから冬にまいた牛ふんや堆肥の窒素成分は、稲の初期生育時にはゼロ同様である。田植え後二〇日間ぐらい葉色は淡い。これが「への字」である。元肥に全量堆肥一発施肥でも初期肥効が出ないで、出穂四五日前か五〇日前ごろから徐々に堆肥や牛ふんが分解して肥効を出してくれる。

ところが、牛ふんや堆肥を田植え一か月前以降にまくと持てる窒素成分が稲の初期生育にモロに効く。牛ふんの生なら糞尿の尿素分が〇・五～〇・七％。五ｔ入れたら窒素成分で三〇kg入れたことになる。畜産農家自身の田んぼは、糞尿処理のために田植え直前まで自分の田にふりまくから、とんでもないできすぎ稲になるのだ。

堆肥一ｔで窒素一kg

冬にまいた牛ふんや堆肥の窒素は、蒸発したり雨で流れてくれるからいいのだ。飼料として外国から輸入した窒素成分は環境汚染しながら逃げてくれるから、稲にとってちょうどいい加減の肥効になってくれている。もし、堆肥のもつ窒素分が一〇〇％稲に利用されるなら、堆肥は反に一～二ｔで適量になるはずである。しかし現実は、有機物に含まれる窒素の半分が損失。残り半分のうち一部は微生物に取り込まれ、一部は有機態で残り、一部は徐々に無機態として土に吸着される。だから私の場合、冬期にまいた堆肥類は、一ｔにつき反一kgの施肥窒素と速算している。すなわち一ｔ一kgだから、反四ｔやれば窒素成分四kgやったと同じ肥効、と考えてピタリと当たる。ただしそこで保肥力が問題で、腐植の多い肥沃な田と、砂質の田や耕土の浅いヤセ田とでは大きな差が生じる。

堆肥の入れすぎ田ほど半不耕起がいい

いま、堆肥は反一ｔで施肥窒素成分一kgといった。だが一年限りでみると一ｔ一kgとなっても、毎年続ければ上乗せになる。堆肥の肥効は一年きりではない。微生物に取り込まれた分と有機態で残る分は、翌年、翌々年に肥効を持ち越す。有機物が未熟なほど持越量は多くなり、完熟ものほど少なくなる。だから毎年続けて入れるには反三～四ｔと少なめにするか、三年に一回休むと、これまたピタリとタダ取りができる。

もし、土が見えないくらい多量にふると反一〇ｔ。ほんとは土が見えないぐらい入れないと気持ちは治まらないものだ。

土が半分見えかくれする量だと頼りなくて、効く気がしないのだ。ま、畜産家の都合によるから当方の思いどおりにならないけど、堆肥の入れすぎはアンモニアを蒸発させるに限る。それには半不耕起が向いている。

秋のわら集めに始まって冬の堆肥散布作業、何回も大型トラクタやマニュアが走り回って、田んぼは固く踏みつけられる。まったく透水しなくなる。学校の運動場のように表面は固くなり、少しの雨では水が浸み込まない。これが半不耕起におあつらえの条件となるのだ。

堆肥が入れられたあと、三～五cmで浅くトラクタ耕する。かろうじて稲株が起きる程度に高速回転で堆肥と土をまぜる。冬の旱天で表面はよく乾き、糞尿堆肥に含まれる炭酸アンモニアは大部分蒸発して損失する。むろん余剰のカリ成分も飛散流亡する。土が見えないくらい入った堆肥は、こうして損失させないと多すぎるのだ。環境汚染に遠慮するなら、始めっからもっと少なく入れればいいわけだ。

トラクタにとって、三～五cmの浅さで耕して作業精度を求めることは難しい。深耕するほうが仕事はしやすいが、半不耕起は稲にとってまた数々のメリットがある。以前にも何回も試みた。水もちの悪いのが難点だが、大型機械の踏圧によってよくしまっているから解決。田植え機の走行も代かき作業もスイスイ。人間が入っても足がめりこまないし、稲は頑強な育ちをする。秋に下葉枯れが極端に少ない、などメリットだらけ。

一方で深耕による土つくり、ととなえながら、一方で超浅耕がよい、と矛盾した話になるが、この件は決して矛盾していない。

なぜならば、ふつうは作土下に耕盤が形成されるのに対し、半不耕起では作土全面しめつけで、いわば地表面に耕盤をつくるという違いがあるからだ。長年ロータリ耕を続けると、地表一五cm下に固くて透水しない耕盤が形成される。するとこれを破砕する深耕が必要になる。ところが耕盤が破砕された深い作土の田ならばその必要がない。作土全体を固く締めつけて超浅耕または不耕起で稲を植えるのがよい。というわけで、私は作土締めつけ超浅耕（半不耕起）で過去直播栽培をこなしてきた。

今年はこの半不耕起を全田の三分の二で実践し、ポチャポチャと走る楽な田植えを楽しむつもりである。

カリ過剰に注意

牛ふん堆肥は、未熟でも乾物でも含まれる肥料要素には大差なく、窒素〇・五％、リン酸〇・三％、カリ〇・六％とみていい。生状態では水分が多くて重いが、成分の尿素態の損失がない。発酵乾燥すると重さは三分の一に減るが、尿素態成分が損失する分、窒素はそれほど濃縮されない。リン酸とカリはほとんど損失はないが、雨ざらしになるとカリの損失流亡が甚だしい。だから雨に打たれてない牛ふんや堆肥はカリ成分が多すぎる。たとえば反五tの堆肥にはカリが三〇kg、必要量の三倍になる。むろん土に吸着しきれないで流亡があり、五〇％利用されても五kgは過剰となる。もっとも保肥力のない砂質田はカリ分の流亡も多く、それほど過剰害の心配はないが。

カリ過剰は作物に大害をもたらす。陽イオン同士の拮抗作用で、生理障害がおこる。カルシウムや苦土の吸収を阻害する。稲ではいもちの激発と青たれた登熟、ドス黒い葉色。青米ばかりふやして、食味を極端に悪くする。畜産農家が捨てるように牛ふんをまいた田の、青たれ稲に、固くしようとカリを追肥するバカがいる。

堆肥の入れすぎで稲も野菜もダメにするのはカリ過剰の害であり、これを軽減するには作物に吸収させるか、流亡をはかるしかない。

鶏ふん・米ぬかでも元肥一発

堆肥の入らない田んぼがある。出入り段差があったり、一時借用で地力をつける必要のない田など。鶏ふんや米ぬかは一年限りの肥効に終わり、量が知れているから地力増強も土をフカフカにする力もない。あくまで肥料、それも金肥に屈する。

鶏ふんの肥料要素は、自然乾燥ものでほぼ窒素三％、リン酸四％、カリ一％である。米つくりのための反施用量はコシで一五〇kg、短稈種で二五〇kgが限界。これを田植え一か月前より田植え直前までの間になるべく入れることにしている。散布に労力を要するうえ仕事がうるさいので、よほど気が向かないとやれない。費用はバラでは無料、袋詰めだと一五kgで二〇〇円。

鶏ふんは、冬期に入れると雑草の肥料にもなり、雑草が緑肥になってくれる。早植えでは冬期散布でよいが、遅植えの稲では初期に効きすぎる。への字育ちにするには遅植えで田植え直前、早植えでは冬期散布、と時期を考えないといけない。鶏ふんを反当軽トラ二台も入れると、初期に強烈な肥効が出て稲作は必ず失敗する。

私は過去、尺二寸角（坪二五株）一本植えの手植えをやってたころは、田植え一か月前に反当七〇〇kgぐらいうない込んで一発元肥とし、多収をあげていた。超疎植ならば、坪三三株以下ならば、鶏ふん多量一発小力が可能である。

米ぬかも安い肥料だ。要素成分は、窒素二％、リン酸四％、カリ一・五％。肥効一年きりの金肥である。価格は一kg一〇円、うまく交渉すればタダで手に入るが、これまた散布がじゃまくさい。むらなくまきたいし、田んぼに軽トラが乗り入れできる条件など制約があり、やる気にならないとできない仕事だ。やはり田植え一か月前以内でないとへの字育ちにならない。

コシで反当二〇〇kg、短稈種では四〇〇kgほど。元肥一発すき込みでじっくりと、への字の生育になる。米ぬかを使った稲は、米がうまいのが大きな特徴。リン酸肥効が高く、マグネシウムがとくに食味に働く。

産直米に最高の肥料だけど、風で飛び散る米ぬか散布はおっくうな作業の一つである。鶏ふんと米ぬか「一発への字」はおしみない労力で成り立つ。

堆肥を入れることは、じつはそう簡単ではない

牛ふん堆肥を冬期に散布して浅耕。反当四～五ｔも入れればいっさい施肥の必要なく、これほど安上がりで楽な稲作はほかにないが、近くに畜産農家があり、稲わらと交換でマニュアスプレッダーでふってくれることが条件となる。こうした牛ふん堆肥がタダで手に入る好条件の農家はそうザラにはないから実用的な話とはならない。

世の稲作暦や指針には「有機栽培には堆肥を反一ｔは施用すること」とあるが、一ｔ入れられる所なら四ｔ入れられる。入れられない地帯は一ｔの堆肥を入れることすら至難のわざである。それに、反に一ｔや二ｔ入れたって何の変哲もない。肥効もまったく目に見えないし、地力増強の足しにならない。入れないよりマシ、といった気安め的な量である。

鶏ふんにしても同じ。鶏ふんは窒素成分が堆肥にくらべて五倍も一〇倍もあるから、とてもトン単位ではやれない。反一五〇kgから三〇〇kgまでとなる。この量では地力の足しにはとて

も及ばない。しかしトン単位で投入しては土が肥えすぎて稲作は成り立たなくなるので、窒素分を逃がす工夫が必要となる。

栽培による土つくり―麦、レンゲ、野菜、豆、草

地力をつける、ということは土中の腐植含量をふやすということであり、それが土の保肥力を高めることをねらいとする。保肥力を高めると無機態の窒素・カリ・カルシウムが流亡しなくなり、微生物とか土中小動物が大増殖する。この状態を「地力がついた」というわけだ。それには積極的に作物を栽培し、栽培による地力を目ざさねばなるまい。

堆肥を投入できない田で有機一発放任栽培をするには、減反田の活用か、または冬期遊休田を利用しての栽培による土つくりしかない。

私も、今は牛ふん堆肥を酪農家の協力で入れてもらえるが、彼が転廃業すれば、ただちに栽培による土つくりに転換しなければならない。

その栽培による土つくりとは、

▼冬期に麦を裏作につくる。麦を収穫してもよし、春に青刈りすき込みしてよし。

▼冬期にレンゲ田とする。

▼冬期に野菜をつくる。水田裏作に適する野菜は、玉ねぎ・じゃがいも・ほうれん草・キャベツなどで、これらをつくると収益的に野菜が表作となり、稲は裏作的になって気が楽だ。

▼春先に青刈り大豆をまき、生草が一m²当たり一kgの重量になったときすき込んで緑肥とする。これで稲は無肥料栽培。

▼冬期に田を耕起せずに雑草をうんと繁茂させ、尿素か硫安をまいて雑草を育てる。雑草が緑肥となり、地力の増進は著しいし、土はボロボロになり無肥料稲作ができるが、これは、世の篤農家は、絶対にしない方法。上農は草を見ずして草を取る、といわれるように、私も冬期には一本も雑草は許さない。田んぼを草ボウボウにすることは惰農の標本であり、セリなどの稲作期間中の強害雑草までも培養することになるからだ。だが、草ボウボウの地力つくりは暖地で麦を栽培しない人にとって最も省力的な方法のひとつかもしれない。

▼夏期減反田利用による土つくりは、ソルゴー、クロバー、大豆など全国的に多種多様である。

自分の田に育ったものを還元する。これが環境にやさしい土つくりといえるだろう。

麦を緑肥にするときのやり方

麦つくりは暖地の特権であり、積雪地でマネのできないメリットだが、近年は麦の作柄がきわめて不安定。そして検査基準が厳しくて等外の率が高く、採算の合わん作物となった。麦をつくって損をする年のほうが多いのだ。私は地力つくりを目的に、小麦はとれても不作でもいいからと長年つくり続けてきたが、ついに今年から青刈り用に切り替えた。子実収穫は暑い六月の重労働。そして機械の残殻の掃除、すき込み麦稈腐熟用の肥料散布など、副産物的コスト高がつきまとうからだ。

青刈り麦なら、稲刈り後の十月か十一月に尿素を反当一本と小麦種二〇～三〇kgをふりまいて五cmほどの浅耕をしとけば、春四月下旬には反当四～五tの生草がすき込める。出穂がそろ

ってからトラクタでうない込めばいい。実どりじゃないからリン酸もカリもいらん。尿素一本が四～五tの生草に変わるわけだ。化学窒素で多量の有機物を自然が生産してくれる。この理屈は夏のソルゴーも同じで、これほど理にかなった土つくりはない。

なお青刈りのとき、来年の種子用にわずかの部分を残す必要がある。種子を買うと高い。

青刈り麦をうない込んだだけで稲は無肥料で育つ。青草は自分のもつ窒素分で充分に分解し、稲に二年間にわたり窒素を供給する。一年めは八割、二年めは残り二割ぐらいの感じである。すなわち、青刈り麦を育てるためにやった尿素二〇kgが有機物に化け、尿素一五kgが初年度の稲に効き、残り五kg分が翌年の稲に効く、といったあんばいだ。むろん雨で流亡があるから計算よりもロスは多めで、利用率は青草のもつ肥料成分の五〇％ぐらいだろう。それでちょうどいい加減の効き具合なのだ。よくできた青刈り麦をうない込んだら、間違っても初年度は化学窒素を入れてはならない。

青刈りのつもりで麦を育てたが、よくできて一〇俵もとれそうなら子実を収穫してもよい。ただ尿素一本で一〇俵はムリだ。一〇俵とるには尿素は反当三〇kg以上必要だ。

子実を収穫したら、その麦稈は全量うない込まないとまったく意味がない。一〇俵の小麦をとると麦わらは七〇〇～八〇〇kgはある。これを腐熟させるのに反当たり一五kgの尿素がいる。尿素のほかに過リン酸を二〇～三〇kgすき込まなければ稲が育たない。本田ではすごいガスわきがあり初期分けつを抑制する。そして水がにごって雑草が生えない。こんな田は典型的な「への字」育ちになり、晩生稲ほど増収する。麦稈すき込みで後作稲の一〇～一二俵どりは容易である。

麦稈は、その年よりも翌年にもっと地力として効いてくる。これがうれしい土つくり成果である。稲わら還元よりも麦わら還元のほうが土つくりには力があることが実感できる。

もう一度くり返すと、麦稈すき込み田（反当一〇俵もとれた田んぼ）では反当たり尿素一五kgと過リン酸三〇kgの元肥一発、決して追肥しないこと。これで完全な有機栽培だといいたい。

裏作に玉ねぎ・じゃがいもをつくれば「完全有機栽培」

私は野菜後の稲作が三反余りある。玉ねぎとじゃがいもは必ず稲の裏作としている。じゃがいもは後作になすやトマトをもってこれないからなおさらだ。

じゃがいもは隔うね栽培とし、茎葉はじゃがいもを植えてない遊休うねにすき込む。じゃがいもを植えていたうねは根が残っている。だから稲は全面均平に無肥料でつくれるわけだ。玉ねぎ後は、茎はすき込んでも持ち出しても稲の出来は大差ない。

じゃがいもはマルチ栽培すると肥料の残効が大きい。しかしマルチをしないと余分な肥料分は流亡するから、後の稲は追肥が必要かもしれない。玉ねぎ後の稲も割合にチョロ出来の傾向があり、四五日前に追肥が必要かもしれない。私の場合は両方とも完全無肥料で稲ができている。そして超多収となる。坪三三株の疎植にすると肥効が長効きし、農薬もいっさい不要。完全有機栽培・放任多収稲作は野菜後に限る。野菜でもうけて、あとの稲でこれまたタダ取り大もうけ。

減反田を畑作にして野菜を何作もこなしている場合は、じゃがいも裏作よりも稲はよくできる。田を一年間畑状態にすることだけでも、来年の稲は珍しいのでよくできる。できすぎて困るくらいだ。

だから野菜後や減反放置の草ボウボウの田は、稲ができすぎるのでコシヒカリの作付けは倒れるおそれがある。これを倒さずにつくるには疎植しかない。坪三〇株から三六株ぐらいの疎植にし、かつ一株の植込み本数を一～二本に極限まで減らすことだ。疎植とは株間を広げることだけでなく、一株の植込み本数を減らすことを忘れては何にもならない。反当のもみ種が少ないほど倒伏に強くなる。

輪作すればリン酸もカリも不要だ

遊休田に冬期に青刈り麦・レンゲ・青刈り大豆をまく。夏の減反田にはソルゴー・クーロバー・セスバニア・大豆など育てる。これら有機物補給用作物をつくる場合、マメ科植物ではいっさい施肥はいらないが、マメ科以外では化学窒素の尿素を反二〇kgはふらないと育たない。三要素入りの化成肥料をふるとすごく高くつくし、効き方が鈍い。麦やソルゴーなどそれがハッキリする。麦やソルゴーに三要素化成をやって育てたものと、尿素オンリーで育てたものとは同じ出来であってもその生産物の含有成分に大差はない。たとえば、尿素オンリーで育てたら生産物にリン酸とカリが少ないかといえばそうではない。まったくやらなくてもチャンと含まれている。

それは、土中の成分をチャンと溶かして吸収しているからである。深層からも吸い上げ、微量要素も含め新たに有機物として土に供給する。稲が吸えない形の肥料要素も吸収して、有機物として稲に供給する。いわば肥料成分のリサイクルに役立っている。マメ科植物もまったく同じで、空中窒素を固定して利用するから窒素施肥さえ不要となる。これが栽培による土つくり、腐植増強の手だてだろう。

腐植がふえると田の水はにごる

有機栽培では除草剤をふりたくない。たとえ使ったとしても規定量の半分ぐらいにしたい。それには田の水がにごることが絶対条件だ。栽培による土つくりでは肥料要素の補給になるほか腐植もふえ、微生物とか小動物（虫類・カブトエビなど）が爆発的にふえるから水がにごって除草効果が出る。ただし、四月や五月上旬植えの早期栽培では、低水温のためカブトエビは発生しない。カブトエビの発生は六月に入ってからで、いちど発生したら決して水を切ってはダメ。中干しなんかしたら虫類を全滅させる。いくらガスがわいても、いくら水が汚れて味噌汁のようになっても、田んぼの水は落としてはならない。

（兵庫県揖保郡太子町佐用岡一六八）

一九九六年四月号　「への字」育ちを実現する牛ふん堆肥の散布時期・量
一九九六年五月号　堆肥がなければ有機補給作物をつくろう

布マルチ直播の有機栽培法

津野幸人

綿種子に付着している綿毛が落綿として原料の一割程度でる。日本全体の落綿量はおよそ三万t。空しく焼却炉で燃やされている資源を、除草用不織布にすれば約二万haの水田をカバーできる。

やり方は、まず、種もみを二枚の不織布ではさんでサンドイッチ状に加工する。この布マルチを代かきを終えた田んぼに敷いて、水に浮かべておく。

水面最表面で日射を受けるので、種もみを包む布内部の温度が上昇して、もみが発芽する。

本葉第三葉が出たら落水する。芽を出していた柔らかい雑草を、布マルチが地面に押し倒し、以後の雑草も、布にさまたげられて枯死してしまう。

いっぽう、水中に伸びていた稲の根は落水で土に密着して、このときより地中に根をはる。いったん根が土中に伸びれば、再び田に水を入れても布は浮かばないで分解する。

雑草を抑える布マルチの使い方

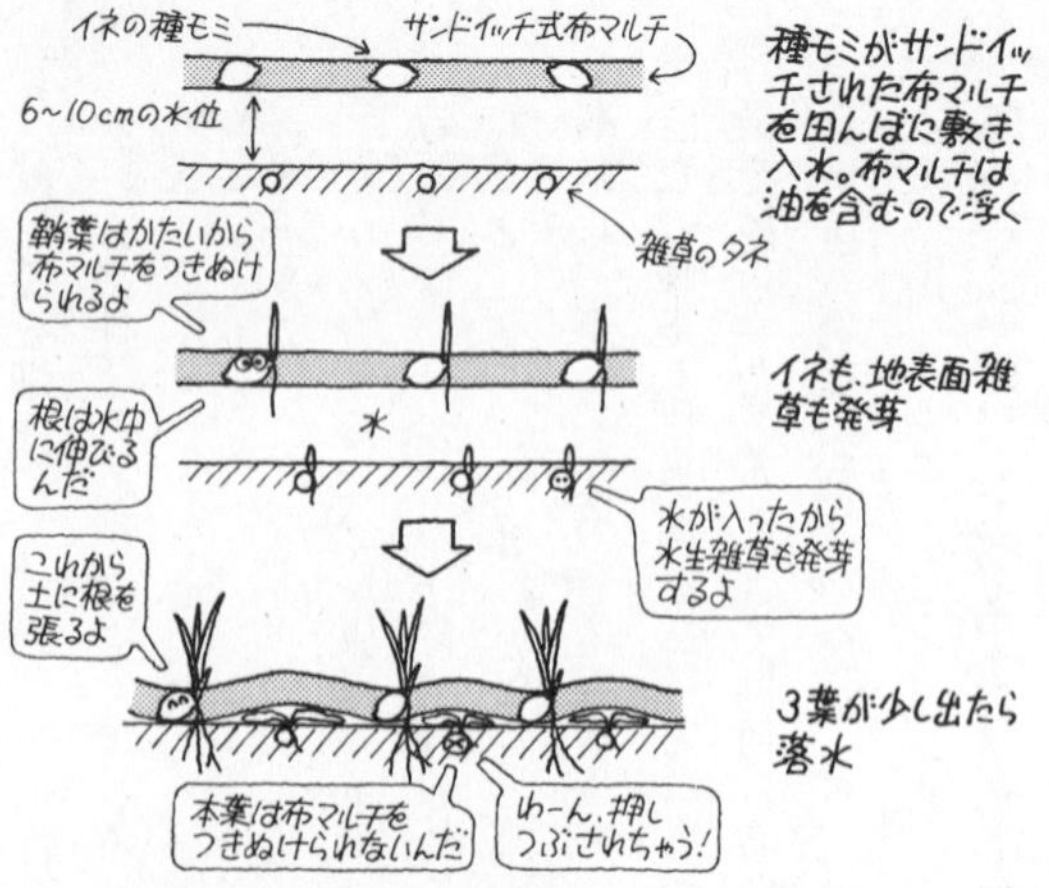
イネの種モミ
サンドイッチ式布マルチ
6~10cmの水位
種モミがサンドイッチされた布マルチを田んぼに敷き、入水。布マルチは油を含むので浮く
鞘葉はかたいから布マルチをつきぬけられるよ
雑草のタネ
イネも、地表面雑草も発芽
根は水中に伸びるんだ
水が入ったから水生雑草も発芽するよ
これから土に根を張るよ
3葉が少し出たら落水
本葉は布マルチをつきぬけられないんだ
わーん、押しつぶされちゃう！

除草効果は、懸案のタマガヤツリとヒエは制圧できたが、多年生のミズカヤツリの姿が幼穂形成期頃からところどころに目立つ。これはマルチ布が土に定着した後に、地中茎から発生した鞘葉が布を破って出現したのである。この草に限らず、前年の株から発生する雑草には布マルチの効果は低い。今後ともあらかじめ多年生雑草の徹底した除草が大前提となる。

この農法は、育苗費用と田植え機がいらない。その上に、農薬代はゼロ。マルチ布を広げて、必要ならつなぎ肥をやるだけの超省力農法である。中山間地の棚田や小さな水田は次第に放棄されつつあるが、ここを舞台として超省力の水稲有機栽培が実現できれば、地域おこしと環境保全が両立するわけである。

連絡先：愛媛県松山市岩崎町一丁目八番三七号二〇四　FAX〇八九—九三四—六九八二。

（鳥取大学名誉教授・国民皆農運動・ミニ農家）

二〇〇三年一月号　布マルチ直播の有機栽培法を創造より抜粋

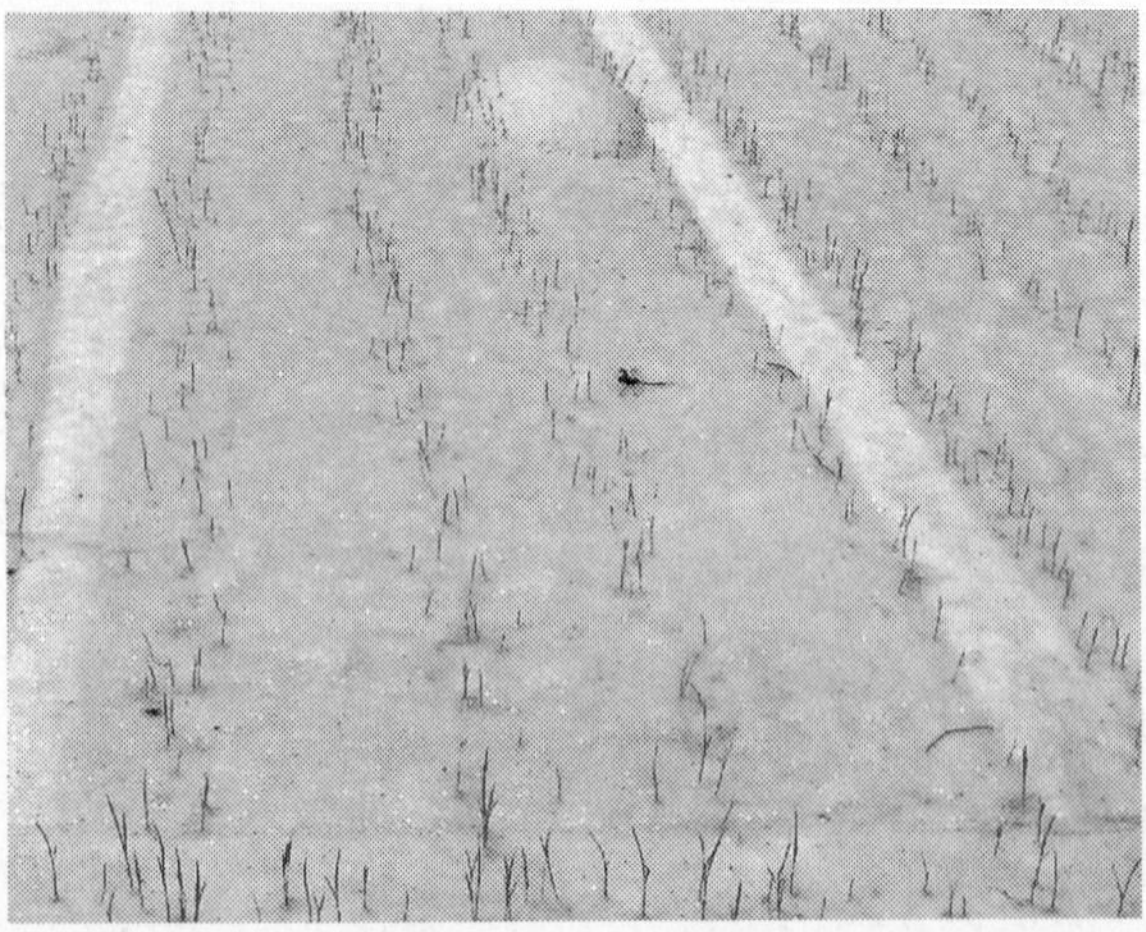

水に浮かんだマルチ布からもみが出芽した状態。乾燥種もみでも布の内部温度が高いので発芽が早い

Part 3

冬期湛《たん》水《すい》

冬の田んぼに水を入れると生きものがあつまる草が減る

福島県郡山市　中村和夫さんの田んぼ（橋本紘二撮影）

これは湖ではなくて、田んぼ。イネ刈り後に田に水をためて、渡り鳥にねぐらを提供する農家がふえてきた
（橋本紘二撮影、以下＊）

冬の田んぼに水を入れたら、白鳥が来た、草も減った

中村和夫　福島県郡山市

不耕起栽培一〇年で草がふえた

私は福島県郡山市の稲作を主体とした複合経営の農家です。水田は一毛作で、土質は粘土質。水はけはよく、春先には乾燥して、田んぼの中に二tトラックも自由に走れるほど硬くなるところです。

こんな条件の中、地域の仲間と不耕起栽培を始めて一〇年。今までそのメリットも実感してきましたが、デメリットもありました。私たちのところのような乾田地帯で長年不耕起栽培を続けていると、田んぼの透水性がよくなります。逆にいうと、田んぼの水もちが悪くなるということで、ひんぱんに水をかけるせいで、水口の周辺に生育の遅れが出たり、一発除草剤の効きが悪くなりがちでした。春先の田んぼの乾燥が進むと、雑草が一面緑のじゅうたんを敷いたようになって、田植え前の除草にはそれはそれは難儀していました。

冬期湛水したら白鳥が来た

ある研修会で「冬期間、田んぼに水を入れておくと、雑草の生え具合がかなり抑えられ

冬のあいだ田に水を入れておいたところ、白鳥があつまった。以来、除草剤を使わなくても、草は抑えられ、田おこしや代かきをしなくとも田植えができるようになった。田んぼの生命が豊かになって、長年夢みてきた稲づくりが実現した（＊）

今年の冬は200〜300羽が来た

るらしい」との話を聞いて、さっそく仲間の一人と実行することにしました。幸い私の地域は奥羽山系の水が一年中流れているので、冬場に田んぼに水を入れることは、いとも簡単なことだったのです。

　最初の年は、十二月中旬に田んぼに水を入れました。年が明けて一月初旬、近所の子供たちによって、田んぼに白鳥が来たことを知らされました。冬の田んぼに白鳥が来るなど、予想していなかったのでびっくりです。すぐに妻と田んぼにでかけると、道路側をさけるように田んぼの中程に七羽の白鳥が来ていました。感激！　感動！

　同じ頃、仲間の田んぼのほうにもやはり白鳥が来ていました。私のところよりも、ずっと多く来ていました。

二年目は二〇〇羽をこえた

　二年目の秋は、白鳥のことを意識して、早めに田んぼに水を入れようと、牛にやる稲わらの片づけを急いだのですが、稲刈り後の天候が悪く、結局は前年よりも遅れてしまいました。それなのに、昨年来た白鳥が仲間を連れてきたのでしょうか、クリスマスまでに十数羽になっていました。

　ところが今年の一月は、年明け早々からの大雪と、例年より早い寒波の襲来で、田んぼが一面厚い氷と雪に覆われて、いつしか白鳥がいなくなってしまいました。白鳥のことを思って数日氷割りも試みましたが、自然の力には勝てず、断念。しかし、二月も中旬になって氷が解けだしてきたら、また白鳥がやってきました。見物人の数がふえたのと並行して白鳥の数もふえ、三月に入ってまもなく、その数は二〇〇羽を超えました。

　この頃までは毎朝田んぼに来ては夕方どこかに帰っていた白鳥たちですが、たしか三月の彼岸を境に、夕方になっても帰らずに居すわりするようになりました。夜は他の動物から身を守るためか、田んぼの中央に二列に細長くならんですごすようになり

口コミで噂が広がり、見に来る人も多くなった（*）

ました。おかげで、田んぼに近い家の人から、「夜の白鳥のざわめきがとても騒々しい」と苦情までくる始末。三月末に北へ飛び立つ日まで、完全に「自分のすみか」と決めた様子でした。

妻は白鳥が来た次の日から、毎日くず米を与えに、田んぼにかよいました。「白鳥は野鳥なのだから、絶対にえさはやるべきでない」とあとから人に聞いたのですが、家内にいうと、「誰がそんなこと言ってたの？　私は誰が何といおうと、えさやりに行くんだから」と、いとも簡単にいわれてしまいました。

除草剤もいらなくなった

さて、肝心な雑草の話があとになってしまって恐縮ですが、冬期湛水一年目で、うそのようにスズメノテッポウを主とする緑のじゅうたんがなくなりました。それまで不耕起栽培には田植え前の雑草処理が不可欠でしたが、それが必要なくなったのです。まして二年目の今年は、見事に雑草が生えませんでした。

今春、私の属する「おおせゆめくらぶ」で有機栽培の認証を申請しましたが、そのときは迷わず冬期湛水不耕起栽培田をその圃場として選定。今秋からは、本格的に冬期の水はり田んぼをふやしていく予定です。

問題点としては、私の地域は季節風が強いので、冬期湛水で田んぼに波が立ち、かなり畦畔がいたみます。また、白鳥も土手にもぐっている虫をほじくり出して食べているようで、湛水前に畦シートを張るとか、くろ塗りするとか、しっかりした畦畔の補強整備が必要です。

米ぬか・くず大豆で抑草（*）

普通の田植え機でも不耕起栽培可能

さらに、冬期間水をはっておくことによって、地表面の土が非常にやわらかくトロトロになりました。結構厚い層で、田起こし代かきなしでも、一般の田植え機で田植えが可能と思われるほどでした。

冬期湛水をしてまだ二年しかたっていませんが、結論はまだ出ないにしろ、少なからず一つの方向性は見えてきたかなと思っています。

白鳥たちにしても、私の家の田んぼに本当に定着したのかどうかは今年の冬になってみなければわかりませんが、冬に水を入れるだけで、除草剤はいらない、耕起・代かきもない、普通の田植え機で田植えが可能、おまけに白鳥に身近に会えて楽しめる…。これほど簡単にコスト下げができてしまう農法が他にあるでしょうか？

冬場に水入れが可能な地域の人は、ぜひ一度試してください。日本中の田んぼのあちこちで白鳥が見られるようになったら…と考えただけで楽しくなってきます。

（福島県郡山市逢瀬町多田野字本郷一〇二）

二〇〇一年十一月号　冬の田んぼに水を入れたら、白鳥が来た、草も減った

田植え後、近くの川から採った黒メダカを放す（＊）

飛来する白鳥がものすごく多くなり、その糞で過肥料になったのか、一部の稲が倒伏したのは翌年への課題（＊）

鳥や昆虫は、地球上にリン酸を循環させている

生物は、体内での代謝のためのエネルギー源として、ＡＴＰ（アデノシン三リン酸）を利用している。ＡＴＰはエネルギー通貨とよばれる。

鳥やこうもり、昆虫など飛翔動物は、「飛ぶ」ために大きなエネルギーを必要とする。そのため、体内のＡＴＰの量が他の生物に比べて多く、排泄物や遺体に多くのリン酸が含まれている。彼らは、地球上のリン酸循環に大きな役割をはたしている。

日本にはリン鉱石の資源がほとんどなく、多くを海外からの輸入にたよっている（グアノなど）。冬の田んぼに水をはって、渡り鳥にえさ場・休み場を提供すれば、糞を落としてくれる。また、トンボやユスリカなど、昆虫が多い環境を保つことで、かなりのリン酸分が供給されるという。

（本田）

水鳥とイネと人が共生する冬期湛水水田

宮城県田尻町でのとりくみ

岩淵成紀（仙台市科学館）
呉知正行（日本雁を保護する会）
稲葉光國（民間稲作研究所）

水鳥のいる田んぼを取りもどしたい

　かつてこの地域は、冬期間であってもところどころに水の滞留した水田が見られ、ドジョウやカエルなどの多様な生物が生息していた。また、厳冬期には湿田はスケート場に変わり、こどもたちのよい遊び場ともなった。しかし乾田化が進んだ現在では、稲刈りがちかづくと完全に水を落とし、冬期は極度に乾燥した休閑地となっている。

　冬期の水田に生きものの姿を見なくなって久しい。このままでいいのかという共通の思いをいだいていた専業農家の小野寺実彦氏に声をかけ、収穫がすんでから田んぼに水をはって管理する冬期湛水水田を計画した。水田を擬似湖沼として管理して、湿地に依存する多様な生物の生息地として利用するためである。このような冬期湛水した水田環境は、冬に日本へ渡ってくる水鳥にとっては失われた沼沢地を補完する場所として重要な役割を果たすことが期待できる。

水田に揚水するポンプと、湛水した水田の初期のようす。奥のほうに白く見えるのがコハクチョウの群れ（岩渕成紀撮影）

　冬期湛水した水田と乾燥した水田が混在した環境を創出することによって、多様な水鳥を誘致することができる。とくに、一部の地域に追いつめられてしまったガン類に対して、分布を拡大させる方法として大きな可能性を秘めている。

　また、冬期湛水水田の農業の側からみたメリットには以下の点が考えられる。

①不耕起栽培で問題になるスズメノカタビラ、スズメノテッポウなどの雑草の抑草効果
②水面採餌型の水鳥による抑草効果
③水鳥の糞による施肥効果
④生物多様性を高め、水田の環境面での付加価値を生み出す

冬期湛水のやり方

　冬期の用水路は、完全に水が枯れているわけではない。一部

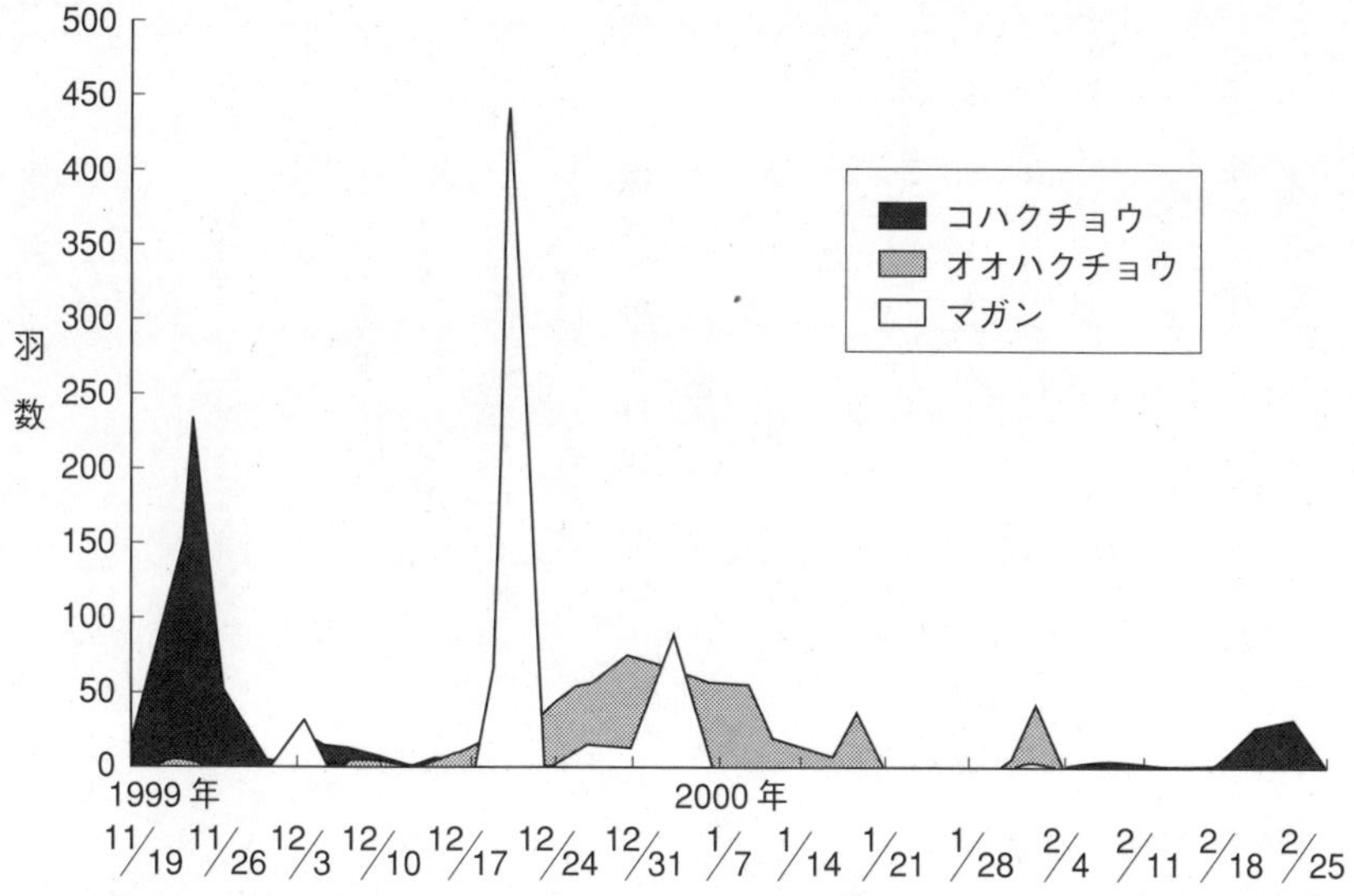

図1　1999～2000 年シーズンの冬期湛水水田を訪れたハクチョウ類とマガンの数

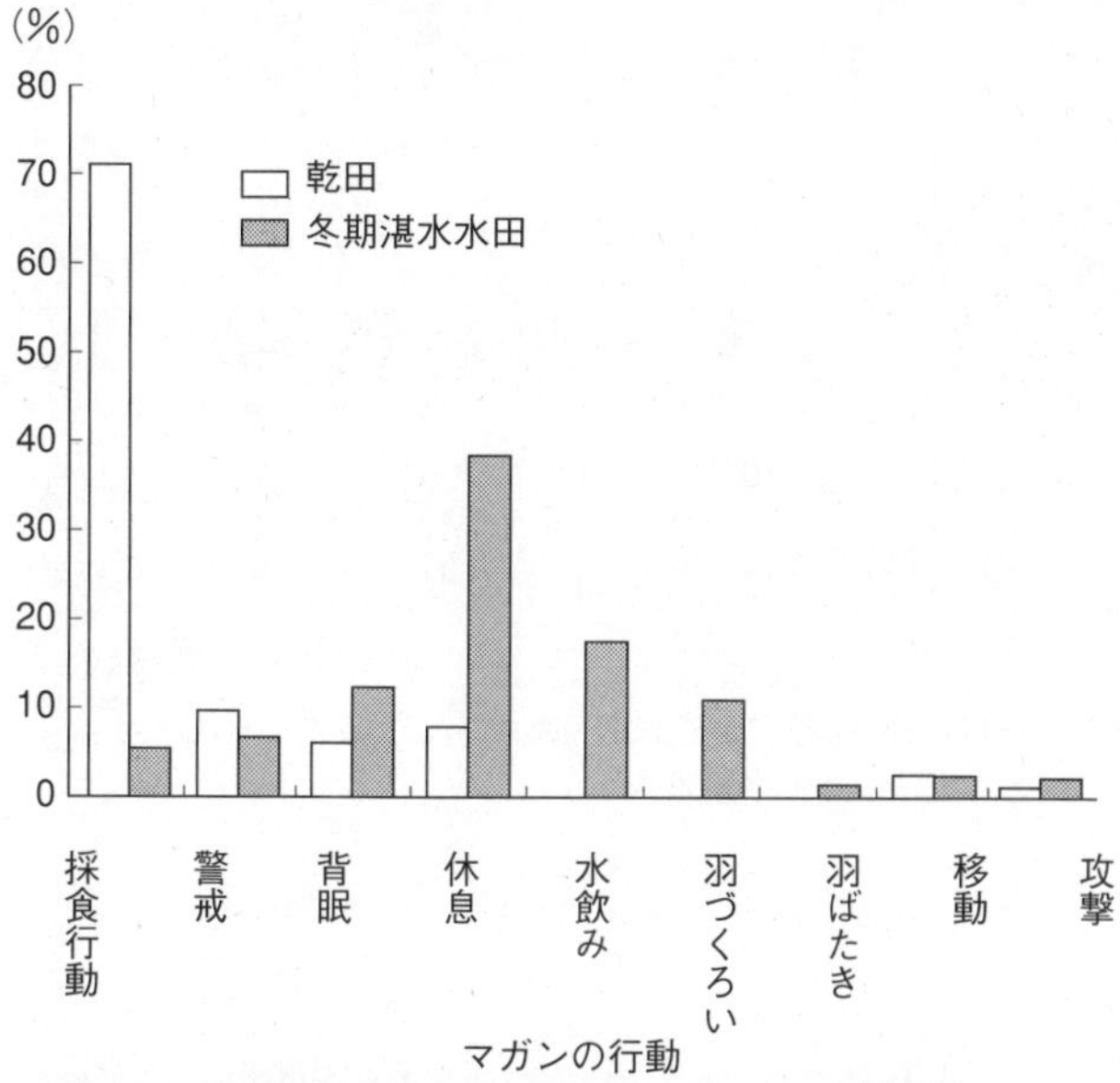

図2　冬期湛水水田と乾田でのマガンの行動調査

をせき止めることで水がたまり、場所によっては容易に揚水が可能な場所がある。また、水田側では排水路や暗渠を止めることで湛水することが可能になる。横への浸透がはげしい場合には、粘土による畦塗りや、畦マルチが有効である。縦浸透に関しても、秋に軽く耕起することで防ぐことができる。

湛水する深さは微妙で、湛水の深さによって訪れる水鳥の相が変わる。ただ抑草効果の点からみると、できるだけ水深を深くはったほうがよいが、土が表面に出ない程度に水をはることができれば抑草効果は十分に期待できる。暗渠のドレインコックをしめておけば、用水路からポンプで水をくみ出さなくても、天水だけで湛水が十分に可能である。

水鳥たちの行動

一九九八～二〇〇一年の三シーズンにわたって、実験を行なった。一九九九～二〇〇〇年シーズンの湛水水田でのガン類と白鳥類の個体数の総数を表わしたのが図1である。（カモ類に関しては、個体数を数えること

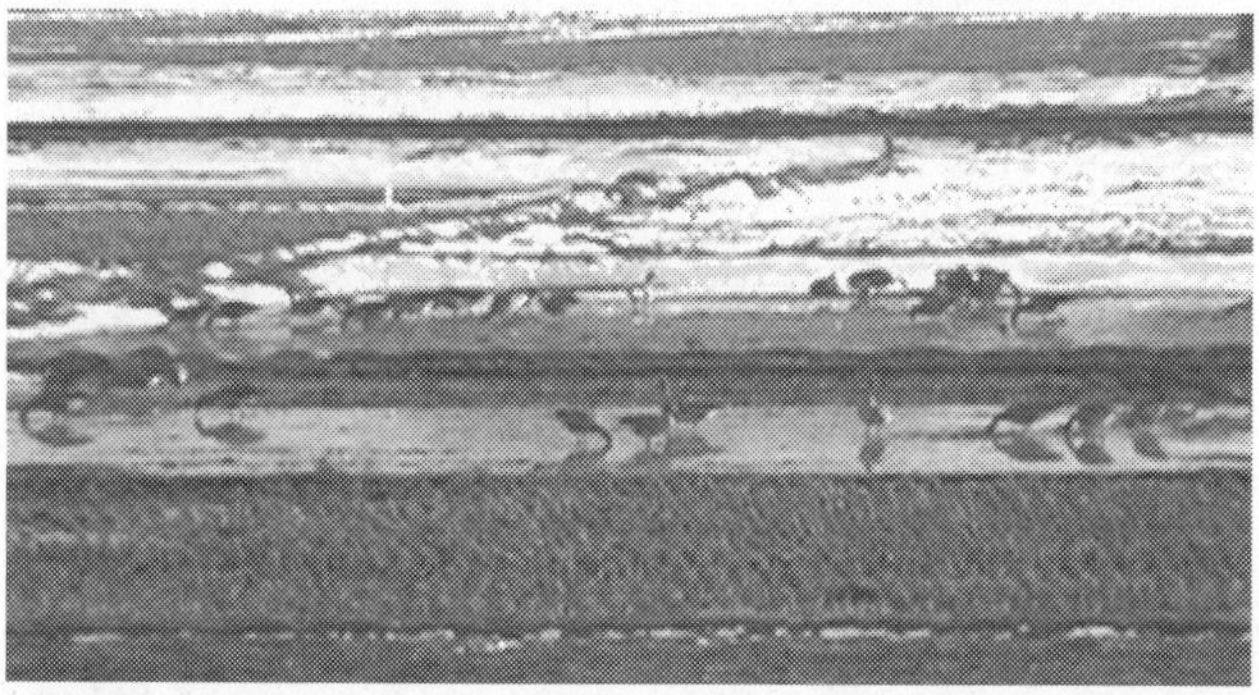

冬期湛水水田でくつろぐマガン（岩渕成紀撮影）

が不可能であった）

ガン類

冬期湛水水田と冬期の乾田を訪れたガン類の行動を調査の結果を比較した結果が図2である。乾田を訪れたガン類の七一％は、乾田を採食場として利用しており、落ち籾を食べるといった採食行動を行なっていた。そのほかの行動は、警戒一〇％、休息八％、背眠六％であることを考慮すると、ガン類は乾田を主に採食の場として利用していることがわかる。

一方湛水水田を利用したガン類は、休息が三九％、水飲みが一九％、羽づくろいが一一％であり、採食行動はわずかに六％であった。ガン類の行動は、湖沼利用の場合と類似していた。ガン類は、湛水水田と乾田を使い分けていたのである。

ハクチョウ類

白鳥類は湛水水田を採食場所としても利用しており、主に稲株や、畦畔の雑草を採食し、その場で休息し、背眠し、日中のすべてを冬期湛水水田ですごしていた。現在の冬期湛水の規模がまだ十分に広範囲ではなく、夜間にテンやタヌキ、キツネなどの動物に採食される危険があるため、白鳥類は、シーズンをとおして湛水水田をねぐらとして利用することはなかったが、数日間のねぐらとしての利用がみられた。

地域や農法によらず高い抑草効果

表1は、田尻町で行なった、湛水による不耕起栽培水田と慣行農法水田の抑草効果を比較した結果である。調査は、一㎡の方形区を各水田の五か所に設定して、雑草の株数と被度（雑草が地面を覆う割合）を測定する方法で行なった。

表1　冬期湛水水田の雑草調査（2001年4月23日　宮城県田尻町）

（1）雑草株数（単位：株数）

調査日（2001年4月23日）	左上区	右上区	右下区	左下区	中央区	合　計
湛水水田（小野寺不耕起Ａ）	3	12	6	1	9	31
対照区（小野寺不耕起Ｂ）	127	22	76	37	673	935
湛水水田（高橋慣行Ｅ）	76	17	42	32	11	178
対照区（高橋慣行Ｆ）	138	234	330	81	72	855
湛水水田（千葉不耕起Ｃ）	18	12	0	12	5	47

（2）雑草被度（単位：％未満）

調査日（2001年4月23日）	左上区	右上区	右下区	左下区	中央区
湛水水田（小野寺不耕起Ａ）	1	1	1	1	1
対照区（小野寺不耕起Ｂ）	10	10	1	1	20
湛水水田（高橋慣行Ｅ）	10	1	1	10	1
対照区（高橋慣行Ｆ）	1	10	40	10	1
湛水水田（千葉不耕起Ｃ）	1	1	1	1	1

注　1m四方の方形区を水田内に5か所設定して測定した
平成13年宮城県ガン類生息環境調査中間報告から

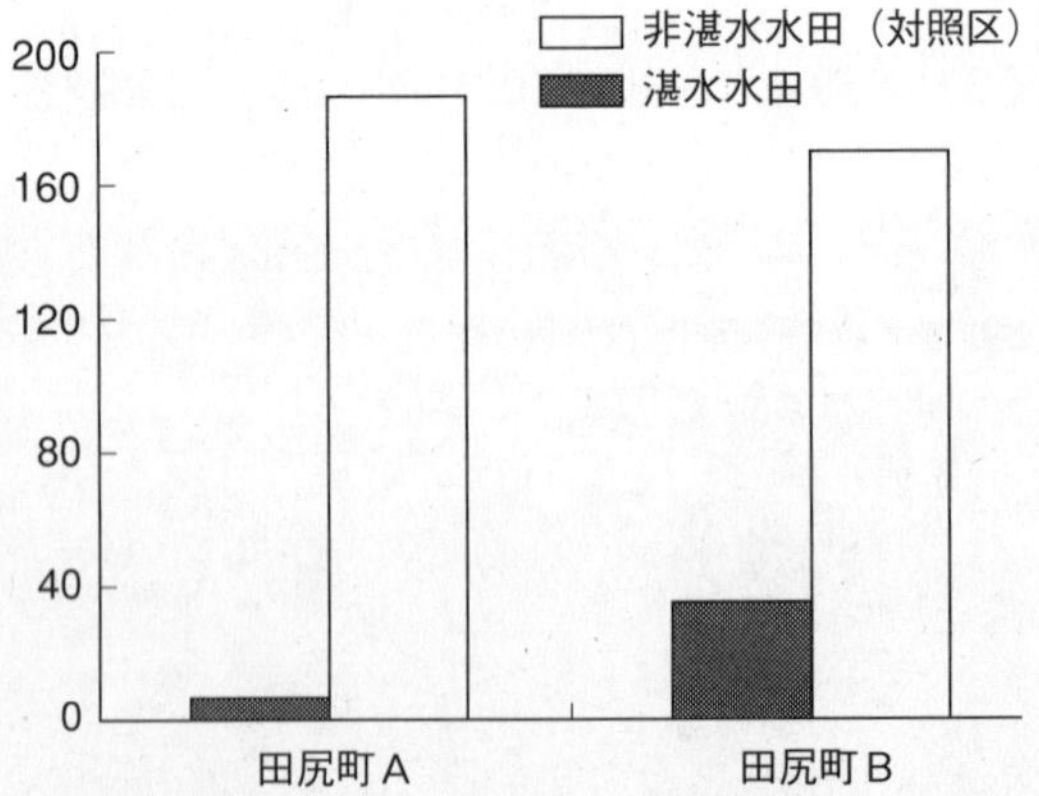

図3　冬期湛水による除草効果
（平成13年度宮城県ガン類生息環境調査中間報告を編集）

雑草の株数でも被度においても、一見するだけで抑草効果が現われている。

冬期湛水の抑草効果は不耕起栽培での効果が慣行農法に比較して大きいといえるが、慣行農法であっても抑草効果が十分に期待でき、農法の違いに影響されることなく効果があった。

とくに、雑草の株数のみの結果をまとめたものが図3である。湛水水田は、非湛水水田に比較して一㎡当たりの雑草の平均株数が明らかに少なかった。

また、冬期湛水水田の抑草効果については、すでに大畑・山本（一九九九）が石川県加賀市でも行なっており、湛水水田は、雑草の株数でも乾燥重量でも抑草効果が見られた。

宮城県と石川県の湛水水田の調査結果を総合すると、地域や農法によらず、春の雑草の株数、乾燥重量、被度すべてにおいて湛水水田は抑草効果が期待できることがわかった。

また、山形県平田町佐藤秀雄氏の冬期湛水水田の例では、秋に浅く耕起することで、雑草をより効果的に抑制できることもわかってきている。

水鳥の糞は多量のリン酸分を含んでいる

表2は、冬期湛水水田の施肥効果について、平成一三年度宮城県ガン類生息環境等調査の

表2　冬期湛水による施肥効果

（平成13年度宮城県ガン類生息環境調査中間報告より）

項目	報告下限値	田尻町慣行水田A	田尻町慣行水田A対照区	田尻町冬期湛水不耕起水田B	田尻町不耕起水田B対照区	冬期湛水不耕起水田C
		棚田水田	棚田水田	冬期湛水3年経過	不耕起栽培水田	冬期湛水2年経過
全窒素（%）	0.01	0.1	0.08	0.19	0.15	0.22
リン酸（%）	0.01	0.13	0.11	＊0.32	0.22	＊0.47
カ　リ（%）	0.01	1.23	0.17	1.65	1.92	1.24

注　サンプリングは2000年11月27日

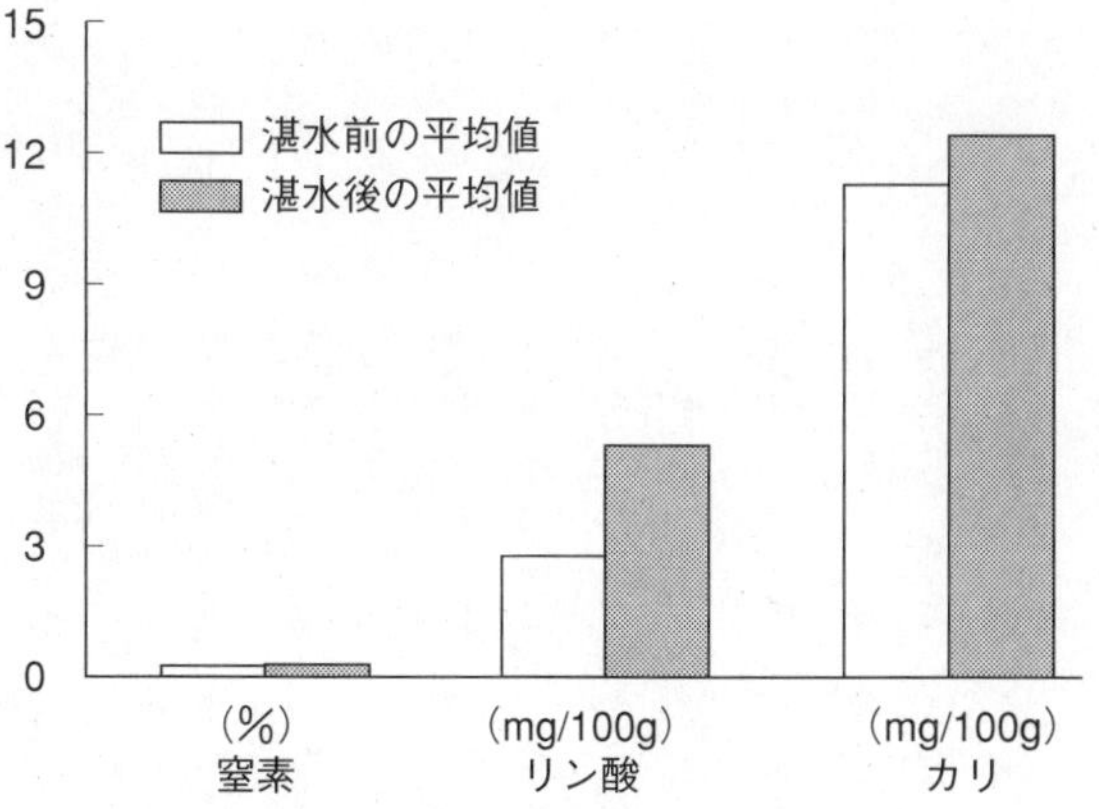

図4　水鳥（カモ）の施肥効果

（石川県農業総合研究センター，1999を編集）

表3　カモ類の施肥効果について（1998/1999調査）　（1999年農業技術大系　第8巻追録21号）

（1）カモの糞の肥料成分（%）（石川県農業総合研究センター）

項　目	窒　素	リン酸	カ　リ	石　灰	苦　土	全窒素
カモの糞	0.435	2.35	1.17	1.59	1.22	6.78

（2）カモの飛来前後に於ける水田土壌分析結果（石川県農業総合研究センター）

調査日（月/日）	窒　素（%）	リン酸（mg/100g）	カ　リ（mg/100g）	石　灰（mg/100g）	苦　土（mg/100g）	酸　度	電気伝導度（ms/cm）	全炭素（%）
調査水田1・飛来前（10/28）	0.173	2.38	11.00	120.50	112.50	5.74	0.04	1.82
調査水田1・飛来後（3/2）	0.165	5.18	7.35	104.05	91.75	6.05	0.05	1.69
調査水田2・飛来前（10/28）	1.186	3.13	11.75	87.35	114.50	5.22	0.04	2.03
調査水田2・飛来後（3/2）	0.271	5.44	17.65	110.65	182.25	5.58	0.10	3.09

データをもとに作成したもので、全窒素とリン酸、カリを比較したものである。全般に冬期湛水した不耕起栽培水田に施肥効果が上がっていることがわかるが、特に冬期湛水の不耕起栽培の部分で、リン酸分に対する施肥効果が明確に高い傾向が見られる。

一般に水鳥の糞は多量のリン酸分を含んでおり、これが施肥効果として有効に働いているといわれている。水鳥（カモ類）の渡来前と渡来後の土壌成分の比較は、石川県農業研究センター（大畑・山本、一九九九）で行なわれている。一九九八年十月と一九九九年三月の土壌を採取し分析した結果、リン酸分の施肥効果が上がることが示された（表3）。

図4は、水鳥（カモ）の施肥効果について、特に窒素、リン酸、カリに限って湛水前の平均値と湛水後の平均値をグラフ化したものである。窒素やカリについての施肥効果はあまり期待できないが、リン酸分に関しては明確な違いが現われ、明らかに施肥効果があることがわかる。現在の有機農法でもリン酸分の補給は堆肥などでは補えず、有機栽培農家は輸入グアノ（コウモリや海鳥の糞）などに頼っている状況にあるが、野生の渡り鳥がリン酸分の補給にくる湛水水田は、資源保護の面でも大きな意味がある。

今後の課題

これまでの水田の冬場の管理は、収穫後できるだけ早めに耕し、土壌を冬の寒気にさらして乾燥させる方法であった。これは乾燥させることによって土壌微生物を死滅させ翌年のイネの養分供給に役立たせるという乾土効果の考え方が基本にあったためだ。

しかし、冬期に湛水することで冬から秋、春にかけて繁殖する低温菌（麹菌や酵母菌など）を積極的に田んぼで繁殖させ、微生物の働きでわらや切り株などを分解させ、イネの養分として供給させようという考え方で湛水水田をとらえるならば、施肥効果が期待できる。したがって、水をはる前に米ぬかやおからをいれただけでも効果があると考えられる。また、渡り鳥の糞にはリン酸や窒素が多く含まれているため、微生物の繁殖にはそれらが大いに役立つことが期待される。

また、冬に水をはることによってスズメノテッポウやコナギなどの水田雑草が減るという効果も期待できる。しかし、土地の条件によっては、クログワイやオモダカが逆にふえる可能性もあるため、繁茂し始めたら合鴨に食べさせるとか、早めに手取りして対応するとか、湛水を休止して収穫後に二〜三回耕起し乾燥させるなどの臨機応変の対応が必要である。

冬期湛水水田は、現在全国各地で実験的にとりくみが進められ始めている。水田を湿地の賢明な利用法のひとつとしてとらえるならば、環境と農業が共生し、日本の稲作を守り子供や孫たちに健康と豊かな環境を残すための重要な手段として、さらに研究を進める価値は高い。

（連絡先）
仙台市科学館
仙台市青葉区台原森林公園四—一
TEL　〇二二—二七六—二二〇一
日本雁を保護する会
宮城県栗原郡若柳町川南南町四六
TEL　〇二二八—三二—二〇〇四
民間稲作研究所
栃木県河内郡上三川町鞘堂七二
TEL　〇二八五—五三—一一三三

農業技術大系作物編　第八巻　水鳥とイネと人が共生する冬期湛水水田の多面的利用法　二〇〇一年　より抜粋

あっちの話 こっちの話

一本植えに向く品種を見つけよう

誰でもできて腰も痛くならず、無農薬も可能

宮崎悦子

広島県安芸高田市の亀岡等さんは、稲の無農薬栽培にずっと取り組んできた方ですが、三年前から一本植えも試み始めました。一本で植えるので簡単。誰でも手早くできます。腰をかがめる時間も短くなるので腰が痛くなりにくいそうです。また、一本植えの稲は、太陽光線が全体によくあたるので、病害虫に強く、無農薬でも十分いけるのだそうです。使う苗箱は一反あたり四箱（一尺植え）で、苗作りの費用も手間も節約できるとか。

注意点としては、一本植えに向く品種と向かない品種があるということ。まず試してみたほうがいいそうです。亀岡さんは「やまびこ」が気に入っているようです。

また、田植えのときに、田んぼをなるべく平らにすることも大切です。作り方は、元肥なしで追肥でやっていく方法と、深水で草を抑える方法をセットにするのがいいそうです。

できたイネは穂首がそろい、一株につき四〇～四五本の穂数。米粒は、農機具屋さんが「こんな米、見たことない」というほど粒が大きく、光沢がよく、ぬかが少ないもの。

今、過疎脱却や村の活性化にと、消費者との交流や市民農園の動きが出ています。この一本植えは、そういうときの体験農業なんかにも、ピッタリのような気もします。

一九九二年二月号

豊作のかげにドロオイ多発、話題をあつめた捕獲網

小島英明

北海道でもドロオイ多発で、農薬をまいても止葉に幼虫がかなりいたそうです。

そこで、「今年は戦前、戦後使った捕獲網で駆除するぞ」と決意している人もいると聞きました。というのは、何度も農薬散布した人よりも、農薬を使わないで三mくらいの柳の棒で、毎日のように稲を振って虫を落とした人のほうが、被害が少なかったからだ、とのこと。

北竜町の山田保夫さんに、「ドロオイを捕獲する網は、底が舟形で、八番線で型どった軽いものだ」と教えてもらいました。

当時は、田植え後イネが活着し、ドロオイの幼虫がポツポツ見えはじめたら子供たちも手伝って、朝露のある早朝から田に入り、右へ左へと葉を軽くたたくようにしてとったといいます。

網の底にたまった幼虫は、石油を入れた石油缶に落とし、最後は堆肥の中に埋めました。六～七町つくる現在では、とてもやりきれないのではと、山田さんは首をかしげていました。

大岩さんは「もし、網が手に入れば使いたい」と言います。というのは、吹き流しで防除したとき、風向きで薬が充分かからない場所ができるので、残った部分を網ですくいたいとのこと。また、田一面に大発生というのでなくて、部分的に被害がひどいこともあるので、そこの部分だけ網を使うのもいいのではないか、ということでした。

一九八五年三月号

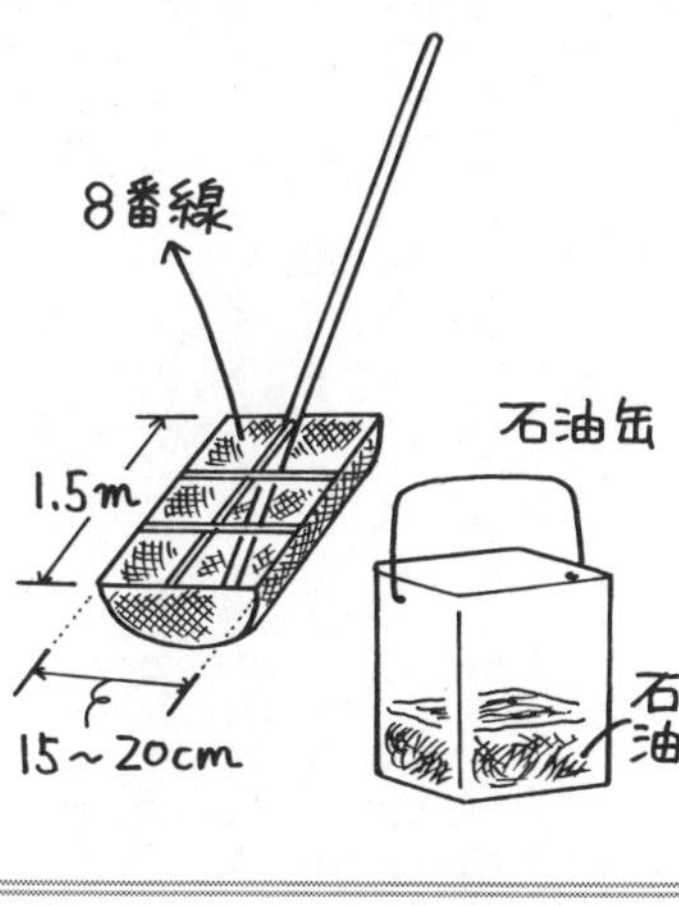

冬の田んぼに水をためて、トロトロ層の力を実感！

千葉県佐原市　藤崎芳秀さん

編集部

超トロトロ層におおわれたコシヒカリを持つ藤崎芳秀さん（7月31日）
（倉持正実撮影、以下も）

千葉県佐原市で不耕起でコシヒカリをつくる藤崎芳秀さん（六二歳）。今年の初めに米ぬかを田んぼにまき、冬から春にかけて水をためた。すると、土が見たこともないようなトロトロに。冬の雑草も田植え後の雑草もみごとに抑えられた。しかも、不耕起有機栽培で問題だった初期生育の問題も解決。最初から分けつがとれ、今年は不耕起有機で、初の一〇俵どりも実現しそうだ。

四町歩だけど、いいお米をつくって米専業で経営を成り立たせたい

藤崎さんは一二年前からコシヒカリの不耕起栽培をしている。はじめてつくった不耕起稲はすばらしく開張し、茎も硬くなった。根っこは白くて太く、量も多い。その姿に魅了されてしまった。

不耕起栽培を始めてからトンボなどの生きものがふえたのもうれしかった。

三年前、水路ですくってきたメダカを不耕起の田んぼに入れたら、ふえるわふえるわ、何千匹にもなった。お米は「トンボやメダカのいる田んぼでとれたお米です」という「物語」もあわせてお客さんに買ってもらう。ときにはお客さんに田んぼを見に来てもらったり、メダカをあげたりもする。

面積を広げるよりも、今の四町歩の田んぼで安全で質のいい米をつくって、お客さんとつながってやっていきたいと考えている。

不耕起有機栽培の課題は収量減と除草

だが二つ、悩みがあった。一つはお客さんに化学肥料も除草剤も使わないでつくってほしいといわれ、不耕起で有機栽培を始めたところ、その田んぼではガクッと収量が減ってしまったこと。

不耕起栽培では初期分けつがとれないのが課題だと言われるが、初期生育がちょっとくらい悪くても、化成肥料で追肥すれば、ちょうど「への字」生育になって一〇俵とれていた。しかし化成を使わないとなると、どうしても茎数がとれない。最高分けつ期でも一七、一八本、収量も七・五俵くらいにしかならなくなってしまった。

もう一つの悩みは冬の雑草と、田植えのあとに雑草を手取りする手間。

藤崎さんの田んぼでは冬にスズメノテッポウが出る。それまでは四月の初めに除草剤で枯らしていたが、有機にしてからは、田植え前の三月と、田植え後の補植のときに手で取るしかない。田植え後の除草剤も使えないから、ヒエ、イボクサ、オモダカが出るのを、暑いなか最低三回は田んぼに入って草取りしないといけなくなった。

「こんなにたいへんなのでは不耕起有機栽培をやってもあわないなぁ。続けていくのは難しいかもしれない」そう思ったこともあった。

9月4日、不耕起冬期湛水田の土を掘ってみると、不耕起なのに昨年のワラが土の中にもぐっていた。ワラを境に上と下の土の色が全然違う。上の黒い土が超トロトロ層を作っていた部分だろうか

一月に米ぬかまいて、冬期湛水

そんなとき、福島の中村和夫さんが冬期湛水したら、冬の雑草も夏の雑草も生えなかったそうだという話を聞いた。さっそく三枚、一・六町歩の田んぼで冬期湛水を試してみることにした。

やり方は以下のとおり。十二月の初めに米ぬかを一〇〇kgまき、アゼをつくり、スプレッダーでビニールをはって水もれを防いだ。

この後水を入れるのだが、太平洋側では、冬に雨がほとんど降らない。水尻を閉じるだけではたまりそうになかった。だが幸い、田んぼはゼロメートル地帯にあるから、大潮のたびに、田んぼの横の土の排水路に、少しは水が上がってくる。そこで、ユンボを借りて水路の底に深さ五〇cmほどの穴を掘り、一月三日の大潮の日に、その穴にポンプのホースを突っ込んで圃場に水をくみ上げた。

見たこともない、水のようなトロトロ層

水を入れると、生えかけていた小さいスズメノテッポウはとけて消えてしまった。早くから発芽して生き残ったのもあったが、三月にポツポツ出ているのを抜いてまわったらことたりた。なんだか簡単に抜けるなあと思ったけれど、「水をためたから土が軟らかくなったんだな」くらいにしか思わなかった。

土のようすが、ただ軟らかいだけとは違うことに気づいたのは四月の初めだ。冬期湛水した田んぼは、たまたま稲刈りのときに練ってガタガタになってしまった田んぼだったので、いったん水を引いてクローラー型のコンバインで走り回って表面をならそうとした。そのときに、これまで見たことのない、水のようなトロトロの土が表面を覆っているのに気づいた。触った感覚がないような、粒のないふわふわした土だ。

もう一度水をはって四月二十七日にいつもどおりの不耕起田植え機で田植えしたのだが、例年どおりの植え付け方では苗が立たない。「深植え」の設定にしなくてはならなかった。

7月31日のイネのようす

	不耕起有機冬期湛水 50株植え	不耕起有機 50株植え	慣　行 70株植え
茎数	30本	23本	19本
草丈	117cm	104cm	97cm
	4月24日田植え	5月12日田植え	4月27日田植え

消費者に草とりしてもらう予定が…草がない

このトロトロ層は期待どおり、田植え後の草を抑えるのにも働いた。

じつは今年、藤崎さんは「稲つくり塾」という消費者との交流を行なっている。その中のプログラムで消費者にも草とりを手伝ってもらおうと、夏に三回の草とりイベントを考えていたのだ。ところが今年は、ヒエが少し出ただけで、ほとんど雑草が出ない。来てくれた消費者に頼むことがなくなり困ってしまったほどだった。

不耕起有機冬期湛水イネ（左）は不耕起有機イネ（右）に比べて茎数が多く茎も太い。今年は不耕起有機も例年に比べるといいできなのだが

田植え後、田んぼに米ぬかなどの有機物をまくと表面の泥がトロトロになってくる。米ぬかやわらが発酵し、トロトロふわわの層が盛り上がる。このトロトロ層に雑草のタネが埋没することで、抑草効果があるといわれている。

不耕起の有機栽培で初の一〇俵どり

また、不思議なほど少ない量の肥料で米がとれた。冬の米ぬか一〇〇kgのほかは、春に元肥としてくず大豆五〇kgと「天然ミネラル」を四〇kgやっただけで、ずっと葉色が四・五以下になることがなかった。結局追肥はやらなかったが、できは最高。無効茎もほとんどなくて、五〇株植えで二八本前後の穂をつけた。親茎の穂の粒数を数えてみると、一三三粒もある。

「今年は不耕起での有機栽培を始めて以来、

おそれいります
が切手をはって
お出し下さい

郵便はがき

1078668

(受取人)

東京都港区
赤坂郵便局
私書箱第十五号

農文協
読者カード係 行

http://www.ruralnet.or.jp/

◎ このカードは当会の今後の刊行計画及び、新刊等の案内に役だたせて
いただきたいと思います。　はじめての方は○印を（　）

ご住所	（〒　ー　） TEL： FAX：	
お名前	男・女　歳	
E-mail：		
ご職業	公務員・会社員・自営業・自由業・主婦・農漁業・教職員（大学・短大・高校・中学・小学・他）研究生・学生・団体職員・その他（　）	
お勤め先・学校名	ご購読の新聞・雑誌名	

※この葉書にお書きいただいた個人情報は、新刊案内や見本誌送付、ご注文品の配送、確認等の連絡のために使用し、その目的以外での利用はいたしません。

- ご感想をインターネット等で紹介させていただく場合がございます。ご了承下さい。
- 送料無料・農文協以外の書籍も注文できる会員制通販書店「田舎の本屋さん」入会募集中！
案内進呈します。　希望□

■毎月抽選で10名様に見本誌を1冊進呈■（ご希望の雑誌名ひとつに○を）

①現代農業　②季刊 地 域　③うかたま　④食農教育

お客様コード

S10.07

書 名

■ご購入の書店（　　　　　　　　　　書 店）

●本書についてご感想など

●今後の出版物についてのご希望など

この本をお求めの動機	広告を見て（紙・誌名）	書店で見て	書評を見て（紙・誌名）	出版ダイジェストを見て	知人・先生のすすめで	図書館で見て

◇ 新規注文書 ◇　　郵送ご希望の場合、送料をご負担いただきます。

購入希望の図書がありましたら、下記へご記入下さい。お支払いは郵便振替でお願いします。

（書名）	（定価）¥	（部数）　部
（書名）	（定価）¥	（部数）　部

初めての一〇俵どりが実現するかもしれない」と期待している。

今年は秋から冬期湛水

今年の冬は四町歩のうち、水もちのいい二町歩の田んぼ全部で冬期湛水を実施する。去年は水をひくのに難儀したから、今年は二〇〇mくらい先の川からホースを引いて、電気ポンプでいつでも水を吸い上げられるようにする予定だ。そして稲刈り直後の九月中に水を入れてしまう。そうすれば、微生物が秋のうちから活動して、もっともっと肥効や除草効果が出るだろうし、スズメノテッポウも全部抑えられるのではないかと考えている。

「七月に親子連れ三〇人に来てもらって、バーベキューをしたとき、米を五升炊いて桶に入れて出したんだ。子供たちに勝手に塩と味噌のおにぎりをつくらせたんだけど、あっという間になくなってしまった。消費者の人が牛肉やソーセージを用意してくれていたのに、子供たちはそんなの全然食べないで、米ばっかり食べるんだ」。こんなふうに自分のお米を食べてくれるのを見ると本当にうれしくなる。がんばって信頼されるお米をつくり続けたいと思う。

でもこれまで、いくら消費者の求めるものといっても、有機栽培で経営的にやっていけるのかどうか、どうしても不安がぬぐえなかった。

「だけど、冬期湛水でうまく雑草を抑えられれば、なんとかなる。もっといろんな人に冬期湛水を試してほしいし、研究もしてほしい。これは田んぼにいるものの力を借りた、自然と共生的な除草技術だ。きっと将来の日本の米づくりのためになるよ」

茎数	28本	28本	36本
草丈	110cm	112cm	119cm

今年の不耕起冬期湛水コシヒカリはこんなに分けつ

	不耕起有機冬期湛水	不耕起有機	慣　行
粒 数	133粒	120粒	88粒
枝梗数	13本	11本	10本

親穂の粒数（9月4日）不耕起冬期湛水イネは追肥なしなのに、追肥をした不耕起イネ（窒素0.6kg）、慣行イネ（窒素2kg）よりも多くの粒をつけた

二〇〇二年十一月号　冬の田んぼに水をためて、トロトロ層の力を実感！

不耕起田植え

トロトロ層を冬からつくって草をおさえる、肥料を生みだす

山形県　佐藤秀雄さん　編集部

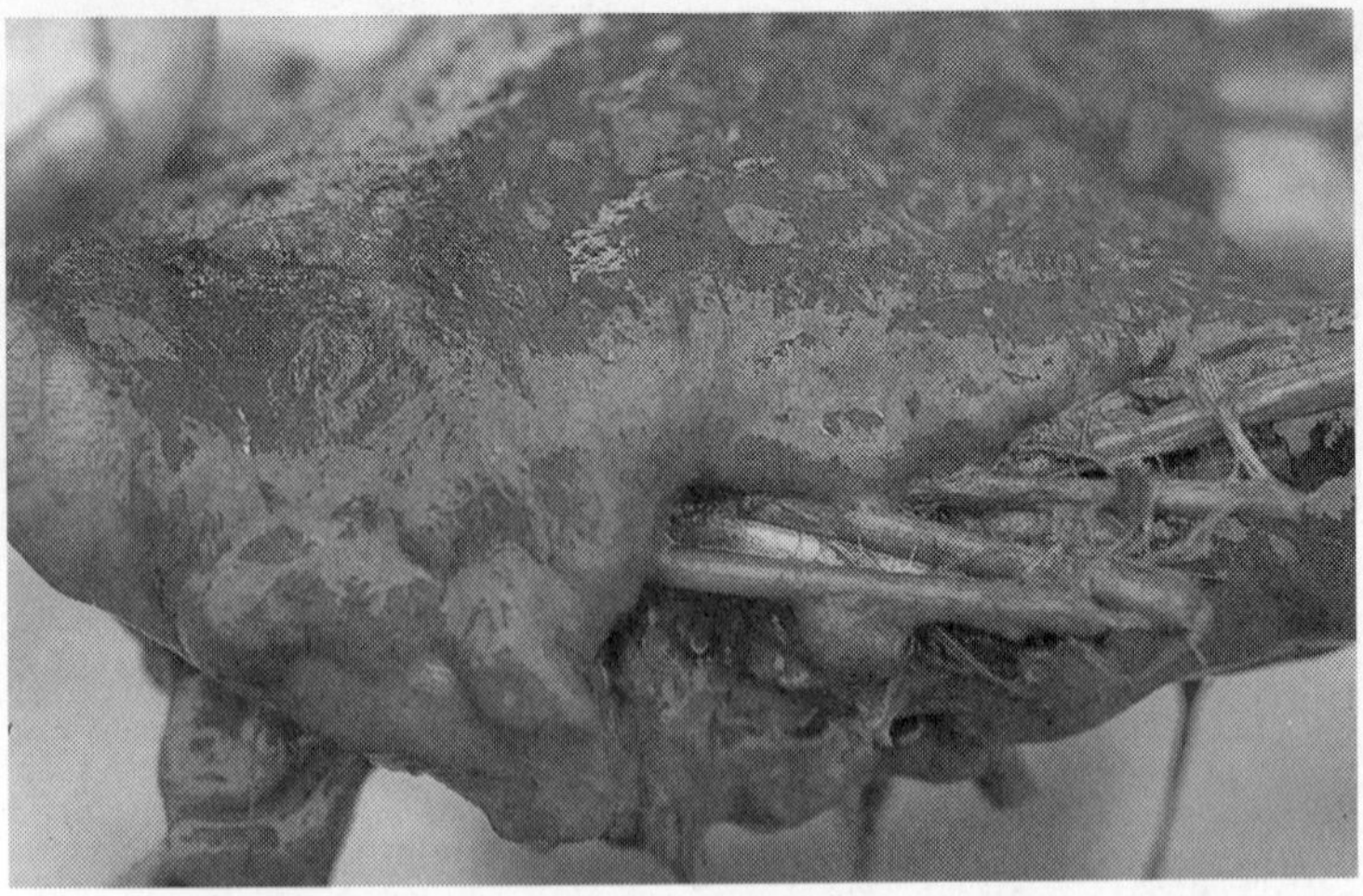

トロトロ層が盛り上がって、稲わらも下にもぐってしまう

（倉持正実撮影、以下も）

クリーム状の泥が盛りあがる

五月—まったく耕さないまま、これから田植えするという佐藤秀雄さん（五二歳）の田んぼからは、昨年の秋の稲刈りで散らばったはずの切りわらが消えていた。

正確にいうと、わらは消えたのではなくてトロトロの泥に覆われていた。泥の表面に指を立ててみると、ほとんど触れた気がしないふわふわの層が約三cm。その下に、まだ硬くて丸いままの形を保ったわらが堆積していた。

不耕起だから、耕したせいで泥をかぶったわけではない。十一月末から五月中旬まで、ずっと水をはっていたらこうなった。田んぼの表土は、湛水されて単に軟らかくなるだけではなくて、粒子の細かいトロトロふわふわの泥になった。そしてその泥が下から盛り上がって、わら全体をすっぽり包みこんでしまったらしいのだ。刈り株が見えなくなるほど泥がふくらんだところもある。

佐藤さんは、コシヒカリとササニシキ、ひとめぼれを合わせて六町歩ほどつくっている。すべて無農薬栽培だ。今年は、六町歩のうち五町歩余りが不耕起。不耕起で植えるには特別な田植え機が市販されているが、佐藤さんのこのやり方だとふつうの田植え機でも可能。一日に二町歩くらい植えていたなら、それを一町七反に落とすつもりで、植えるスピードをいくらか遅くすれば、気になるほどの欠株も出ない。

また、ずっと水を切らさなかった田んぼは、スズメノテッポウのような春草もほとんど生えないし、田植え後に出る草も少ない。八年ほど前、無農薬を始めた頃はヒエだらけにしていた田んぼだから、草の種がないわけではない。トロトロふわふわの層は、草を抑えるのにも働き、除草剤を使わなくても不耕起栽培が可能になっている。

トロトロ層は冬からできはじめる

田植え後、米ぬかなどの有機物を田んぼにまくと表面の泥がトロトロになってくる。こ

れは、米ぬか除草を試している各地の農家が経験している現象だ。

散布された米ぬかは微生物の働きで分解され、有機酸が生成する。また、田面は酸欠状態になる。このことが除草・抑草に働くといわれているが、さらに、泥がトロトロになる過程で草の種が埋没してしまうということもある。

佐藤秀雄さん。冬の間も田に水をはりっぱなしにしている

しかし、地温上昇とともに発芽を始める草の生長スピードに勝って、種を埋没させることができるようなトロトロ層を、田植え後の米ぬか散布だけでつくるというのは無理がある。トロトロ層ができる前に草が発芽してしまう。そこで、トロトロ層を人為的に早くつくる工夫も行なわれてきた。水を深めにはって高速回転で浅く代かきすることによって、芽を出した草は浮き上がらせ、発芽前の種は埋没させるという作戦だ。

ところが佐藤さんのやり方の場合は、耕うんや代かきはしなくても田植えのずっと前からトロトロ層ができている。四月・五月と温度が上がるといっそう発達するようだが、十一月から湛水すると一か月後にはもうわらがかくれ始めているという。微生物によって分解され、微粒になった有機物と土が盛り上がり、草の種は置き去りにされてトロトロ層に埋没する、というのが佐藤さんの推測だ。文字通り、トロトロ層で草が抑えられることになる。

じつは今年は、こうしてトロトロ層ができていれば、除草剤なしの直播栽培も可能なのではないかと考えて試している。しかし、動力散布機でまいた種もみ（催芽もみ）は、すぐにトロトロ層の下まで埋没して芽が出なか

春先の田んぼはすっかりトロトロ。不耕起なのに、普通の田植え機で植えられる。前年の稲の刈り株が見えている。株の中に植わっても平気という

除草剤なしでも、この程度の草ですんでしまった

った。直播きは失敗だったが、トロトロ層の抑草効果がいっそう実感された経験だった。

最初はヒエ対策で水をためたのだが…

田んぼの土全体をボカシにする―これが佐藤さんの理想だ。そのために稲刈り後から田んぼに微生物を取り込む。ボカシを反当六〇〜一五〇kg入れる。それに、ミネラル三〇〜四〇kgと塩一〇kgも別に散布（ミネラルはボカシにも入っている）する。コンバインの刈取り部や脱穀部をはずした車体にブロードキャスタを取り付けた手作り散布機で。塩は少量なのでパラパラッと手でまいて歩く。

このミネラルというのは、大昔の海底の鍋底状になったところへ、生物の死骸が堆積してできた土を資材化したものだ（商品名「ミネグリーン」）。天日乾燥されてパウダー状になっている。塩は、やはり天日乾燥の塩田でつくられた輸入塩。塩も含めてミネラルのようなものだが、ミネラルには微生物も含めた生物の生命力を活性化する働きがある。

元はといえば、不耕起トロトロ層ができたのもミネラルの力を活かそうと考えたことがきっかけだった。

バサッバサッと、たとえば庭に思い切りまいても塩の力はよくわかるという。木々や草花が活性化され、それまで見たこともないような草まで芽を出す。やがてそれに誘われるように、虫や野鳥も集まってくる。適度のミネラルは生命空間を豊かにする。

佐藤さんは、稲刈り後にこの塩の力を活かしてヒエを秋に発芽させて、冬の寒さで枯死

ミネラルと生物

人など生物の身体を構成する元素は、C、N、O、H、Ca、P、K、S、Cl、Na、Mgで、99%以上を占める。ごくわずかに含まれる元素として、B、F、Si、V、Cr、Mn、Fe、Co、Cu、Zn、Se、Mo、Sn、Iなどがある。実際には、ほとんどの生物の70%は水である。

ミネラルとは、一般に無機質の鉱物のことであるが、生物にとって必要なものという観点からみれば、C、H、O、N以外の、上記の鉱物をさすことになる。

一方、地殻を構成する元素を多い順に並べると、O、Si、Al、Fe、Ca、Na、K、Mgとなり、これだけで地殻の99%を占める。ただし実際にはO47%、Si28%、Al7.9%、Fe4.5%、Ca3.5%で91%を占める。それは、地殻を構成する火成岩が、SiO_2、Al_2O_3、Fe_2O_3（FeO）、CaOからなっているからである。これ以外のミネラル元素は地殻中にはあまり豊富ではないので、生物は環境中から集めて利用しなければならない。

ミネラルの多くは陽イオンとして、地殻の粘土鉱物と電気的に弱く結合している。日本のような雨が多いところで裸地にしておくと、多くは流亡して土壌は酸性に傾く。逆に乾燥地では、蒸散する地下からの水にひっぱられて地表面に集積し、農作物に深刻な塩害を与える。（本田）

させてしまおうと考えた。微生物の働きで地温も上げようと、ボカシとミネラルも散布。そして十一月の田んぼに水を入れた。

だが、ヒエの種は思い通りには芽を出さなかった。ヒエの除草は失敗だったが、その代わり、耕していない田んぼの表面が田植えまでにトロトロになった。これなら耕うん・代かきなんかしなくても、ふつうの田植え機で植えられるのではないか…。そう思ってたどり着いたのが今のやり方だ。初めて試した一昨年は二反、昨年は六反、そして今年は五町歩まで一気にふやした。

菌の住み着いた田んぼからは肥料も生み出されるのか、追肥なしでもこの稔り

施肥窒素一～二kgでも葉色が落ちない

耕さないだけではない。田植えしたらあとは何もしない。田んぼにさえ入らない。肥料になるのは稲刈り後にまくボカシとミネラルと塩だけだ。そのボカシも、佐藤さんはいずれは反当一〇kgもやればすむようにならないか、と期待している。しかし今年は、自分の田んぼでは反当一二〇kg、今年からいっしょに始めた仲間の田んぼでは一五〇kg入れたところがいちばん出来がいい。

佐藤さんのつくるボカシは、一五〇kg入れても窒素成分はせいぜい一～二kgだろうという。それなのに葉色板で四～五くらいの葉色がずっと保たれている。穂づくりが始まっても稲の色が落ちない。穂数は少なめ（坪六〇株植えのコシヒカリで一株一八本くらい）だけれど、茎は太い。そのぶん一穂当たりの着粒数は一般の稲より多くなりそうだ。

表面施用されたわらのまわりには、ラン藻や光合成細菌（紅色細菌）などの窒素固定菌がとくに増殖するという研究もある。だから稲の色も落ちないのではないか。穂づくり時期の葉色についていえば、ボカシ一五〇kgの田んぼもそうだが、後述するような六〇kgしか入れていない田んぼでも葉色四～五を維持しているのだ。

また、トロトロ層に埋没したわらが原因となって田植え後の稲が窒素飢餓になったり、ガスがわいて根を傷めたりすることもないよ

湛水中はあぜマルチ

冬のあいだ湛水を続けるには、ポリやビニールであぜにマルチすることも必要だ。そのほうが水もちもよくなるが、あぜをくずさないためでもある。冬は草もないので、風で起こる水の波が繰り返しぶつかるとあぜがどんどん細くなってしまう。しばらく湛水して土が軟らかくなった状態でやれば、不耕起でもスプレッダーなどを使ってマルチできる。

うだ。稲は根元をわらに接したような状態で植えられているはずだが平気らしい。

稲と草が共生するには…

稲わら表面施用で増殖する窒素固定菌の働きは、わらの施用を年々繰り返すことでさらに活性化されるという。今年、ボカシの量を六〇kgから一二〇kgまで変えて試験した結果では、前述のように一二〇kgの稲がいちばん生育が良さそうだった。いっしょに試した仲間も一五〇kgのボカシで成功している。

ボカシの量の多少は、肥料として稲の生育を左右するだけでなく、草の生え方とのバランスにも影響しているらしい。つまりボカシの量が少なすぎると、除草の効果が弱く、稲が草に負けてしまうところができるという。

トロトロ層が草を抑えるといっても、まったく出ないわけではない。冬のあいだずっと湛水できなかった田んぼだってあるから、水が切れたところにはスズメノテッポウが出たし、田植えしてからも、田んぼによって量は違うがヒエやコナギ、オモダカが生えた。

草の生育量。そして草が出ても負けずに、稲のほうが草を圧倒して生育できるかどうか。そして一〇俵を超えるくらいの稲になるかどうか―それには、田んぼの前歴（どのくらい草が生える田んぼなのか）もかかわるが、ボカシの量も影響する。草を完全になくそうとは思わない。佐藤さんがめざすのは、稲と微生物と草との共生だ。

二〇〇〇年十月号　不耕起トロトロ層を冬からつくって草を抑える、肥料を生み出す

みずほ有機生産者グループでのとりくみ

放っておけばヒエは自然に倒伏

「ヒエは絶対にとる必要がない」というのが、今では佐藤さんの信条になっている。佐藤さんは田植えしてからは田んぼに入らない。たとえ草が生えてもとりに入らないというのだ。

もっとも、無農薬を始めたばかりの頃は、田植えがすんだあとの五月下旬から七月初めまで、毎日のようにヒエとりをしたものだった。しかし、八年ほど前にいきなり無農薬にした田んぼは全部で六町歩もあったから、いくら頑張っても、とても全部はとりきれるものではなかった。ただ、ヒエだらけの田んぼでも、案外、七俵くらいは穫れたのだ。それである年、まったく何もせずに放っておいたら、あれほど密生していたヒエが、稲を刈る前に雨に当たって条間にきれいに倒れてしまうのを発見した。

―いくらかでも抜こうと刺激すれば、ヒエのほうも負けまいと元気になる。麦踏みと同じ理屈だ。でも、田んぼに入らないでかまわずにおけば、ビッシリ密生したようなヒエほどヒョロヒョロと細く徒長して、稲より先に倒伏してしまう―以来、佐藤さんはこんなふうに考えるようになった。

それに草は土をつくる。舗装道路の割れ目に生えた草の根元には、黒い土ができているが、植物と微生物がいっしょに働いて土をこさえている。だったら、ヒエに限らず、まったく草がないよりは、稲の生育を邪魔しない程度に草が生えた状態、ほどほどに草がある状態のほうが、土のためにはむしろいいのではないか―佐藤さんはそう思うようになった。

ちょうど、森の木々の下には草が生えているように。これと同じ環境を、田んぼの稲の下にもつくれないか…。産直組織などを通じて販売する米に「森のしずく」と名付けているのは、森のような田んぼをつくりたいからでもある。

ボカシとミネラルが多いほうが草が抑えられた

今年、仲間（みずほ有機生産者グループ、代表・佐藤秀雄さん）の分も合わせると合計二〇町歩（一一人）で試した不耕起トロトロ層栽培の結果からは、草の発芽を遅らせて、そのあいだに稲の生育がある程度旺盛になれば、稲と草の共生が可能なのではないかという確信がつかめてきている。そして、草があっても負けずに、稲のほうが草を圧倒して生育できるかどうかには、前年の秋に施すボカシと市販のミネラル肥料（商品名「ミネグリーン」）の量が影響しそうだということがわかってきた。

佐藤さんが試した、ボカシの施用量が反当六〇kgの田んぼと一二〇kgの田んぼを比べると、ボカシ一二〇kgの稲の生育のほうが旺盛で、草は逆に貧弱だった。仲間には一五〇kgの施用をすすめたが、やはり稲のほうが草の生育を圧倒してうまくいっている。

一方、ボカシの量が同じで、ミネラルの量を反当一五kgと三〇kgとで比較した田んぼでは、三〇kgのほうが草が少なかった。ミネラルが微生物の増殖を活性化するのに役立って、トロトロ層がより発達したのかもしれない。

仲間の一人、佐藤清人さんのコシヒカリの出穂20日前。追肥はやっていないが、葉色はカラースケールで4.5くらいまでしか下がらなかった。ボカシは150kg

ボカシは密封・放置して三か月でできあがり

ボカシをもとに、前年の切りわらや切り株もえさとして、田んぼの土ごと発酵させるというのが佐藤さんのねらいだ。

ボカシづくりは七月頃から始める。完成までに三か月以上の時間をかける。とはいっても、そのあいだは放っておくだけ。面倒なことは何もない。

材料を混ぜたらビニール袋に詰めて、中に

ボカシの材料

米ぬか	15kg
くん炭	2kg
完熟バーク堆肥	10kg
小米	3kg
ミネラル	300g
天然塩	80g
水ボカシ	0.5ℓ
米のとぎ汁	0.5ℓ

（水ボカシは自家製の発酵液肥）

少し空気を残すくらいのつもりで口をヒモで締めて密封する。作業はこれだけ。このまま三か月待てばできあがり。途中で切り返しをしたりするわけでもない。混ぜて詰めるだけなので、一日に二町分くらいはラクにできる。

袋に密封してつくるボカシの完成は、白い糸状菌（カビ）の塊が表面にできるのが目安になる。

湛水一か月でも可能だが……

昨年、佐藤さん自身がボカシとミネラルと塩をまいたのは十一月。すぐに湛水して春までおいた。だが、いっしょに試した仲間の田んぼを見ると、稲刈り後は水尻を閉めるくらいにしておいて、常時湛水するのは田植え前の一か月くらいでもよさそうだ。日本海側の佐藤さんの地域では、冬のあいだ水尻を閉めておけばときどき雨水がたまるし、常時、水分の高い状態で保てる。積雪もある程度あるので草もほとんど生えない。春に一か月くらい湛水すれば、田植えまでにはトロトロ層が発達して切りわらがかくれたし、ふつうの田植え機でも植えられたのだ。

スズメノテッポウなどの草が気になる田んぼなら、秋のうちに一度湛水して浅く代かきをやっておく手もある。また、途中で水が切れてスズメノテッポウが出たところがあったので、そこだけ春に浅くドライブハローをかけたという仲間もいた。

ただ、不耕起のまま草を抑えることを考えたら、十一月末頃からずっと湛水したほうがいいのはまちがいないだろう。今年の佐藤さんの田んぼでも、途中で水が切れたところは、スズメノテッポウも田植え後に生える草もふえた。草の生え方には湛水のしかたも影響する。草の種が多い田んぼほど長く水をため続けて、不耕起トロトロ層を厚くしたい。

不耕起、無農薬栽培でも平均一〇俵

先日、稲刈り前に取材に訪れたのは九月六日。今年の猛暑で出穂は平年に比べれば一週間ほど早まったが、不耕起冬期湛水栽培のコシヒカリの収穫は九月末から十月にかけての予定だ（今年の出穂は八月十八日）。

刈ってみなければはっきりした収量はわからないけれど、佐藤さんの田んぼも仲間の田んぼも九俵以上はとれるのではないだろうか。佐藤さんは、一一人・二〇町歩の不耕起栽培で平均一〇俵を期待している。いずれにしろ、かつては無農薬ではせいぜい八俵、ときには六俵ということもあったから、仲間もみんな自信がわいてきている。

佐藤さん自身のコシヒカリは、坪六〇株植えで穂数は一株平均一五～一六本くらい。一穂粒数も極端に多いわけではない。これはボカシの施用量が反当八〇kgの田んぼだが、一二〇kgの田んぼでもそれより若干、生育量が多いくらい。ただし粒張りはとても良さそうだ。

菌が堆肥の肥効を引き出した

仲間の田んぼには、もっと穂数も一穂粒数も多い稲もある。菅原専一さん（五三歳）の田んぼもそうだ。菅原さんのコシヒカリは、同じく坪六〇株植えでも穂数は一株二四～二五本ある。あぜ際の大きな穂は一穂一八〇粒以上のもみがついた。無農薬は二年目。今年初めて不耕起冬期湛水栽培を試した田んぼだ。むしろ菅原さんは、出来すぎで倒伏を心配したほどだったが、なんとか雨にも持ちこたえて、少しなびいた程度ですんでいる。コシヒカリはなびいても実入りが進む品種なので、登熟歩合がそれほど下がる心配はないだろうという。

どうやら、穂数やもみ数のとれ方、肥効のあらわれ方には、それぞれの田んぼの前歴も影響するようだ。菅原さんは前年の稲刈り後にボカシを一二〇kgまいたほか、田植え後に

菅原専一さん。7月29日に落水するまでは、「深水にしているはずなのに水深が浅く見えた」というほどトロトロ層がふくらんでいた

除草効果を高めることをねらってさらにボカシを八〇〜九〇kgまいている。この田植え後のボカシも肥料効果を発揮しているだろうが、これだけなら両方合わせても二〇〇kg余り。含まれる窒素成分にしたら二〜三kgだろうという。それに加えて影響していると考えられるのは前年まで入れていた堆肥だ。毎年六〇〇kgくらいずつ春に入れてきた堆肥の肥効が、菌の働きで引き出されたのではないかというのだ。

菅原さんと佐藤さんの稲を比べれば、ちょうど中間くらいがいちばん良さそうにも思える。佐藤さんたちがつくるボカシにも含まれる米ぬかは微生物の大好きなえさだ。えさが不足しては増殖できないだろう。ミネラルや塩の効果で菌が活性化した田んぼほど、それを何年も繰り返した田んぼほど、土中にあった有機物の分解が進んで、翌年以降はえさが不足しやすいのかもしれない。佐藤さんも今年の経験から、ボカシの量は一二〇kg以上は必要と見ているようだ。

中干しなしで七月下旬まで湛水

微生物が生み出す肥効は、湛水を長く続けるほどよく現れるという。そのぶん分けつも長く続く。この地域では、七月に入ると落水・中干しして、その後は干し気味の管理を続けるのがふつうだが、佐藤さんは七月二十三日まで水をためた。ふつうより三週間以上長く湛水を続けたわけだ。この落水を遅らせる水管理は仲間にもすすめている。菅原さんは七月二十九日までたっぷり水をためていた。長年施用してきた堆肥の蓄積に加えて落水を遅らせたことが、穂数や粒数をいっそうふやすのにつながったのに違いない。

リン酸を加えたらトロトロ層がもっと厚くなるか?

佐藤さんは、この秋の稲刈り後にまくボカシを反当一二〇kgにしたうえ、ミネラルを四五kgにふやすつもりでいる。塩は昨年と同じく一〇kgだ。ミネラルをふやすのは、微生物の働きを活発にして、草の生育をもう少し安定して抑えたいからだ。それに一部の田んぼでは、同じく稲刈り後に、マドグアノというコウモリの糞由来のリン酸肥料を三〇kgまく田んぼをつくってみるという。

じつは、このリン酸肥料をボカシをつくるときに塩と同量加えたところ、菌の白い塊が袋の中にできるのが早まった。それだけ微生物の活動が旺盛になったからではないかと考えている。そこで、本田にもまいて、ミネラルの効果とあわせて田植え時期にできるトロトロ層をもっと厚くしようというねらいだ。今年は三cmくらいだった不耕起トロトロ層を五cmにしたい。これによって草の発生を遅らせて、稲と草の共生がどの田んぼでもうまくいく方法を考案したいというのだ。

二〇〇〇年十一月号　不耕起トロトロ層栽培で、草とりも追肥もいらない稲つくり

あっちの話こっちの話

ついに出た！田んぼの除草にカメ

絶えず動くカメが水を濁らせ、草が生えない

櫻井陽子

兵庫県篠山市の吉良正博さんが田んぼに除草剤を使わない手はないかと去年から試しているのが、なんと亀。ある時、田植え後の田んぼで、二匹の亀がせっせと動いて水をにごらせているのを見て、「これだ！」と思いついたそうです。

近くの川や池にいた石亀を捕まえて、根が張り始めた田植え一週間後に、七〇aの田んぼに三〇匹ほど放しました。

亀が稲も食べてしまうかと心配しましたが、農薬を使わないせいか、いろいろな生物が田んぼにいるので、それをえさとしているようです。また、逃げないよう水面から三〇㎝ぐらいの高さのあぜシートを立てておく必要があります。

結果は、除草剤を使わなかったときと比べ、七割以上の草が抑えられ、なかなかの手応え。また、亀の糞を見る限り、草も食べているようです。

亀を引き上げるのは稲刈りのとき。コンバインの前のほうを注意しながら亀を集めます。

後の期間は家の池で飼い、冬眠する前の一カ月間ぐらいは、えさとしている草がなくなるのでドッグフードを与えます。石亀は性質もおとなしく、よくなついて、とてもかわいいそうです。

二〇〇〇年二月号

自分でつくった除草機で田の草はきれいさっぱり

秦秀治

五十嵐松市さんは、群馬県吉井町に住む八〇歳をすぎたおじいさんです。昨年の暮、松市さんにお会いしたとき、ご自分でつくられた除草機で、田の草を除草しておられました。

最初、鍬でやっておられるのかと思ったのですが、違うのです。

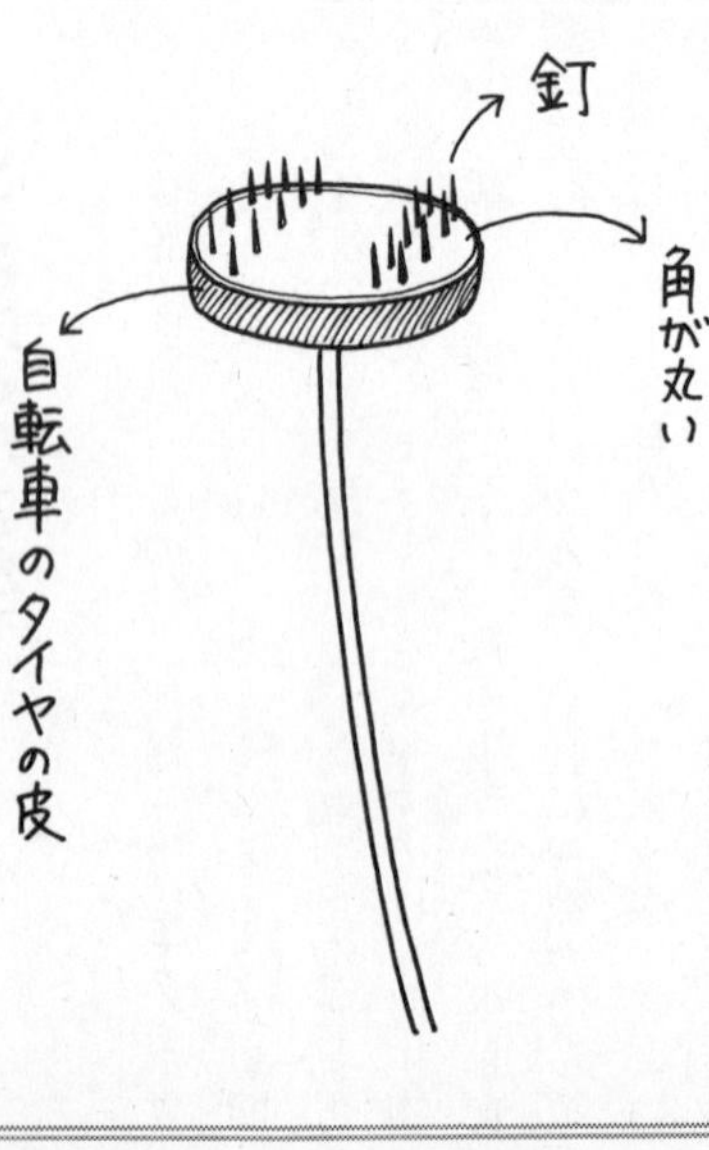

つくり方はいたって簡単。板で顔ぐらいの大きさの円盤をつくります。それに草をひっかけてとる釘を打ち、外側には自転車のタイヤの皮を打ちつけます。鍬ぐらいの柄をつけるとできあがり。

店で売られている除草機は重たくて力がいるのでこの除草機を考えたんだとか。片手で持てる松市さん考案の軽い除草機で、田の草はおもしろいようにとれていました。

ところで自転車のタイヤの皮を外側につけるのは、なぜだと思います？稲の株を傷つけないためです。稲への思いやりです。

一九八七年六月号

Part 4

生きものたちの豊かな田んぼ

合鴨《あいがも》水稲同時作
鯉《こい》放流稲作

田植えを終え、夢中で用水路のザリガニや魚をつかまえる子どもたち
（袋井市今井小学校　橋本紘二撮影）

合鴨水稲同時作

古野隆雄

合鴨水稲同時作のねらいと導入の経過

昭和六二年、隣町に住む自然農法家に、合鴨（アイガモ）やアヒルが水田の草を食べるという話を聞いた。翌年、富山県の自然農法家、置田敏雄さんから「合鴨除草法」の実際を教えていただき、初めて試験的に合鴨除草法に取り組んでみた。

それまでの一〇年間、私は一・五haの水田で、完全無農薬の稲作を続けていた。しかし当時、除草法は確立しておらず、消費者の援農、手取り除草、手押し除草機、動力除草機、カブトエビ、ニシキゴイの稚魚の放流など、あらゆる除草法を試みていた。

実際に合鴨除草法をやってみると、確かに草取りは、ヒエをのぞいてほぼうまくいった。しかし中干し後、野犬に合鴨を襲撃されてしまった。置田さんに相談したところ、「私の近くには野犬はいない。野犬などの外敵の多いところでは難しい」との返事であった。

それからの三年間、私は犬との闘いに明け暮れたといってよい。試行錯誤のうえ、平成二年夏、ついに電気柵にたどりついた。それまで、「合鴨除草法」しか見えていなかった私の目に、合鴨の素晴らしいさまざまな効用が見えてきた。私は、この総体を「合鴨水稲同時作」と呼んでいる。

除草効果

除草効果は、合鴨が稲や水田に及ぼす効果のなかで最も大きく、その高さは驚くべきものがある。

表1は、合鴨放飼区に対照区を設けて主な雑草量を調べたものである。一目見てわかるように、すべての雑草が減っているが、特にコナギの量が大幅に減っている。

表1　合鴨の除草効果（1㎡当たりの草の種類と風乾重）

区	残存雑草（g/㎡）						
	ヒエ	キシュウスズメノヒエ	ミズカヤツリ	アゼナ	キカシグサ	コナギ	藻類
合鴨放飼区	8.1	0.03	0.05	0.04	1.32	0.15	4.28
対照区	12.4	0.9	0.28	0.1	0.85	60.7	10.2

注　調査日7月19日（6月13日田植え、品種ヒノヒカリ、7月1日28aに45羽放飼）

なぜこのように雑草が少なくなるのか。詳しく見ると次の六つの働きによって除草効果が高まっている。

①合鴨が幅広いくちばしで雑草を食べる
②合鴨がヒエなど泥の中にある雑草の種子を食べる
③合鴨が脚やくちばしで泥水をかきまわすために、発芽しかかった雑草の種子が水面に浮上したり、小さな草が踏み込まれたりする
④合鴨の糞と泥水の混合した濁水が雑草の種子の発芽を抑制する
⑤合鴨が撹拌した泥水が雑草の種子や葉の上にかかって沈でんし、草や種子が泥の中に埋没する
⑥フルタイム代かき中耕濁水効果（後述）により、濁水が田面へ当たる太陽光線の照度を下げて雑草の光合成を阻害する

合鴨は原則として、稲の葉は食べない。ただし、小さな苗を植え大きすぎる合鴨のヒナを入れた場合や、水田の中に合鴨のえさとなる草や虫などが著しく少ない場合などでは、時たま合鴨が稲を食べることがある。

害虫防除効果

表2のように害虫防除効果にも素晴しいものがある。田植え後二週間以内に合鴨のヒナを水田に放飼して、飛来性のウンカやツマグロヨコバイなどが中国や東南アジアから初めて飛来した時点からこれらを捕食させると、成虫だけでなく産卵も防ぐことができる。害虫の密度は、低く保たれる。

表2　合鴨放飼田のウンカ類（カッコ内数字は株当たり頭数）

試験区	セジロウンカ		トビイロウンカ			
	成虫	幼虫	短翅♀	長翅♀	♂	幼虫
合鴨放飼区	19 (0.42)	32 (0.71)	0 (0)	1 (0.02)	0 (0)	2 (0.04)
対照区	50 (3.3)	341 (22.7)	0 (0)	2 (0.1)	0 (0)	14 (0.9)
慣行(防除)区	71 (1.6)	46 (1.0)	15 (0.3)	0 (0)	10 (0.2)	12 (0.3)

注　対照区（合鴨放飼区内の網柵内）は15株調査
調査：平成３年８月10日45株調査
（福岡県農業試験場自主研究グループ）

また、ジャンボタニシの駆除効果にも目を見張るものがある。要するに、合鴨は害虫を食べ続けながら大きくなっていく。殺虫剤を散布する必要がまったくない。

フルタイム代かき中耕濁水効果

合鴨を水田に放飼すれば、放飼期間の二か月間、彼らの活動により田の水は褐色ににごりっぱなしになる。

この濁水は稲や水田にさまざまな働きをしている。私はこれを総合して、フルタイム代かき中耕濁水効果（F効果と略称する）と呼んでいる。F効果として次のことが考えられる。

①合鴨が田面水を撹拌するので、水に溶け込む酸素量がふえる
②撹拌により、微生物の活動と有機物の分解が促進される
③撹拌によって、難溶性リン酸など土壌中の養分がより有効化される
④ガス害が撹拌によって緩和される
⑤濁水により水温が上がる一方、夏の高温時には高温障害を防いでいるのではないか
⑥濁水が発芽しかかった雑草の芽にかかり、発生を抑制している
⑦株元の泥をかくので稲の開張を促すことになるのではないか
⑧濁水が田面への光の透過を妨げ、雑草の光合成を低下させて生育を抑える

水面土壌の改良効果

合鴨放飼田の土はF効果でとても軟らかくて、つるつるしており、ちょうどプリンのような感じになる。合鴨を放飼していない田や、合鴨放飼田の中に合鴨が入らないよう網で囲った対照区の田のザラザラした土の状態とは、その感触において歴然としたちがいがあ

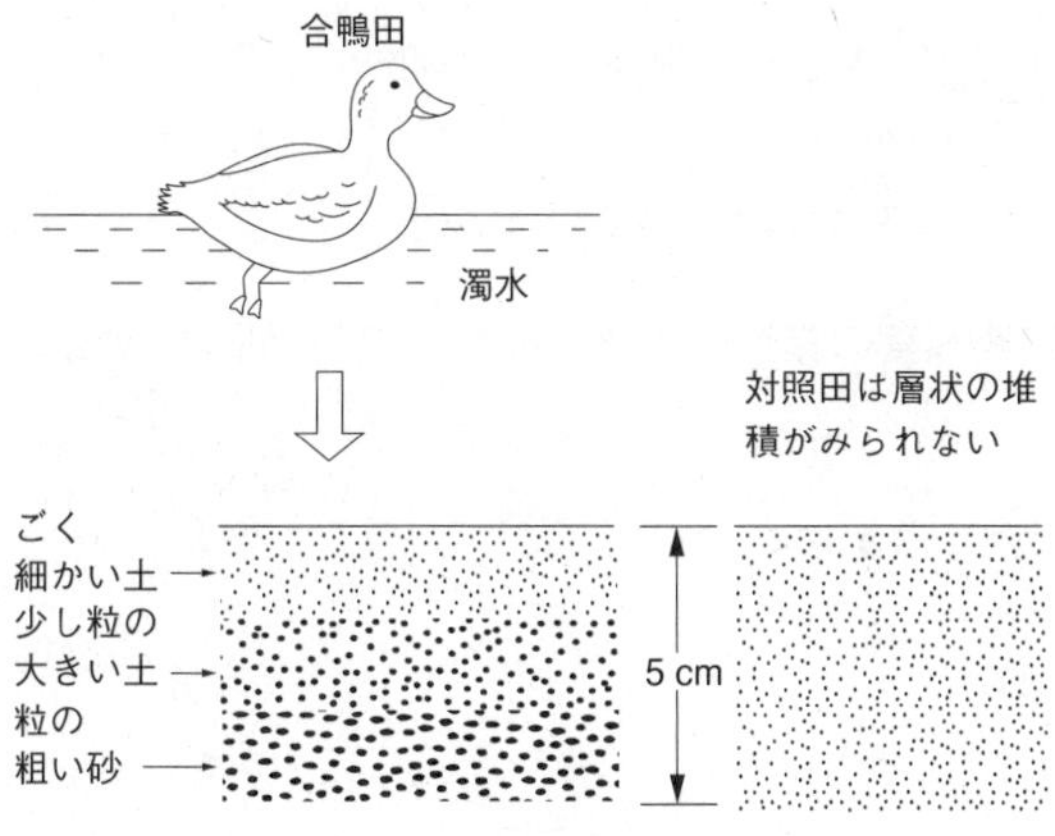

図1　合鴨放飼図の土の構造

る。また、出穂時期まで水を張って合鴨を放飼しているにもかかわらず、秋には田が乾きやすくなる。その理由は、
①合鴨が稲の条間をひんぱんに通行したため、条間が溝切りをしたように低くなり、表流水の排水がよくなる。
②土の構造の違いにある。スコップで掘ってみると、放飼区の土は図1のように層状に堆積している。このためひび割れが発生し、水のタテ浸透がよくなったのである。

養分供給効果

合鴨を水田に放飼すると、稲は旺盛に生育する。合鴨の糞が稲の養分となっているのであろう。最初から除草剤を使って草がまったく生えない場合や、除草機で草を田の中に埋め込む場合に比べ、合鴨放飼の場合は、草や虫が合鴨の糞となり、稲の養分として有効化される度合がふえるのであろう。

私が合鴨放飼稲作をあえて「合鴨水稲同時作」と名づけているのは、水田の自然力だけで合鴨と稲を育てることをねらっているからである。農薬はもちろんだが、有機質肥料も含めて肥料はいっさい施さないことを原則にしている。ただし、裏作の麦、じゃがいもなどには堆肥を投入し、田畑輪換も組み合わせている。人為的資材を投入しなくても、水田と合鴨と稲の力が相互に高まることによって慣行稲作と互角の収量が期待できると思う。

稲の生育改善効果

以上の総合的効果により、合鴨放飼田の稲は分げつ力が強く、草型が開張し、葉色は濃く生育が旺盛になる。

収穫前成熟期の合鴨放飼区と対照区の稲の草姿を比べてみると、元肥、穂肥が施された慣行区と比べ合鴨区の稲は無肥料にもかかわらず茎数が多く、茎が太く根量が多くて穂も大きい。栽植密度が違うこともあるが、合鴨区の稲は生育中期の生育が旺盛で（草丈が大きく止葉が長い）、秋まさり型の生育をしている。とくに、濁水栽培を徹底した合鴨区②、合鴨区①、対照区の順にその傾向が強くなっている。このことからも、私が注目しているフルタイム代かき中耕濁水効果がいかに重要であるかがわかる。

表3　イネの生育（黄金晴、収穫期）

	慣行区	対照区	合鴨区①	合鴨区②
草丈cm	93	95	104	111
1株茎数	22	16	29	45
穂長cm	17.5	19	20.5	20.5
枝梗	9	9	11	11
止葉cm	29	34.5	28	49
粒数	80	84	119	141

注　各区の平均的な株を調査

表4　収量調査の結果（平成4年）（嘉穂普及所　野相師康氏調査）

		合鴨区①	合鴨区②
乾燥籾重	kg/10a	607	768
粗玄米重	kg/10a	502	619
籾すり歩合	%	82.7	80.6
精玄米重	kg/10a	432	513
屑米歩合	%	13.9	17.2
整粒歩合	%	90	91

ヒナの選択と育すう

合鴨水稲同時作では、田植え後二週間以内の水田に一～三週齢くらいの小さなヒナを、水田の雑草発生状況に合わせて一〇a当たり一五～三〇羽くらい放飼する。その基本的なやり方は図2のとおり。

ひと口に合鴨といっても、その特徴はふ化場ごとに異なっている（表5）。体型の大きいものもいれば小さいのもいる。放飼初期に

おける稲の傷みにくさ、行動の敏しょうさ、害虫防除能力、採食行動時間などから考えて、私は小型の合鴨を現在使用している。一方、大型のアヒルも肉がたくさんとれ、捨てがたい魅力がある。しかし肉の量は別として、小型の合鴨には、特有の肉質、味のよさがある。

ヒナがふ化場から届けられて水田に放飼するまでの一～二週間の育すう期、私は自分で図3のような育すう器をつくって育てている。

合鴨は水禽であり、陸禽のニワトリとは、異なる特徴がある。育すう期から温度管理、給餌、給水、水ならしなど、その特性を考えて育てないと失敗する。

温度管理

育すう期では最初の三日間が一番大切である。温度はやや高めに保つのがよい。熱源は畜産電球を用い保温のため床面に二〇cm以上の厚さにもみがらをしく。寒い日や夜間などは育すう器の上にビニルをかけてやる。ヒナが寒すぎて死ぬことはあっても、暑すぎて死ぬことはめったにないからである。

育すう初日の育すう箱内の温度は、図4のように調整するとよい。また、早く放飼したいときは図5のように温度管理し、育すう開始と同時に水浴び、運動を開始している。いずれにしても地域、時期によって外気温が異なるので、表6のようにヒナの状態をよく観察して、温度管理をすることが大切である。

給餌

合鴨は水禽で唾液が出ないため水とえさを交互に食べる。このため、えさと同時に忘れずに水を与えることが大切である。最初えさだけ与えて、後で水を与えるやり方はよくない。

えさを不断給餌して丸々と太らせるのではなく少なめに給餌し、雑草の味を覚えるよう緑餌も充分に与えて小振りで丈夫なヒナ

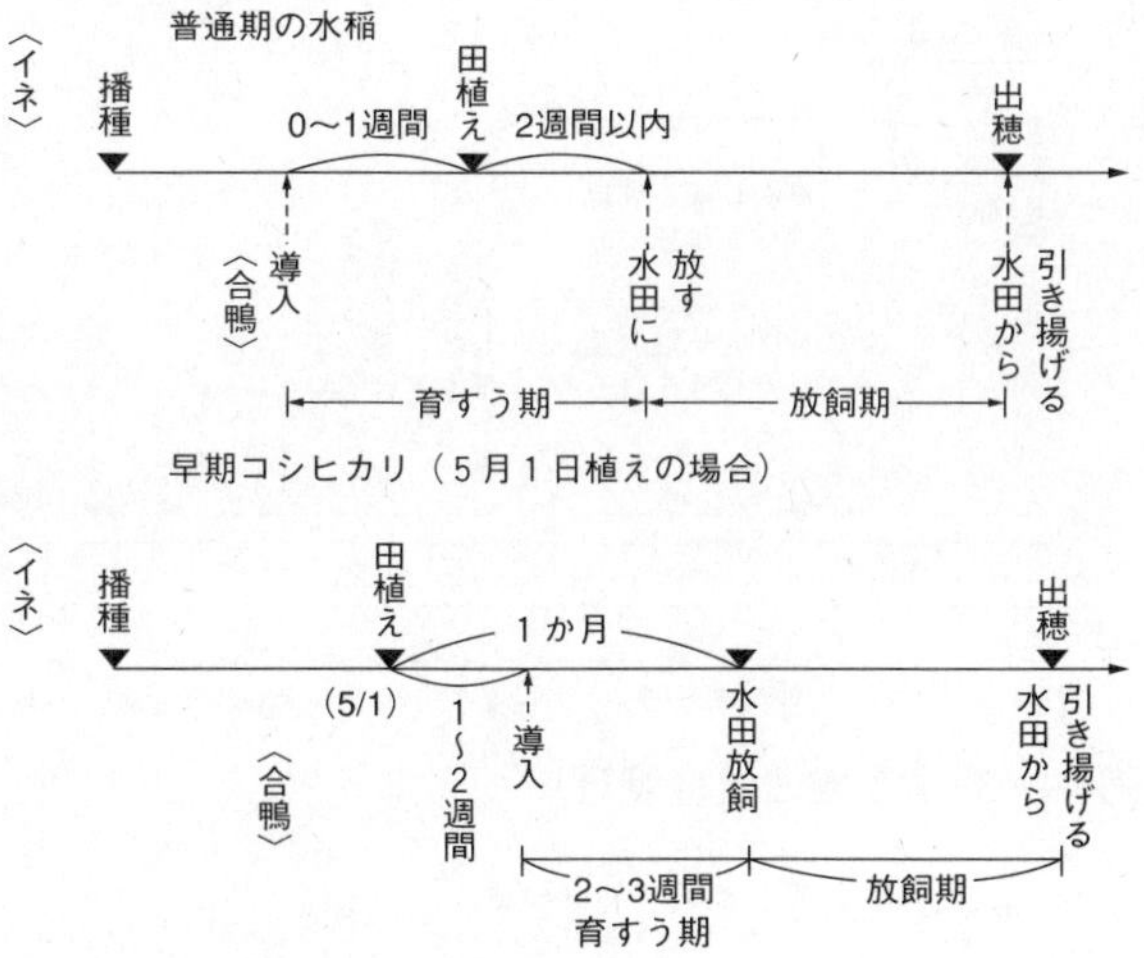

図2　合鴨水稲同時作の暦

早期コシヒカリの場合、田植え後約1か月間の合鴨放飼のない期間に問題がある。このブランクに総合的合鴨効果が発揮できない。次に、出穂が早いので合鴨を引き揚げたあと、ウンカが活躍する余地がある

表5　ヒナの入手先と特徴（電話による聞き取り）

孵化場名（所在地）	仕上り日数	成鳥体重	かけ合わせ
大久保安雄（福岡県）	約6か月	1.5kg	マガモ×アヒルの青い卵を選抜孵化
椎名孵化場（千葉県）	2か月	2.3～2.4	カモ×アヒルの固定種
高橋孵化場（大阪府）	5か月	1.5～1.8	(カーキーキャベル×マガモ)＝F F×マガモ（2年に一度）
津村孵化場（大阪府）	4か月	1.2	カルガモ（メス） アヒル（オス）} F_1×カルガモ（メス）
十鳥孵化場（香川県）	6か月	1.5	白アヒル×マガモ＝1代 1代×マガモ＝2代 2代×マガモ＝3代 3代×3代＝肥育用カモ } 2年に一度
森農産食品（香川県）	70日以上	3.5以上	チェリバレーのみ

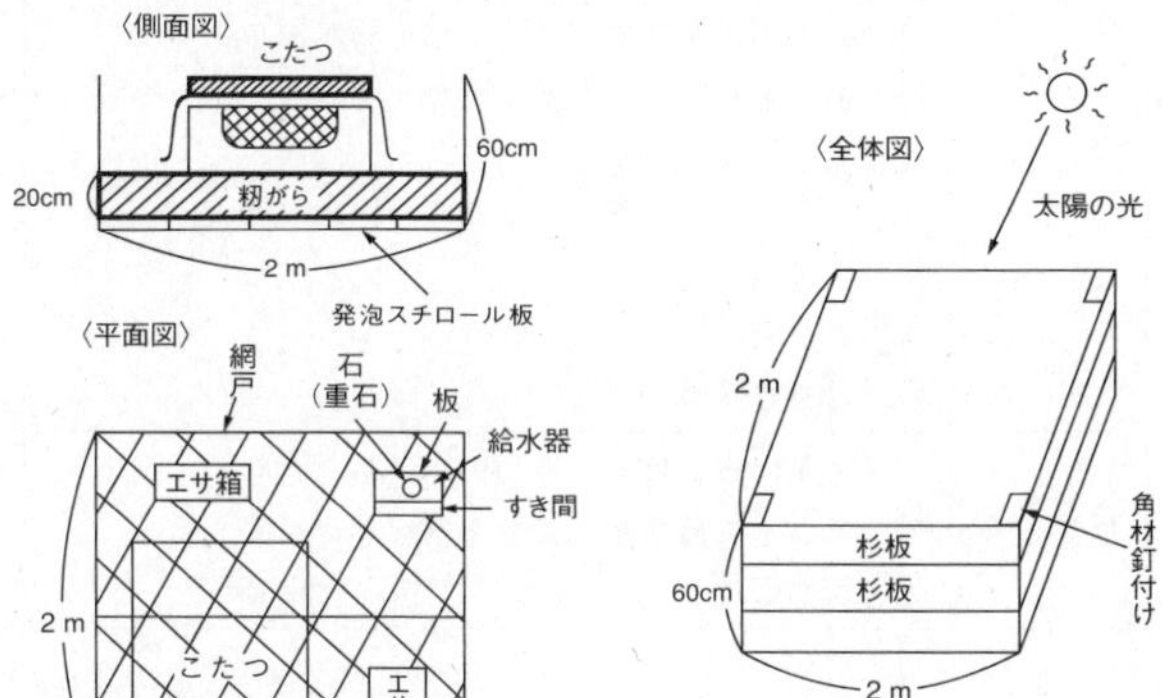
エサ箱
2m
電気こたつ利用の場合、1～100羽用

図3　育すう器

に育てる。ヒナが大きすぎると、放飼したときに稲が傷むからである。また、土を好むので、山土をイチゴパックに入れて与えている。

給餌したときにむさぼり食って残さない程度の量を目安に、一日三回与える。常時えさ箱にえさが残っている状態は好ましくない。

給水

水禽である合鴨の育すうでは特に給水に注意する。給水器は必ず、合鴨のくちばしが入る幅だけ空いたものを用意する。水禽の特性として、体が入るくらい幅を広く空けると、ヒナはよろこんで水の中に入り、周りに水を振りまき、少し寒い時期だと体温調節がうまくいかず死ぬことがある。結局、給水のポイントは、給水器の水を切らさないで、床面全体がぬれないようにすることである。

水ならし

合鴨水稲同時作の育すうの目的は、水田の水の中で元気に生きていけるようにヒナを育てることにある。このため、簡単なプールを育すう器の外側に併設して、ヒナを水ならし（水浴）させる。水ならしは、ヒナが届いたらすぐ数分間行ない、以後、水ならしの時間を長くしていく。また、本格的に放飼する前に二～三日水田で水ならしをすることもある。

外敵防御の基本

合鴨水稲同時作では、昼夜を問わず、稲の穂がでるまでの約二か月、合鴨を水田に放飼する。そのため完璧に近い外敵対策が必要である。外敵防御がうまくいけば、合鴨水稲同時作はほぼ成功とみてよい。

究極の外敵防御法は電気柵である。網で合鴨の脱出を防ぎ電気柵で外敵の侵入を防ぐ方法（図6～8）、電気柵だけで合鴨の脱出を防ぎ同時に外敵の侵入を防ぐ方法（図9、図10）の二通りがある。一般的には電気柵と網を組み合わせる方法が広く普及している。私は電気柵だけで一・四haの水田を囲っている。

水田放飼中の管理

水管理

水は、合鴨が浮いて泳げ、しかも歩くこと

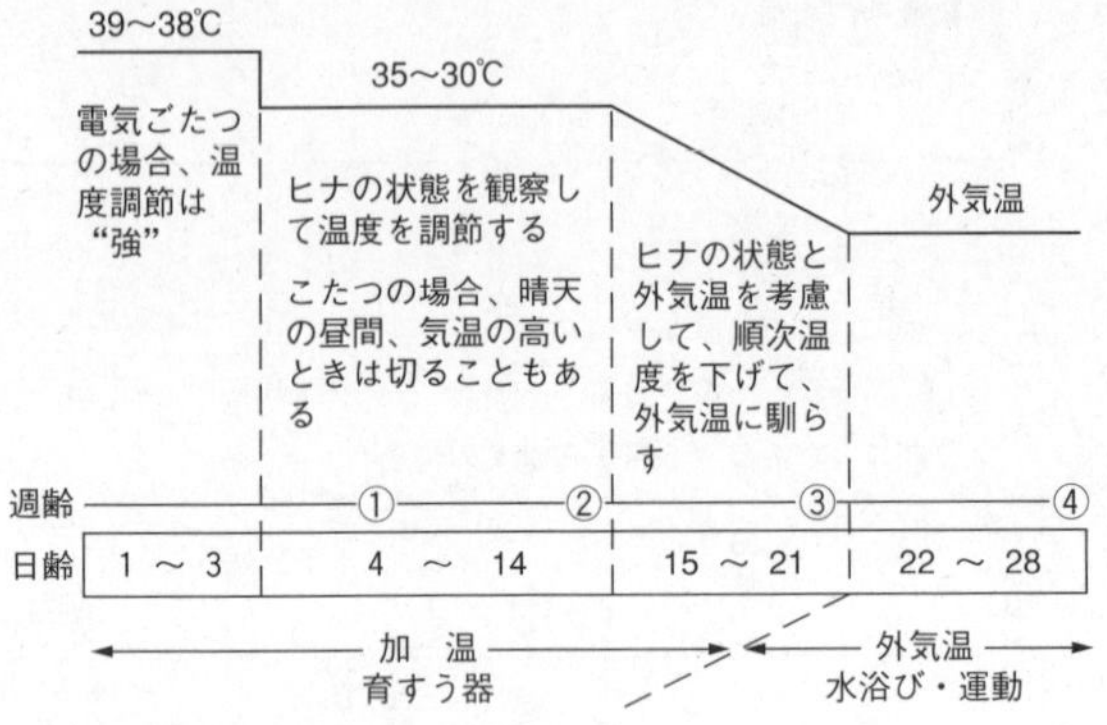

図4　育すう時の温度管理

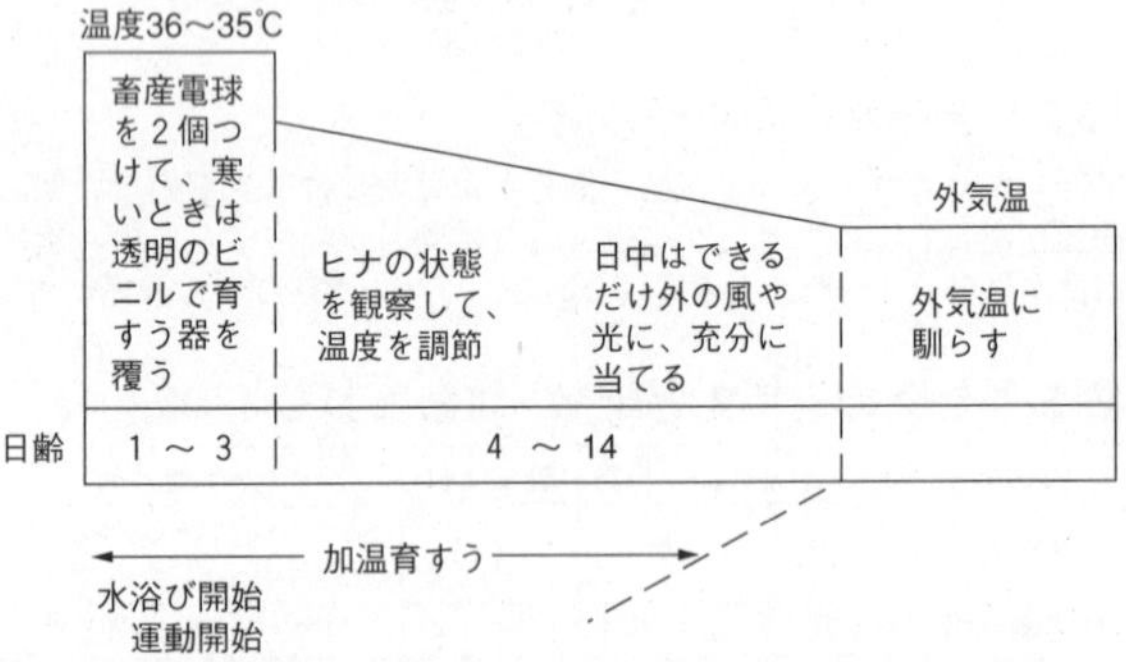

図5　早く放飼するためのヒナの管理

表6　ヒナの状態から育すう器内の温度のよしあしがわかる

（電気ごたつ利用の場合）

温度	ヒナの状態
高すぎる	アイガモのヒナはすべてこたつの外へ出ている 口をあけてハァハァあえぐ感じ
適温	エサを食べ、水を飲み、こたつに出入りする。 走りまわる 元気よく鳴く のんびりと寝る
低すぎる	アイガモのヒナは、こたつの中でじっとしていて、水も飲まず、エサも食べない 鳴き声も弱々しい

もできる深さにはる。浅すぎると、合鴨が泥だらけになり、稲の苗を踏み荒らしやすくなる。稲の間を合鴨がスイスイ泳げるくらいの水が必要である。しかし、水が深すぎると、合鴨の除草能力が低下する。水底の草に合鴨の足やくちばしがとどかないと、雑草を食べたり、撹拌、中耕濁水したりして除草する機能が発揮されにくい。

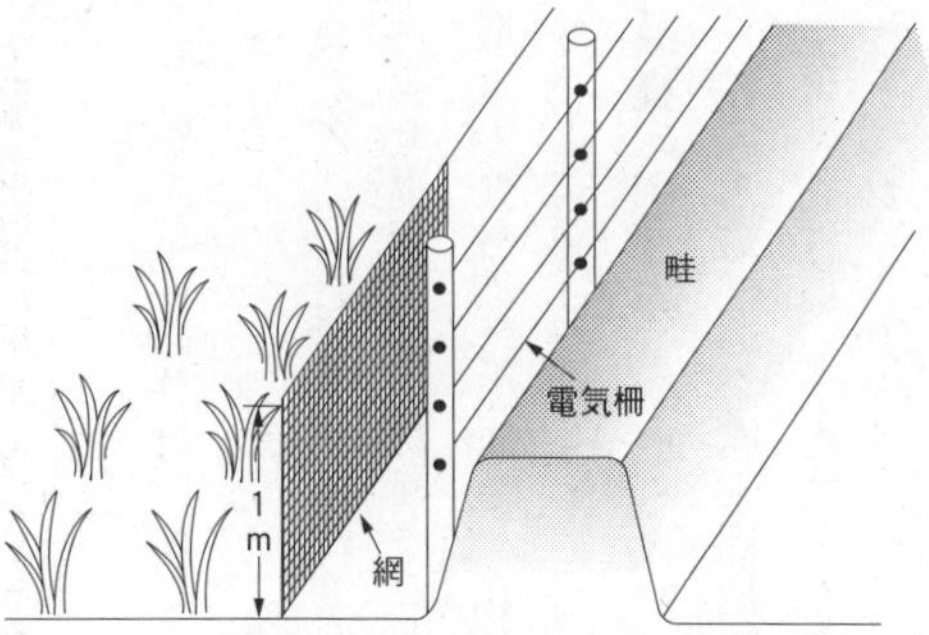

図6　電気柵を張る位置

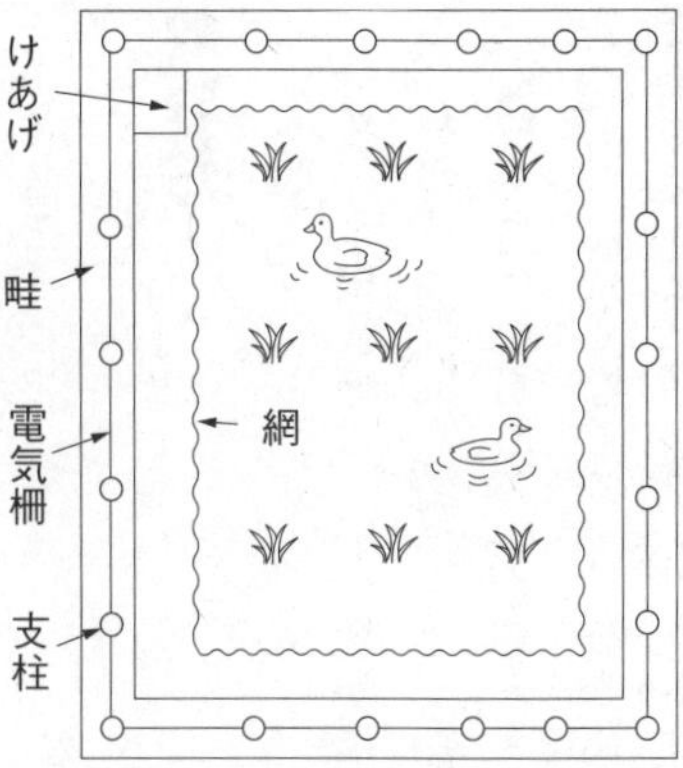

図7　電気柵と網の張り方

給餌

田に放飼中の給餌の主目的は、人間とのコミュニケーションにあり、決して太らせることではない。私の場合一・四ha約三〇〇羽の合鴨に、一日当たり約五kgのくず米を与えている。これは一羽当たりでは約二〇gと、ごくわずかな量にすぎない。

つまり私の田の合鴨は水田の中にある雑草、昆虫、雑草の種子、土の中の小動物を食べて生きている。給餌量が多すぎると当然、食べる草や虫の量が少なくなる。それに太りすぎると、活動も鈍くなってくる。

だが、この給餌のコミュニケーションをしないと、合鴨のヒナは全く私になつかない。このコミュニケーションは合鴨水稲同時作の成否に微妙な影響を与える。

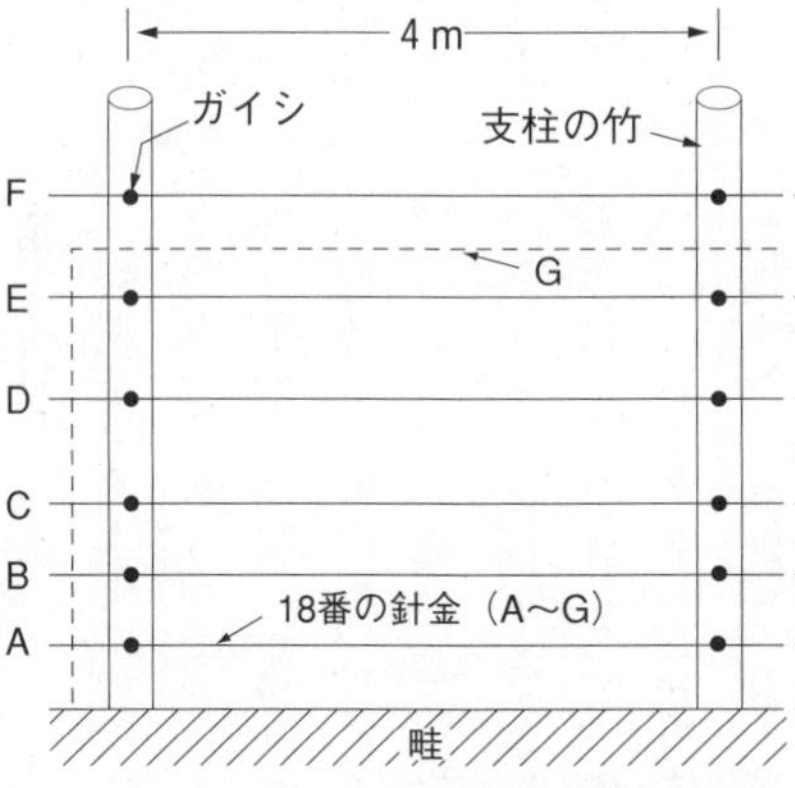

図8　電気柵の張り方

適正羽数の考え方

一〇a当たりの合鴨の放飼羽数は一五羽から三〇羽くらいである。それぞれの水田の合鴨のえさ（雑草とか昆虫）の生産力に応じて、放飼羽数を決定する。つまり、その水田で、えさを与えなくても水田にすむ昆虫や雑草で育つ合鴨の羽数が適正羽数になる。

あまりに放飼羽数が少ないと、草や虫を食べきれずに残る。逆に多すぎると、稲を傷めたり、飢え死にし

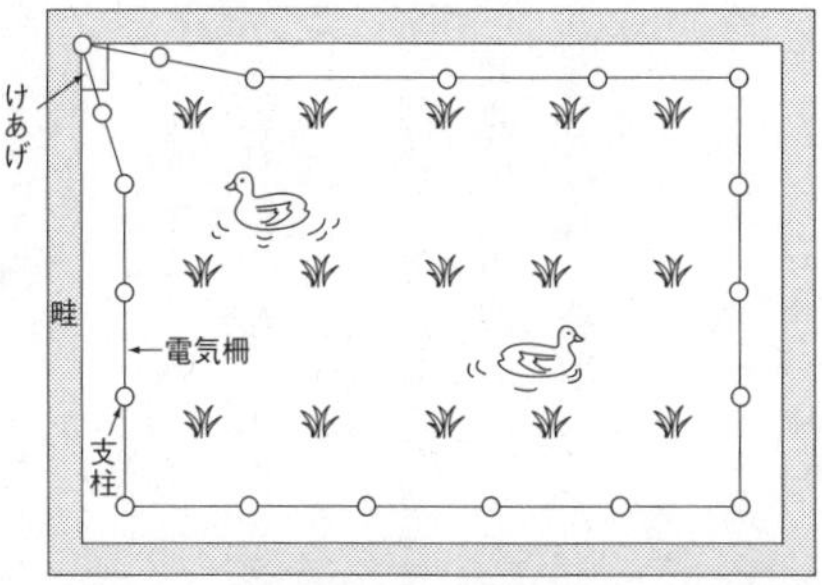

図9　電気柵だけの場合の張り方

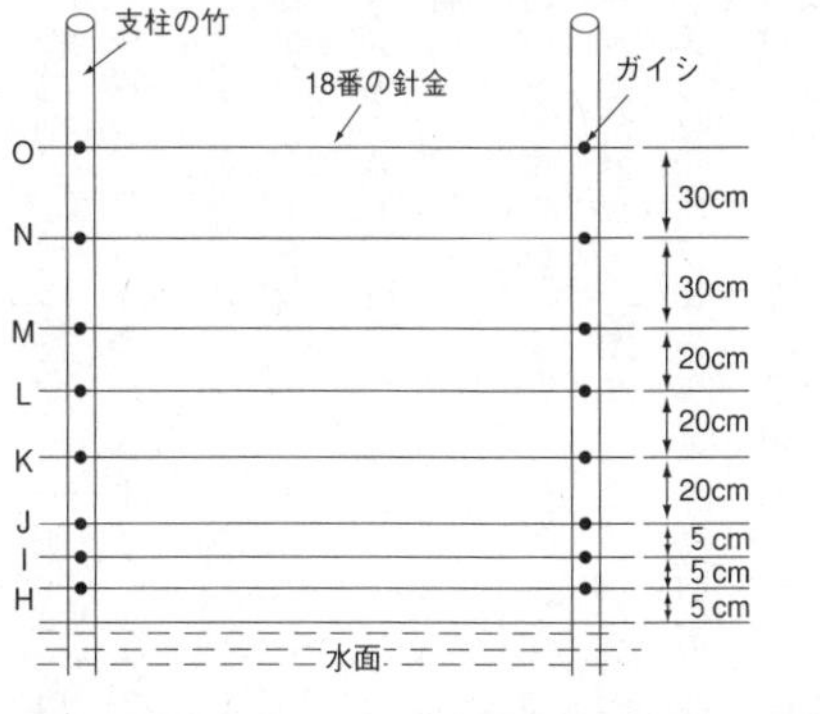

図10　電気柵だけで囲う場合の張り方

たりするヒナがでてくる。

放飼終了

合鴨の水田放飼は、稲の穂が出るまで続ける。合鴨は、稲の葉は食べないが穂は食べる。一度穂を食べだすと、いくらえさを与えても近づいてこなくなるので、穂が出る前にえさで集めて一気につかまえ引きあげる。

合鴨水稲同時作での稲作の基本

合鴨水稲同時作は、雑草、病害虫防除の必要がなくなるだけでなく、糞の供給、土質改良などの総合効果が期待できるため無化学肥料、無農薬、無除草剤でも慣行稲作と互角の収量が充分期待できる。私は化学肥料はもちろん、有機質肥料も施していない。

品種の選び方

循環永続型の合鴨水稲同時作に適した稲の品種の条件は、次のことがあげられる

①苗のとき、葉がピンとし丈夫なこと
②少肥でよく育ち、よく分げつすること
③倒伏しにくいこと
④紋枯病に強いこと（重要条件）

以上四つの条件を総合的に考え、黄金晴を選択している。

苗づくり

合鴨を早く水田に放飼するためには、がっちりした丈夫な苗をつくる必要がある。播種量は苗箱一箱四〇gのうすまきにしている。

健苗育成のため、種もみの選別は比重計を使って一・一五の濃いめの塩水選を行なう（三〇～六〇％のもみが浮く）。塩水選した種もみはよく水洗いして、酵素ビタナール一〇〇〇倍液と玄米酢二〇〇倍液に浸種する。この塩水選と浸種で、ばか苗病はなくなり活力の高い苗ができる。

床土にも化学肥料は使わない。山土、くん炭、リン酸粒状肥料を四対一対〇・七五の割合に混ぜて床土にしている。リン酸粒状肥料は表7の材料をよく発酵させてつくる。播種・覆土したらただちに平置きする。発酵肥料を加えているため長く積み上げておくと高温障害が出やすい。山土を利用する理由は、ヒエの種子の混入を防ぐためである（合鴨は「株ビエ」だけは除草不可能）。

表7　リン酸粒状肥料の内容

油かす	40kg
骨粉	150kg
米ぬか	20kg
山土	290kg
バイムフード	1.0kg
デンプン	2.0kg
水分	55%

基本的に無肥料で出発するため、可能ならば田植えの時期を一週間くらい早めたい。移植を早く行なえばゆっくりと余裕をもって茎数を確保できる。育苗日数約三〇～三五日の大きな丈夫なズングリ苗を移植し、小さな合鴨を放飼する。

圃場の準備

代かきはできるだけ田面が均平になるよう、ていねいに行なう。田面の高さが不均一であると、水の少ないところは合鴨があまり行かないため、そこだけに草が生えたりして合鴨水稲同時作の効用が発揮できず稲の生育も不均一になる。

合鴨の食べないヒエが多発する水田は二度代かきをする。ヒエは代かき後に田面を露出させると発生しやすいので、田植えの二～三週間前に水を張って最初の代かきをしてヒエを発芽させ、田植え直前に再度表面をごく浅く代かきをして発芽したヒエを埋め込む。

栽植密度

歩行型の田植機（クボタ）のレバーを走行にして、ていねいに坪三六～四五株（三三cm×三〇cm、または二四cm×三〇cm）、一株二～三本植えの疎植にしている。

坪六〇～七〇株に密植しても、合鴨の通り抜けやすさという点では何の支障もない。除草効果は疎植でも密植でもあまり関係がない。

だが合鴨効果で生育中期に肥効が高まりよ

●ポイント
A－B間　田植え後、すぐの苗をピーンと立たせるため、やや浅水にする。ただし、決して土を露出させない（水を切るとヒエがゾックリはえてくるので）
B－C間　合鴨の成長とイネの生育に合わせて適当な深みに保つ。濁水を決して落とさない
C－D間　合鴨を田より引き揚げたら、徐々に干していく。合鴨が田にいなくなったからといって急激に落水するのは、イネのためによくない。
D－E間　１日水を当て、１日水を落とす間断かん水を９月いっぱいつづける（刈取りの10日前まで）

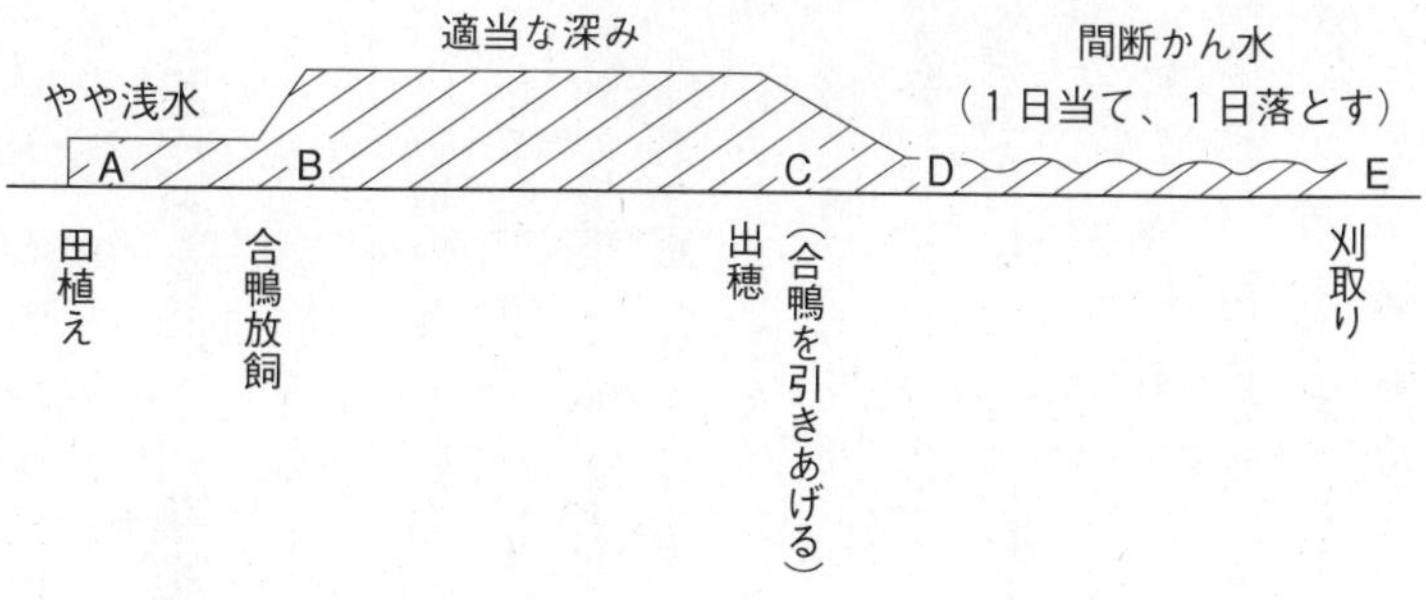

図11　合鴨水稲同時作における私の水管理（平成４年）

く分げつしてよく開張するので、疎植にしたほうが合鴨効果がよく発揮されると思われる。

濁水栽培

合鴨を放飼した水田では、放飼期間の二か月間、田の水はにごっている。だがこの濁水は田の外に落水すべきではない。濁水の中にこそ、土や養分、腐植、ミネラル、その他の有用物がたくさん含まれている。合鴨水稲同時作では、まさに「濁水が稲を育てる」といってよい。

水田の周りを畦波シートでぐるりと囲み、漏水がないようにすることも必要である。また、原則として合鴨放飼期間は排水口から落水しない。田の水が蒸発や縦浸透で不足してきたときに、前述した浅からず深からずの水深になるよう補給している（図11）。

要するに、出穂して合鴨を水田から引き揚げるまで、落水をいっさいせず、濁水を張っておくだけである。

出穂して合鴨を田から引きあげたら、田は徐々に干していく。急激に落水して干し上げるのは、稲のためによくないようである。その後は、一日水を当て一日落水する間断かん水を刈取りの一〇日前まで続ける。

ヒエ対策

第一は、合鴨を田植え後二週間以内に必ず放飼すること。発芽したばかりのヒエなら、合鴨の撹拌効果で根が浮き上がり枯れる。濁水効果で発生も少なくなる。ヒエは、代かき後、田面に浮陸になると多発する。代かき後一〇cm以上の深水を保つ方法もヒエを抑制する有効な手段である。田面の高さが不均一だと、水深が浅く、あるいは浮陸になった部分には、合鴨が寄りつかないため、合鴨の好まないヒエやミズガヤツリなどが発生しやすい。そのような場合は、そこにえさをまき、合鴨を集中させると効果がある。

今後の課題

合鴨水稲同時作には、流通を含めていくつかの課題があるが、ここでは技術的課題についてのみ述べる。

合鴨水稲同時作は、すでに述べたように、私だけでなく全国各地で雑草防除、害虫防除などに歴然とした成果を得ている。次の課題は、合鴨と水田の自然力だけで地域慣行稲作と同程度以上の収量を永続的に得る「循環永続型稲作」の確立である。具体的には、フルタイム代かき中耕濁水効果の研究、田畑輪換の研究、レンゲやアゾラなど空中窒素を固定する植物の導入である。

（福岡県嘉穂郡桂川町寿命八二四）

農業技術大系　作物編　第三巻　合鴨水稲同時作
一九九三年

秋田県大潟村　水田一八町歩

電柵なしのアイガモ農法

米ぬか・稲わらも活用

井手教義

著者

ボカシと二回代かき法で初期雑草を抑える

私は有機栽培を始めて二十数年になりますが、いまだに除草に苦労をしています。私の水田は一八町歩の規模ですが、全面積に自家製造のボカシ堆肥を使用します。ボカシは原料に米ぬか・おから・くず大豆・魚かすなどを使用して、微生物で発酵させて作ります。

稲の収穫が終わった後で、反当一〇〇kgほど散布。春の耕起前に再び一〇〇kgをまいて、表層二cmほどを浅く耕起します。次に水をはって、雑草の発芽を待ちます。一〇日ほどたって発芽を確認したら、浅代かき。また水をはって発芽をうながし、田植え二日前にもう一度代かきをして完全に草を殺します。耕起も代かきも、ゴムクローラのトラクタで、レーザー光線を利用するので、均平に仕上がります。

水を入れれば稲わらやボカシがわいて、有機酸が発生します。このときに、稲の苗を植えるわけですから、根がいたまないように二cmの下、耕起していないところまで根が届くように田植えします。苗はポットの成苗です。浅耕した田んぼでは表面がブカブカにわいてトロトロになり、初期発芽の雑草に対しては除草剤並みの効果がありました。稲の生育も初期には抑えられたと思いますが、収量には何の問題ありませんでした。今後は、後期に発芽する雑草が課題ですが、私の場合は合鴨にまかせています。

作物残渣である稲わら、もみがら、米ぬかやその他の有機物を利用し、それに休閑期を利用して作りだす緑肥を加えて稲作を行なうことは最も基本で、私たちが守るべき一番重要な技術であると思います。

一六haの水田に一五〇〇羽の合鴨

平成九年に娘夫婦が農業を手伝ってくれるようになり、ちょうどその年より合鴨農法を始めました。たまたま昨年、過去四年の経験を生かして、外側の囲いをせずに一六haの水

レーザーで耕深2cmに設定して平均に半不耕起

田に一五〇〇羽の合鴨を放鳥し、八〇%の成功であったなあと感じられました。

初めての年は一羽も外に逃げないように、がんじがらめにネットをはっておりました。一六haに電牧柵をはるのは大変な作業です。

苗が合鴨に踏み倒されてできる大きな池も、五〇aもできてしまいました。「反当八俵としたら四〇俵の減収だ」と、笑いとばしてやせ我慢。野良犬に襲われて数百羽殺され、周囲にも迷惑をかけたりもしました。

それでも負けずに研究を重ねてきて、一つ一つ問題点を洗いなおし、仲間と相談して、だんだんと合鴨と一緒に成長してまいりました。

小屋のまわりだけは、がっちり電牧柵で囲って安全なねぐらをつくる

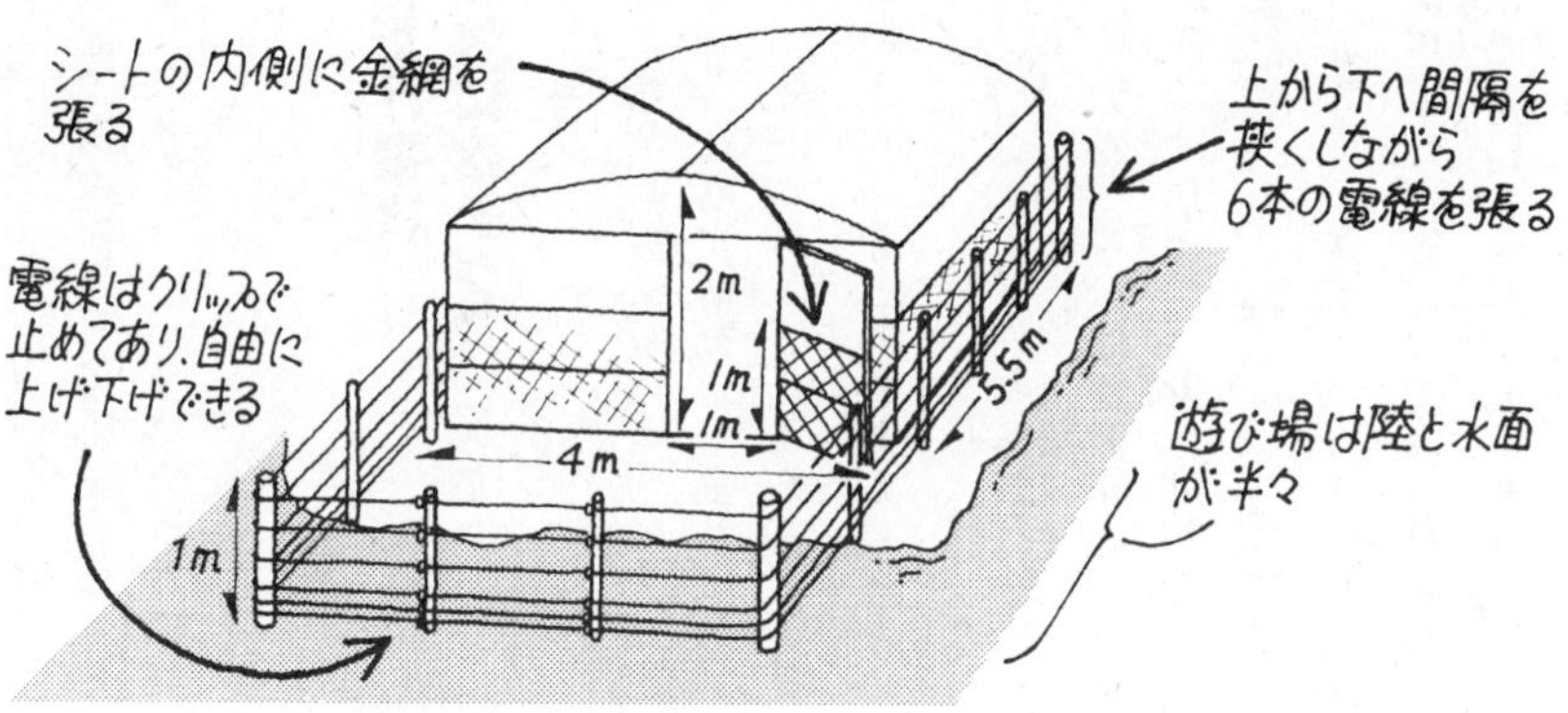
シートの内側に金網を張る
上から下へ間隔を狭くしながら6本の電線を張る
電線はクリップで止めてあり、自由に上げ下げできる
2m
1m
1m
4m
5.5m
1m
遊び場は陸と水面が半々

安全なねぐらがあれば、合鴨は苗を踏み倒さない

有機米四〇俵は、ゆうに一〇〇万円を超える金額です。苗が踏み倒されできる池をゼロにするのが最大の課題でした。

どんな方策があるかを真剣に考えていたところ、仲間の一人から、夜はパイプハウスで作ったねぐらに、合鴨を誘い込むようにすると、まったく池を作らないということを聞きました。どうも、池は、夜、合鴨が外敵から身を守るために防衛態勢をとろうとして、集まったときにできるようです。

ねぐらはパイプハウスで作ります。ビニールと青いカラリアンシートを二重張りにして、強い風に耐えるようにし、下方一mには内側に金網を張りました。

広さは収容する合鴨の数に合わせて、二〇〇羽あまりを四×五・五mの小屋に入れました。えさと水をとり、夜を過ごすのに必要なスペースを確保するには、少し狭い感じなので、今年は広くするつもりです。パイプハウスの外ま

わりには外敵が来ても大丈夫なように、電牧柵を張りました。小屋と電牧柵の間に、合鴨の遊び場のスペースをとりました。

水田に放す直前の三日間くらい、このねぐらの中で飼いならして、自分たちのすみ家がここであることをおぼえさせることが大事なようです。

外周三km、電牧柵をなくしても平気だった

昼間はパートの人が常に七、八人いますから、夜のねぐらさえあれば外周の囲いは必要なくなるなあと考えて、昨年は思いきって囲いをしませんでした。

これまで、全長三kmにもなる電牧柵の管理が大変でした。一週間に一度は草刈りが必要で、大きな雨が降れば漏電して電気の効果がなくなります。そのスキをついて、野良犬やキツネに襲われるという苦い経験もしました。大冒険でしたが、今のところうまくいっています。

朝は食事を与えないで戸を開けてやると、喜んでえさを求めて泳ぎまわります。夕方になるとえさを準備して呼び集めます。慣れてくると、時間には自分たちで集まってえさを待っています。たくさん水が流れているところで遊ぶのが好きなようで、用水路や、時には外側の排水路に遊びに行っている合鴨もいますが、「コーイコイ」と呼んでやると帰ってきます。

隣との境界だけ電牧、上空からの敵にはテグス

隣の圃場との境界には迷惑をかけるといけないので、ネットと電牧柵を二重張りにして合鴨が隣に行かないようにしています。同時に道路から犬やキツネなどの外敵が侵入するのを防ぎます。

上空のカラスやトンビ、ワシには手をやきます。とくにヒナのときには気を使い、テグスを一〇mおきにはります。少し足りないようで、カラスに二〇羽くらいは殺されます。また、大きいネズミに食べられることもあります。飼育数が多いので、育すうの段階から考えると、秋までに一〇％は死にます。

夜の除草効果はちょっと落ちる

夜の時間活動させないので、そのぶん除草効果は落ちます。手取りしたり、除草機をかけるので、雑草で減収するところまではいっていませんが、同じ除草効果を期待するのならば数をもっとふやさなくてはならないと思います。

近くに専門のマガモ生産組合があって、このヒナを借りて育て、除草期間がすんだら返します。合鴨の販売は自分たちではしておりませんが、広い田んぼで十分に運動をして、虫や草を食べて成長した合鴨は、骨格が丈夫で肉質がよいと喜ばれています。

これまで合鴨水稲会の先輩の方々のご指導などで勉強の機会も多くて、特に会長の古野さんには色々とご指導をいただきました。そのおかげでこれまでやって来れたものと感謝しております。合鴨稲作で、みなさんいろんな体験をなされたことをお聞きしていますが、私共も例外ではなく、いろんな体験をしました。私より、ハトを飼育した経験がある息子のほうに合鴨が集まるということもありました。

囲いなしの合鴨農法を成功させるには、安全を確保することと、おいしいえさが決め手になります。私は最高においしい無農薬キャベツとくず米をえさにしています。人間の子供と一緒で、愛情を持って管理することが肝心です。

（秋田県南秋田郡大潟村西一―四）

二〇〇二年五月号　米ぬかボカシをまいて表層2cm耕起　ホントに草は生えなかった

二〇〇二年三月号　アイガモ田一六haを囲いなしでやる方法

コイ・フナ放流稲作

長野県佐久町　高見澤　今朝雄

長野県佐久地方で鯉（コイ）の飼育が始まったのは今から二八〇年も前、江戸時代の享保年間からである。その後、稲田養鯉《いなだようり》という形で二〇〇年近く、田んぼで鯉が飼われてきた。しかし、この伝統的な養鯉も、昭和四〇年代半ばから、高度経済成長の波にのまれるかのように、農薬の普及や稲作の機械化などによって減少していった。

鯉をつかまえた楽しい思い出

鯉・鮒（フナ）放流稲作を始めたきっかけは、子供のころ雨の降った後に、網とバケツをもって水路に鯉や鮒をすくいに行った楽しい思い出が忘れられなかったからだ。また、佐久地方特産の鯉・鮒の甘露煮や鯉こく、あらいなどの鯉料理を存分に楽しみたいと思ったことなどである。

昭和六〇年に、それまで一〇枚ほどに分かれていた水田が、圃場整備で一〇aと十三aの水田に換地されたのを契機に、鯉・鮒を田んぼに放流することにした。以来、あれほど面倒くさかった田んぼの水見がとても楽しくなり、田んぼの中や畦畔まわりなど朝夕二回の田んぼウォッチングが日課となった。

その年の秋、落水して鯉・鮒を獲り終えた後の田んぼを見て驚いた。例年、ヒエ類、ホタルイ、コナギ、オモダカなどの雑草が繁茂している田んぼに、雑草が全くないのである。放流した鯉・鮒が餌を探すために田んぼの土を口に含んだり、水田の水を常時攪拌したりすることによって、雑草の発生を抑えていたのである（鯉は泥ごと餌を吸い込み、口の中で餌と泥を分け、餌だけ食べて泥はえらから吐き出す）。

以来、除草剤や農薬の使用をいっさいやめて、卓越した除草効果のある鯉・鮒の放流による稲の完全無農薬栽培に取り組んできた。

鯉・鮒放流稲作のねらいは、農薬や除草剤を使わずに、「安全なお米を楽しくつくる」ことである。そして、もう一つは、水田でイネ＋アルファー（鯉・鮒）を収穫する稲作である。

用水は渓流の水

水田の用水は、標高約一三〇〇mの山麓から流れ出る渓流の水を利用している。そのため、水温が年間一〇～一三℃と冷たく、水質がきわめて良好で、そのまま飲料水として使うこともできる。また、上流部に集落などが存在しないため、生活廃水や工場用水などの

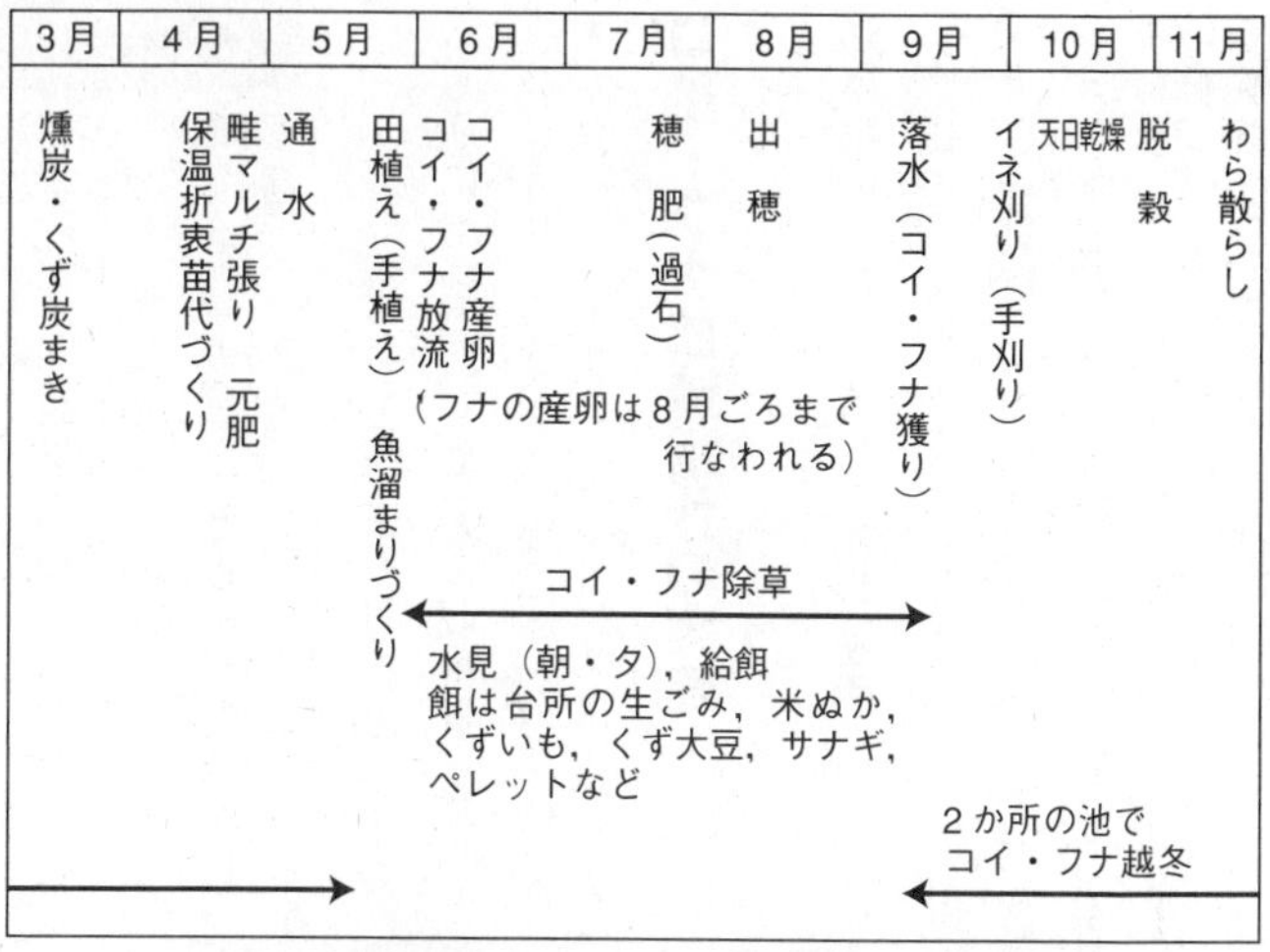

図1　不耕起コイ・フナ放流稲作の作業暦

写真1　コイ・フナ放流稲作での畦マルチはり

写真2　保温折衷苗代への種もみまき

写真3　不耕起田での田植え　前年の切株を目印に、4葉苗を2～3本手植えにする（坪45～50株）

汚水が一滴も流れ込んでいない。

用水の源流部が広大な広葉樹林に覆われているため、極端な干ばつの年を除けば鯉・鮒放流稲作に必要な水量は確保されている。また、水田が標高八五〇mという高冷地にあるため、気温の日較差が大きく、食味のよい米を生産することが可能である。

現在、このような最良の条件のもとで、鯉・鮒放流による完全無農薬栽培を行なっているが、これが鯉・鮒放流稲作を行なうための条件でもある。しかし、このような水田は限定されるであろう。このような条件にない場合、水量の多い用水路、湧水などの副用水が利用できればよい。また、鯉・鮒を食用に供さず、除草に限定するだけならば、水質にそれほど過敏になる必要はない。

無農薬栽培に適した品種の選択

鯉・鮒放流稲作による無農薬栽培では品種の選定も重要な事項である。一九八五年にこの稲作を開始してから九六年まで、フクヒカリを選定してきた。

フクヒカリは昭和五二年に福井県農試で育成され、母がコシヒカリ、父が奥羽二四五号（フクニシキ）で、早生の品種である。品種特性としては、倒伏しない、耐病性が強い、比較的耐冷性が強い、食味が良好などがあげられる。また、耐倒伏性が強いこととも関連して、大粒のもみをたくさん垂らしてもガッチリとしている点など、無農薬栽培に最適な品種といえる。

九七年以降はあきたこまちに変更しているが、こちらもフクヒカリと同様に無農薬栽培に適している。特徴は、フクヒカリよりも三～五日ほど早生で、いもち病にやや弱いことだ。収穫量、食味とも、フクヒカリと比べて遜色はない。

コイ・フナ放流稲作の実際

通水前のマルチはり、元肥施用

水田の土手をできるだけ高くして、幅六〇～九〇cmの畦マルチをはる（写真1）。畦マルチを張ると、一五～二〇cm以上の深水管理が可能になるうえ、鯉・鮒に土手をつつかれて壊されることもなくなる。

不耕起、耕起栽培とも、通水前に元肥として乾燥鶏ふん一〇a当たり五〇kg、BB化成四〇kgを施しておく。これらの施肥は通水後に大量の植物性プランクトンの発生を促し、さらにミジンコなどの動物性プランクトンを発生させて、鯉・鮒の稚魚が成長するための貴重な餌の供給源となる。また、不耕起栽培では、これらの施肥によって表層に散らしてある稲わらに窒素分を供給し、わらの腐植を促進させる効果もあわせもつ。

苗代づくりと育苗

保温折衷苗代を田んぼの一角につくり、超うすまきで苗を育苗する（写真2）。覆土に冬の間に炭焼きをした消し炭や、もみがらくん炭を使って、根張りのよい健苗に育てあげる。当地は高冷地のため、五月中旬まで晩霜の危険があるが、できるだけ早く保温材の有孔ポリを取りのぞき、苗が低温になれるようにしてやる。

田植え

田植えは例年五月下旬である。四・五〜五葉苗を一株二〜三本、坪四五〜五〇株として、手植えにする（写真3）。前年の刈り株を目印に株の間に植えるので、綱張りの必要がなく、一人でも田植えができる。

しかし、代かきをした田んぼと比べると、不耕起栽培の私の田んぼは表層が固く、指先が痛くなるので、最近では植える前にドライブハローをかけ、表面を軟らかくしてから植えている。

二枚の水田の田植えは、家族と、毎年手伝いにきてくれるおばたちにより、二日間で終わる。今の農家では家族全員で農作業をすることが少なくなっているので、この田植え作業は自分の体を使って米の大切さを認識し、家族のきずなを再確認するなど、精神的観点からも大切な作業になっている。

コイ・フナの放流

田植えの後、苗が十分活着してから鯉・鮒の放流を行なう。通常は田植えの七〜一〇日後に放流している。放流する鯉・鮒のサイズと量は表1のとおりで、量が多いほど除草効果が高くなる。

放流の当日は、夜が明けるのを待って、冬の間、鯉・鮒をかこっておいた池の水をいっきに放水する。魚の数を確認するため放水口に網をつけておき、入った鯉・鮒を選別しておく。網の周囲に大小のバケツを準備し、選別した鯉・鮒を入れ、一定の量になったら田んぼまで運ぶ。

田んぼへの放流は朝の涼しい時間帯に、水口から大量の水をかけながら行なう。水田の水温が上昇している日中に放流すると、鯉・鮒が温度較差に耐えきれずに死ぬので、日中の放流は絶対にさけること。特に鯉・鮒を遠隔地から取り寄せた場合は細心の注意を払うようにする。

放流した鯉・鮒のなかには、しばらく動かないでじっとしているものもあるが、一時間もすれば活発に動きだし、水深のある場所へ移動する。

表1　放流するコイ・フナのサイズと10a当たりの必要量

コイ	当歳	前年に生まれた1年魚のことで，体長10〜15cm。苗の活着後すぐに放流でき，浅い場所も除草する。1kg当たりの数も多く，放流するのに最もよい（10a当たり5kg以上）
コイ	中羽	2〜3年魚で，切鯉にならないサイズ。体長15〜30cmくらい。除草効果抜群。活着の悪い苗は抜かれてしまうほどパワフル（10a当たり5〜10kg以上）
コイ	成魚	4年生以上の親魚で，体長35cm以上，体重は1kg以上。メス1匹で30万粒以上の卵を産む。孵化稚魚も除草に加わる（10a当たり5〜10kg以上）
フナ		除草効果はコイと比較するとかなり落ちる。主に食用

注　（　）内の数字は，その大きさの魚だけで除草させようとするときの必要量

親の鯉・鮒は放流後二～三日で田んぼの中で産卵を始める（写真４）。一匹当たり産卵数は鯉が三〇万粒、鮒が二万粒といわれているが、田んぼでの孵化率や生存率は低く、一～〇・一％以下である。卵は三～五日で孵化して稚魚となり、ミジンコなどのプランクトンを食べて成長する。

種鯉などの入手方法は、各都道府県の水産課に照会するとよい。

写真４　産卵雌を数匹の雄が追いかけながら、苗や前年の株や散らした稲わらに産卵する

鳥獣害対策

鯉・鮒の放流直後は稲が小さく、水田の中に隠れる場所がないので、魚溜まりと呼ばれる図２のような隠れ場所を何か所かつくっておく。魚溜まりの水面上に常緑樹の枝などをさして、イネの条間がふさがるまでの間、鯉・鮒を外敵から守ってやる。

主な外敵として、ノスリ、トビ、カラス、サギなどの鳥類とイタチ、タヌキ、野良猫などの哺乳動物がある。外敵による被害が多い場合は、防鳥ネットを部分的にはると効果がある。

水管理と給餌

水田の水深はイネの生長にあわせて徐々に深水にしていく。鯉・鮒放流直後は浅くても一〇cm以上の水深を保つようにするのがポイントである。また、田んぼの水見を朝夕の二回行ない、漏水箇所の有無や外敵に襲われた痕跡などを調査する。

梅雨時や台風シーズンのように短時間で増水するときは、水尻の点検・管理に留意し、鯉・鮒が逃げださないように金網などをはっておく。

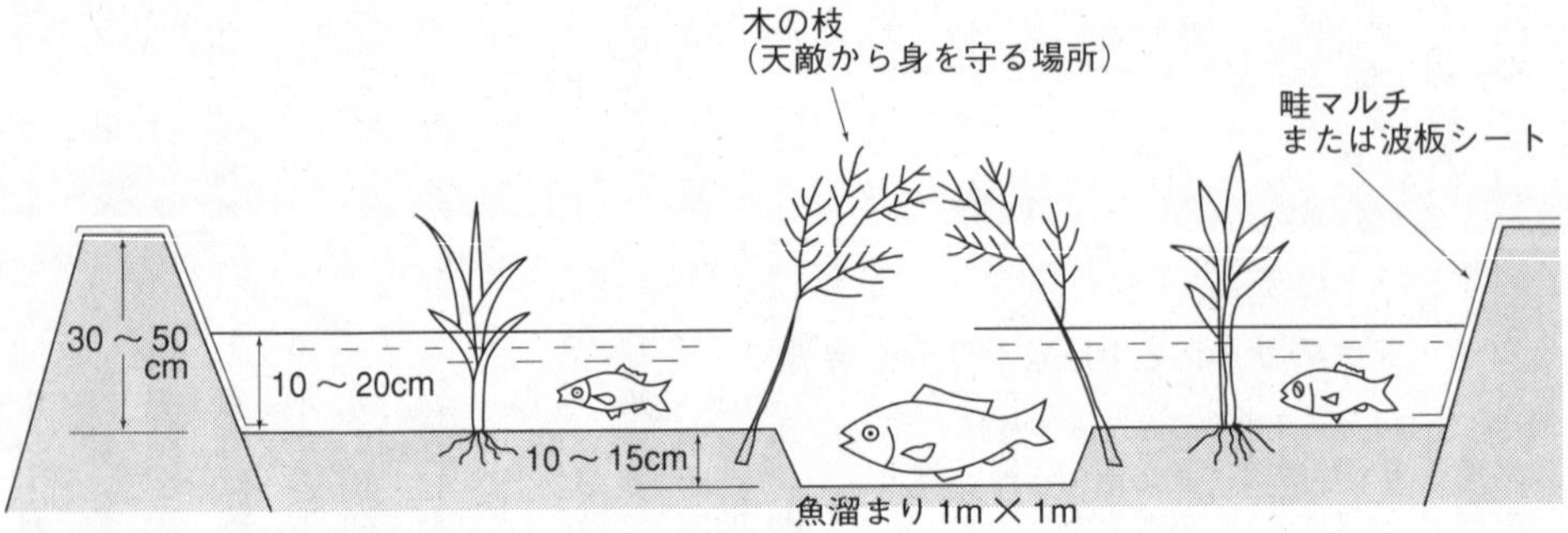

図２　コイ・フナ放流田での水田の断面模式図

鯉・鮒への給餌は、除草だけを目的とする場合は不要である。しかし、鯉・鮒放流稲作はイネと魚を水田で育てる農法であり、自家消費、販売を目的とする場合とも給餌量によって漁獲高に差がでるので、給餌も大切な作業として位置づける必要がある。

鯉・鮒は雑食性で、何でもよく食べるので、台所の残飯や野菜くずなどをバケツに入れて運び、田んぼのあちこちに投げ入れてやる。また、米ぬかをベースに市販のペレット、さなぎ粉などを水で練って、テニスボール大の団子にし、一〇ℓのバケツで朝・晩の二回、土手の上から投げ込んでやる。にごりのない場所へ餌を定期的に投げ込むと、すぐに学習して、餌のある場所を覚えるので、鯉・鮒が移動しない場所があったときは応用するとよい。

市販のペレットに限らず、豆腐のおからや給食の残飯など、利用できる餌は多い。

初期の除草作業

除草剤を使用しない完全無農薬栽培の場合、通水→田植え→鯉・鮒放流の間に雑草が生えてしまうので、手押しの除草機などで除草するとよい。

大きな鯉を放流している水田では、放流後に鯉が底土と一緒に雑草を抜いてしまうので、除草の必要はほとんどない。

不耕起田の多様な生物相

不耕起田で鯉・鮒を放流すると、慣行の除草剤を使用した耕起田の無機的な様相とは対照的に、多種多様な生物が生息する。オタマジャクシ、ガムシ、ゲンゴロウ、ミズカマキリ、アメンボ、ミズスマシ、ホウネンエビ、モノアラガイ、トンボの幼虫…。これらの生物は鯉の餌となったり、鯉・鮒の稚魚を捕食する天敵となったりしながら、田んぼの中で生命の営みを続けている。

鯉はドロオイムシも捕食する

田植えの後で最初に出現する害虫はイネミズゾウムシである。周囲の林縁から飛来して、稲の葉を食害する。発生の多い年には株当たり一〇匹以上も見られることがある。しかし、イネミズゾウムシは、よく観察すると稲の生育に若干の遅れをもたらす程度で、今日では害虫という認識は薄れている。また、鯉がこの虫を捕食する。

六月下旬から七月上旬にかけてドロオイムシが発生するが、この虫は鯉・鮒のよい餌になる。私は、鯉・鮒が水中で株の周辺をつついてドロオイムシを捕食している姿を何回も観察している。

梅雨時にフェーン現象などで高温多湿になると、葉いもち病が多くの慣行田で発生する。しかし、水深があって水温の安定している

写真5　捕獲した大ゴイと高見澤さん。大ゴイは除草に活躍する

写真6　稲を手刈りしたあと、はさ掛けにする

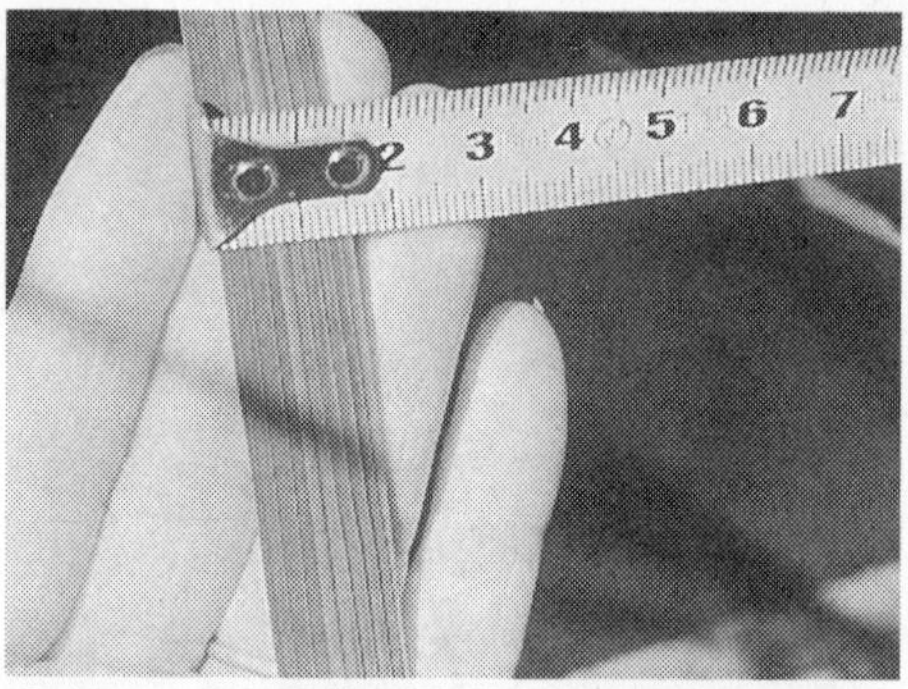
写真7　ヨシの葉と間違えるほど大きくなった止葉

写真8　もみ数175粒の穂

鯉・鮒放流稲作田での発生は皆無である。

コイ・フナ獲り

鯉・鮒獲りは例年、出穂後三〇日以上経過した九月上旬に行なう。このとき、毎年鯉・鮒獲りを楽しみにしている友人・知人たちを招待する。わが家にとって秋の一大イベントである。

準備する道具類は大小の網類、バケツ、桶、コンテナ、タンクなどである。身仕度は、胴付き長ぐつや田植え長ぐつをはいて泥んこになっても差しつかえないようにする。

早朝に水尻の板をはずし、放水路に接する配水管の先端に網をつけておく。水が落ち始めると、鯉・鮒が水と一緒に落ちてきて、網の中におもしろいように入ってくるので、これをバケツに拾いあげる。バケツの中が鯉・鮒でいっぱいになってきたら、水量のある水路に入れたコンテナの中に移し、酸欠などで死なないようにしてやる。このとき、獲った鯉・鮒を大きさ別に分けておくと、後の作業が便利である。

落水開始から二時間もすると、一〇aほどの田んぼの水がほとんど引けてしまうので、残った鯉・鮒をバケツの中に拾いあげてやる。魚溜りの中にもたくさんの鯉・鮒が残っているので、網ですくってやる。また、条間も一通りずつ歩いて、バケツを持って拾いあげてやる。

獲り上げた鯉・鮒は表1にある放流用の量以上の分は、食用と越冬用とに選別した後、食用は流水の中に四～五日入れて泥出しをしてから調理する。越冬用は池に放流してやり、来シーズンに備える。

食用の分から近隣者・友人・知人への進物、またほしいという方には販売したりもしている。

多面的利用におけるイネ栽培のポイント

鯉・鮒放流稲作は、田んぼの中で稲と魚という全く異質なものを生産する農法である。そのため、従来の稲作には見られなかった新しい知見がいくつか得られたので紹介したい。

図3は不耕起鯉・鮒放流稲作田の茎数調査の結果を示したものである。この田んぼは、基盤整備の関係で田んぼの山側が高く、埋土した沢側が低くて、田んぼに五～一〇cmほどの高低差があるため、浅水区と深水区が生じている。この両区にそれぞれ二か所ずつ、計四か所の調査区を設け、それぞれ五株の茎数を一〇日おきに調査した。両区とも、六月下旬から急速に茎数が増え始め、浅水区では七月下旬にピークに達している。しかし、深水区ではそれ以降も分げつが続き、分げつと出穂が同時に進行するという驚異的な生育をしている。

一枚の田んぼの中で、水深の違いによって歴然とした生育の違いが観察され、深水管理の有効性を十分に知ることができた。このことを実践から推論すると、深水区のイネは根の活力がすばらしく、窒素の吸収力が高くて

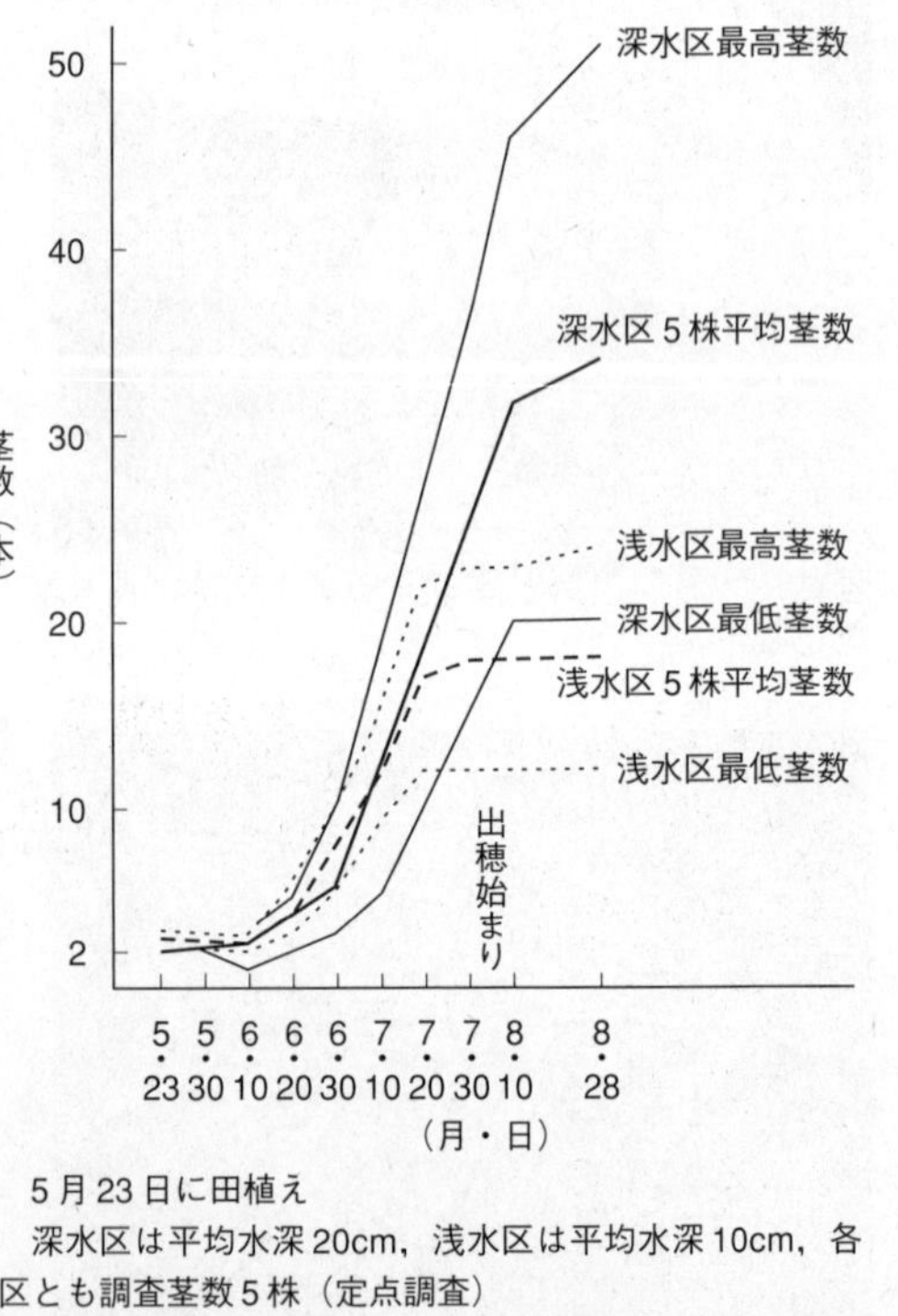

５月23日に田植え
深水区は平均水深20cm，浅水区は平均水深10cm，各区とも調査茎数５株（定点調査）

図３　茎数調査の結果（1998年）

デンプンの生産力も高まっていると考えられる。

稲の分げつ時の最大角度は約一〇〇度にもなり、株の両端の茎は水面すれすれになるほど傾いて、株元に十分な光が入るように開張している（写真9）。一方、慣行田では、このような株は全く見ることができない。その原因は、一株当たりの植込み本数が多いうえ、田植機による深植えで株が窒息状態に陥っているからである。このような稲は、田植えから出穂までの間、開張角度や占有面積などがほとんど変化しない。

さらに、不耕起鯉・鮒放流稲作田の稲は、水中にある第五～第六節間からも発根し（写真10）、水中からも養分を相当吸収している。つまりこの根は、鯉・鮒が攪拌した田んぼの泥に含まれる養分を水中から吸収しているのだろう。鯉・鮒放流稲作でもっとも恩恵にあずかっているのが、除草効果である。放流直後から落水時までの間、田んぼの水がにごりっぱなしで、雑草は発芽することができない。仮に発芽したものでも、鯉が底土と一緒に口にくわえて抜いてしまうので、水面に浮いて腐ってしまう。鯉・鮒獲りを終えた田んぼの中は潮が引いた干潟のようで、雑草は一本も残っていない（写真11）。

写真9　開張したイネの姿（6月30日）

写真10　第4、5節から発根した

写真11　落水後の田には雑草が1本も残っていない

◆

米は基本的に自家消費だが、余剰分を埼玉県の知人に縁故米として分けている。九三年のような冷害年で米が全くとれない場合でも、鯉・鮒が減収分を十分補ってくれる。

不耕起鯉・鮒放流稲作を始めたころの数年は、慣行稲作とのギャップに家族や手伝いにきてくれる叔母たちからも疑問や批判めいた声があがったが、安定した毎年の収穫量を目のあたりにして、今ではこの農法の有効性を認識し、自ら普及・宣伝するに至っている。

鯉・鮒放流稲作は当初からほとんど同じ方法を踏襲しているが、若干の改良を加えたところもある。不耕起田での手植えは、表層が固くて手が痛くなるため、田植えの直前にドライブハローをかけて植えやすくしている。また、いっそうの深水管理ができるように畦畔を高くして、現在では最高三〇cmの水深を保つことが可能になった。

今から二八〇年もの昔、信州佐久地方で始まった稲田養鯉は、今日〝古くて新しい農法〟として全国津々浦々に展開している。これからも各地でこの農法が普及・改良され、日本中の田んぼで鯉・鮒が泳ぐ日を夢みて、今後とも取り組んでいきたい。

（長野県南佐久郡佐久町大字大日向六五―一）

農業技術大系作物編　第八巻　不耕起田に鯉・鮒放流　一九九九年

コイ除草のポイント

大場伸一　山形県立農業試験場

今から三〇～四〇年ほど前に、水田で鯉(コイ)が泳いでいたのを記憶している方もあるかと思います。統計によりますと、山形県内では昭和三四年に一八七一人の農業者によって九・三町歩の水田で鯉が飼われていました。「水田養鯉」と呼ばれ、春にふ化した稚魚(当歳鯉)を田植え後の水田に放し、秋までに大きくして、副収入をねらったものでした。

このように、水田で鯉を飼うことはかつてはふつうに行なわれていたことです。ここでは鯉を利用した除草法について紹介します。

除草には二歳鯉がよい

鯉を除草に利用する場合には、水田養鯉で用いたような当歳鯉ではなく、ふ化して二年目の鯉(二歳鯉)を用います。

鯉による除草は、主に①鯉が泳ぎ回ることによって、出芽して間もない雑草が田面から浮き上げられてしまうこと、②水がにごって遮光されるために雑草が発芽しにくくなること、③発芽しても生長しにくいこと、④根が伸び始めても、常に撹拌されているために根付きにくいことなどによります。したがって、当歳鯉では小さすぎて、除草効果が得られるだけの運動量が得られないのです。

田植え後七日に二五〇尾を放飼

鯉を水田に放すタイミングが遅くなっては除草効果が落ちるので、苗の活着が確認できれば放飼するようにします。山形県では田植え後七日ほど、日平均気温の積算値で約一〇〇℃が目安となります。

放飼密度は一〇a当たり二五〇尾を一応の目安とします。この密度であれば十分な除草効果が期待できます。

しかし放飼時期が田植え後七日より遅くなった場合には、二五〇尾では足りません。放飼前に発芽した雑草の生育が進み、根張りも深くなって、取り残しが多くなるからです。

放飼は朝か夕方、高水温は禁物

放飼するときに、それまで飼われていたところと水温の差が大きいとショックを起こ

コイの放飼数、時期および期間と雑草発生状況　―田植え6日後、10a250尾の放飼で高い除草効果

（1995年　山形農試置賜分場）

区名 ＼ 放飼日数	0 (5/24)	0 (5/31)	14 (6/7)	14 (6/14)	30 (6/23)	34 (7/4)	44 (7/7)	48 (7/18)	68 (8/1)
0尾			6.24	8.54	80.16	103.60	127.56	219.52	
250尾・6日後・30日間	放飼		0.40		0.00		2.24		107.84
250尾・6日後・43日間	放飼		0.48		0.00		0.00		7.52
500尾・13日後・47日間		放飼		0.00		0.00		0.00	

（風乾重・g／㎡）

注1）区名は10a当たり密度・田植え後の放飼時期・放飼期間を表す

注2）□時にコイを引き揚げ

し、死んでしまうことがあります。このため放飼作業は、水田の水温が比較的低い朝方か夕方に行なうのが理想的です。放飼したあとの水温管理は三〇℃以下であれば問題がないと考えられますが、日射しが強く、水温が急にあがる場合には、かけ流しを行なって水温を下げることが必要です。

サギ対策は釣り糸をはって

もっとも大きな問題はサギ類などによる食害です。サギ類の生息の多い地域では特に注意が必要です。鳥害を防ぐため、鯉を放飼して水がにごるまでのあいだは見張りをする、水田の周囲二～三mおきに高さ一mで釣り糸をはるなどの対策をとります。

放飼中は水深一〇㎝以上に

鯉が水田を泳ぎ回るので水深一〇㎝以上の深水を維持しなければなりません。水は減ったら補給。常時かけ流しにしておく必要はありません。

また田面に高低差があると水深が一定でなくなり、深みに鯉が集まって除草にかたよりが出てしまいます。田面の均平をていねいに行ない、できるだけ高低差をなくすことが重要です。このような理由もあって、一筆の面積がおおむね一〇aの水田で行なうのが除草効果も高く、作業能率も良くなります。面積が広い場合には網や畦畔シートなどで区分けするのがよいでしょう。

稲の生育が停滞ぎみなら追肥

深水条件で生育するために、稲の分げつは少なく推移します。また、鯉が泳ぎ回ることによって水がにごり、地温と水温が低めになるので、生育がやや遅れ、出穂期も少し遅れます。

放飼期間中の稲の生育が停滞気味である場合には、対策として追肥を行ないます。また翌年は元肥窒素を二～三割増施することも検討します。

放飼期間は四五日

放飼期間は四五日間を目安とします。山形県では五月二十五日頃から七月十日頃までとなります。この時期になると稲が大きくなっているので、雑草が発生しても稲の畦間に隠れてしまって、稲の生育にはさほど影響を及ぼさないようになります。また、適正な中干し時期を逃してしまいます。

では放飼期間を短くした場合はどうでしょうか。三〇日間の放飼では、その後の雑草発生が多くなって、稲の生育への影響がみられました。

溝切りと四隅の穴で鯉回収

落水しながら水のある状態で、三～五mごとに作溝機で溝を切ります。さらに畦畔際にも溝を切って、四辺形状にすべての溝をつなぎます。また水田の四隅には一m四方、深さ一五㎝程度の穴を掘ります。水が少なくなるにつれて鯉は溝に入り込み、穴や畦畔際の溝にも徐々に集まってきますので、これをすくい上げます。水が抜けた後に溝に沿って歩き、残った鯉を拾い上げます。

ここまで述べてきましたように、鯉を利用した雑草防除にもまだ問題点があります。この方法をよく理解し、特徴を生かすようにして利用することが大切です。

（山形県立農業試験場）

一九九九年六月号　鯉除草　活着したらすぐ放流、一〇a二五〇尾で高い除草効果

田んぼの生きもの、ふしぎな生態

宇根豊

田んぼの生きもののことを語っても、一〇年前までは「おいおい趣味じゃ農業はできないぞ」という人が多かった。でも最近では、「トンボやメダカじゃメシは食えないぞ」といっていた人が、別の場所では「もう一度、あのメダカの泳ぐ川を取りもどして、孫を遊ばせてやりたい」とつぶやく。

これらの生きものを〝めぐみ〟として感じることもできず、カネにならないと切り捨てる精神にさよならするために、ぼくが強調したいことは一言。「彼ら彼女らは、百姓仕事の『生産物』なんだ」ということだ。農業はこんなにいっぱい様々な生きものを育て産んでいるんだ、と語り始める百姓がふえてきた。

あいかわらず田んぼの生きものは、百姓仕事をじっと見つめている。ところが我々百姓は、これらの生きものへそそぐまなざしを、失おうとしている。まなざしをもっと深く遠くへ、そして楽しく、たくましくそそごう。田んぼを深いところで支えているこうした生きものへのまなざしが、新しい精神、新しい技術を育てるのだ。

ミジンコ

かつて田植え後の田んぼを、網ですくっている人に会った。飼っている金魚のえさにするんだと聞いて、感心したものだ。

田植えが終わると、田んぼにはミジンコが大発生する。小さい粒状のものが、水中で群れているのですぐわかるだろう。このミジンコを含んだ温かい水が、水路に流れ落ちていく。それに引きつけられて、メダカやドジョウやナマズやフナなどが田んぼにさかのぼってくる。産卵のためだ（遡上できないような水路の改修は、やっと見直され始めている）。生まれた稚魚は、ミジンコを食べてすくすく育つというわけだ。他にも多くの生きものがミジンコを食べて育つ。こうしてミジンコは、田んぼの生きものを土台で支えているのに、ほとんど無視されてきたんだ。

ミジンコが多い田と少ない田がある。ミジンコ（動物性プランクトンの代表）の多さで、田んぼの「地力」を判定できる。ミジンコのえさが、多いかどうかがわかるからだ。ミジンコは何を食べているのだろうか。植物性プランクトンや細菌類、原生動物だ。さらに、この植物性プランクトンや細菌類は、有機物を食べている。だから、堆肥やワラや緑肥を施した田にミジンコが多いわけだ。

除草のために、米ぬかを田んぼに散布すると、米ぬかが急激に微生物に分解され酸素不足になり、草の発芽を抑え、幼芽を枯らしたりする。ところがその後ミジンコが大発生するのは、

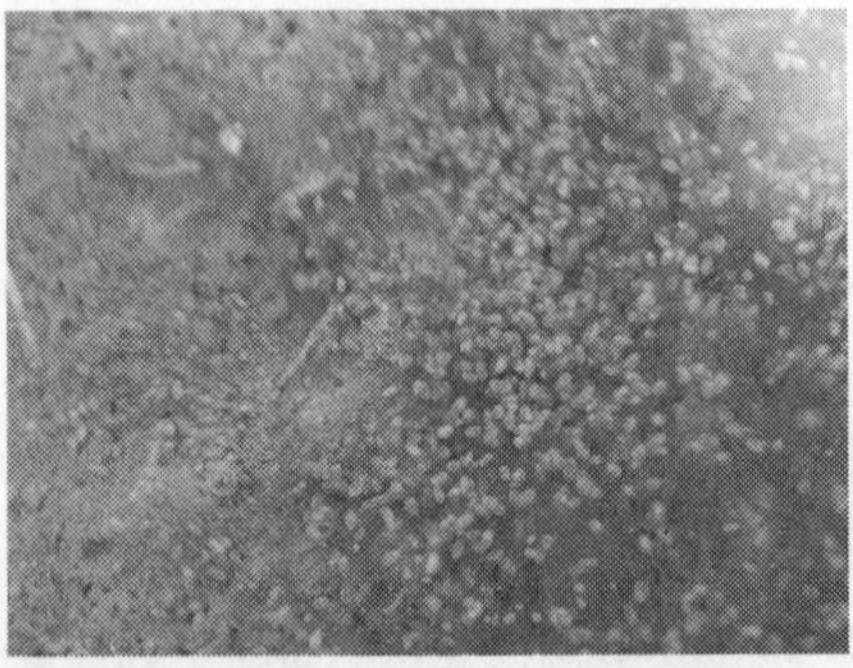

田んぼにミジンコ大発生（岩下守撮影）

えさが多くなったからだ。

ミジンコはメスしかいない。しかも卵は親の体の中でふ化し、五～六日でもう親になってしまう。寿命は二〇～三〇日。秋には乾いた土でも大丈夫な卵を産み、冬を越すようだ。そして代かきの入水を待つ。

大きさは〇・五～三㎜ぐらいだから、顕微鏡でも簡単に見られる。今年はミジンコを使った田んぼの健康診断法を考えてみよう。

ユスリカとイトミミズ

ぼくはこの虫の役割の大きさが一番認められていないと思う。百姓なら誰でも目にしているのに、すごいことをしているのに、誰もそのことに気づいていない。

ユスリカの成虫は田んぼでもよく「蚊柱」をつくって群れている。夏の夜になると電灯に集まってくる。蚊に似ているが、刺したりはしない。害虫でもない益虫でもない「ただの虫」の代表で、多い田では一〇aに二〇〇〇万匹以上もいるようだ。ついつい、何のために君たちは、そんなたくさん田んぼにいるの？と尋ねたくなるよね。夏の夕暮れに田んぼを眺めると、ユスリカの群に赤トンボが数百匹も集まり、せっせと食べている。中国からウンカの飛来が遅れた年には、ユスリカはクモのえさにもなってくれている。田んぼのクモの巣に一番かかっているのが、この虫だ。田んぼの生きものを支えてくれている立て役者なんだ。

ところでユスリカの幼虫もよく目にしているのに、知らない百姓が多い。アカムシ、金魚虫などと呼ばれている真っ赤な一㎝ぐらいの細い虫だ。幼虫の巣は写真で見てもらえばわかる。ええっ、これがユスリカの巣なのか!?という感じだろう。どこの田にもあるが、正体を知らないまま過ごしてきたものに、まなざしを向けるのが新しい農業技術なんだ。

幼虫は成虫とは別の、とても重要な役割を担っている。河川や湖沼ではユスリカが大発生して迷惑がられているところもあるが、そのせいでユスリカの研究が進んだ。ユスリカは水の中の汚れを分解してくれているのだった。しかしあまりに汚れてくると、ユスリカもすめなくなる。田んぼの中でも、ユスリカは有機物を食べて、イネに吸いやすいようにしてくれている。

同じように有機物を食べてくれるのがイトミミズ（ユリミミズとかエラミミズとかがいる）だ。有機物が多い田んぼで、土に穴があき、そこから赤い糸状のものがひらひらして、捕まえようとするとすぐに深くもぐっ

これがユスリカの幼虫の巣だ

アカムシとも呼ばれるユスリカの幼虫

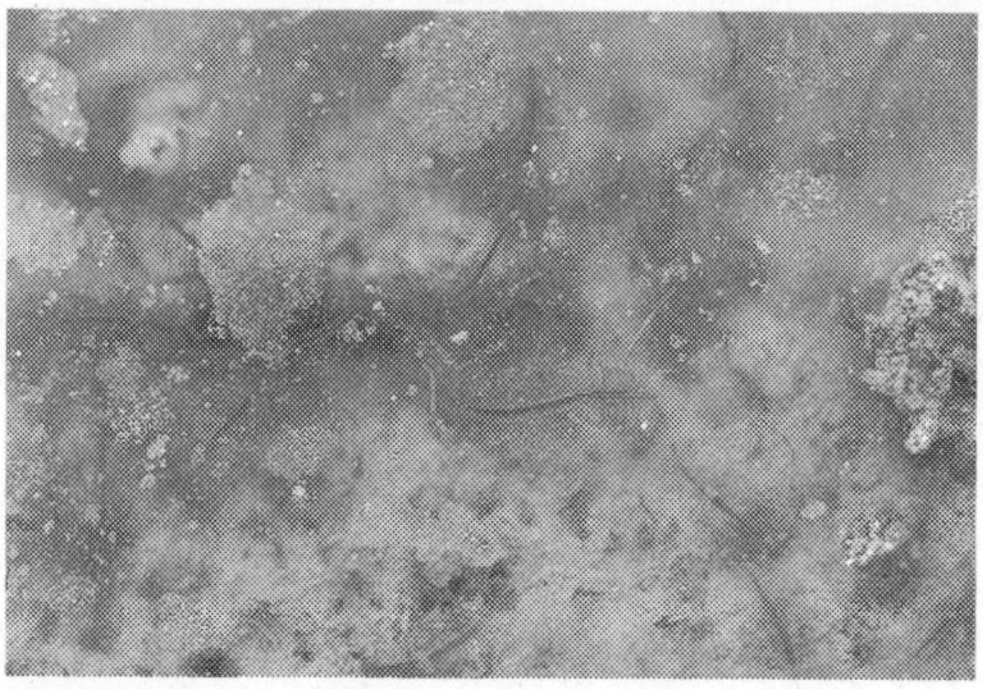
除草ミミズとして有名になったエラミミズ
（倉持正実撮影）

てしまう。米ぬかをまいた田などには、顕著に多くいる。深いところの有機物と土を一緒に食べ、地表に細かい土を吐き出しトロトロ層をつくる。イトミミズが多い田は草が少なくなる。

カエル

ぼくは田んぼのオタマジャクシにも注目している。こいつらが一番えらいのじゃないかと思えてならないのだ。なぜあんなに田んぼにはオタマジャクシが多いのか、考えたことがあるだろうか。

田植えの半月前になって、雨が降り、田んぼに水がたまるとしよう。でもカエルたちは鳴かない。代かきのために田んぼに水を引く。それでも彼らは鳴かない。ところが代かきをすませたその晩から、彼らの鳴き声は天まで届くぐらいだ。やかましいぐらいだが、いい声だ。あれはオスがメスを求めて鳴く切実な声なんだ。…そう、代かき前に産卵してしまうとんでもないことになるって、百姓ならわかるだろう。カエルは代かきという百姓仕事を見ているのに、百姓のほうはカエルを見ていない。だからなぜこんなにオタマジャクシが多いのかがわからない。オタマジャクシを平気で殺すような水管理をする。稲作技術の中にカエルをちゃんと位置づけてやらないと、彼ら彼女らに申しわけない。

最近田んぼで多数派になっている土ガエルや沼ガエルは一〇〇〇個以上の卵を産む。わが家の田んぼでは一〇aに一二万匹のオタマジャクシがいる。あなたの田んぼではどうだろうか。これだけ多いということは、誰かのえさになって死んでいくことを見越しているということだ。ミジンコ、ユスリカ、オタマジャクシと見てきて、ピンときただろうか。多くの生きものが田んぼに集まってくる理由は、これらの生きものにある。

①大きさ♂ ②越冬地③産卵時期④生息地域日本の田んぼにはいろんなカエルがいる。鳴き声もいろいろだ（『田んぼの学校』より）

ところが、カエルの世界にも大きな変化が押し寄せてきている。多くのカエルが減ってきているのだ。田んぼで産卵するカエルには主に、一、二月に産卵する赤ガエル、四月に産卵するヒキガエル、五月に産卵する殿様ガエルや東京ダルマガエル、六月に産卵する雨ガエル・土ガエル・沼ガエルがいるが、六月産卵のもの以外は激減している。産卵場所がなくなっているのだ。

アマガエル

赤ガエルは、山から冬の田んぼの水たまりに下りてきて産卵する。ところが乾田化で、冬でも乾いている田が多くなり、減ってしまった。殿様ガエルもそうだ。ヒキガエルは、以前は田植え前の苗代で産卵していたが、田植え機が普及して苗代がなくなり、産卵場所を失った。

西日本の六月田植えでは、田植え後の水温は三五度を超える。この高温に耐えられる卵とオタマジャクシは、雨ガエル、土ガエル、沼ガエルしかいないのだ（田植えの早い東日本ではどうなっているだろうか。教えてほしい）。

沼ガエル

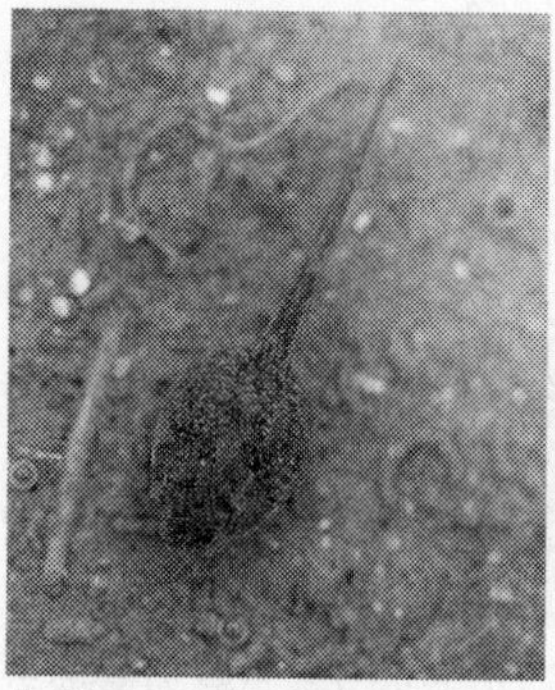
土ガエルのオタマジャクシ

オタマジャクシは多くの生きもののえさとして犠牲になりながら、自分は有機物や細菌、藻類や生きものの死体も食べる雑食性だ。オタマジャクシで除草できるといっている人もいる。いっぽう親のカエルは、虫が大好物だ。とくに田んぼの水の上に落ちるウンカは格好の食べものだから、カエルには感謝したい。クモも食べちゃうけどね。カエルの寿命は三〜四年といわれる。

ぜひ今年は、オタマジャクシを殺さない水管理を心がけたい。「カエルも育てられない田んぼ」とののしられないように。

カブトエビ・豊年エビ・貝エビ

カブトエビ　やっぱり技術にするとはすごいことだと思う。カブトエビや貝エビのことは知っていた。それが除草に役立つとわかると、見る目が違ってくるから現金なモノだ。日本にいるカブトエビは、雌雄別々のアジアカブトエビが多い。よくオスとメスがもつれ合っているのなら、この種だ。アメリカカブトエビとヨーロッパカブトエビは雌雄同体だが、ヨーロッパカブトエビは山形県にしかいない。

カブトエビが九州でふえてきたのは、ここ十数年前からだ。なぜふえてきたのかはよくわからないが、冬の田んぼが乾くようになったこと、カブトエビの天敵が減ったこと、カブトエビのえさがふえたことが考えられる。しかしもともとは、大正時代にアメリカカブトエビが、中国から侵入してきたのが始まりだと考えられている。その後アジアカブトエビが侵入してきたのは、昭和三十年代だったろう。今から六〇年前頃にブームがあり、田んぼの草取り虫として活用が盛んに研究されたが、うまくいかなかったようだ。

カブトエビは八〇本ぐらいある足で土をさかんにかき混ぜ、土と一緒に有機物や藻類、草の芽、ミジンコ、ユスリカの幼虫などを、食べるのではなく、飲み込んでしまう。またこの時のにごりを強める工夫をすると、除草効果は飛躍的に増すことが、福岡県の百姓・藤瀬新策によって発見され、カブトエビ除草が完成された（除草剤を散布すると、にごりが澄んでしまう）。

カブトエビが多い田では、小さな草がよく浮いて、畦際に流れ着いてかたまっているのがわかる。また、こういう田ではトロトロ層が発達し、最近やっかいものあつかいされている「表層剥離」などは発生しない。表層剥離は、田の中に生きものがいないことを警告していると見るべきだ。

よく水路でカブトエビの大発生が話題になるが、田んぼから逃げ出したものばかりだ。逃げ

大きいのがカブトエビ。背泳ぎが得意。ひっくり返るとこんなふうに足がたくさん見える。細いほうが豊年エビ

出すタイミングは代かきの後だ。代かきで水面に浮いた〇・五㎜の卵は、光の刺激で一～三日でふ化する。生まれたばかりの小さい幼生は、代かき水と一緒に流れ出てしまう。だからカブトエビをふやすには、代かき水を捨てないことが一番大切だ。次にカブトエビのえさである有機物を十分施すことが秘訣だ。幼生は一〇日もすると産卵し始め、約一〇〇〇個の卵を産み続ける。田植え後一か月もすると、ほとんどのカブトエビは寿命を終える。その後卵は乾燥に耐え、一〇年以上の寿命があるといわれている。

豊年エビは弥生時代からいた。江戸時代は観賞用として金魚みたいに売られていた。どうして現代人はこうした余裕を失ったんだろうか。こんなに優雅できれいなエビが田んぼにいるのに、豊年エビを見ても、「変なのがいる」程度のまなざしになったのはどうしてだろうか。

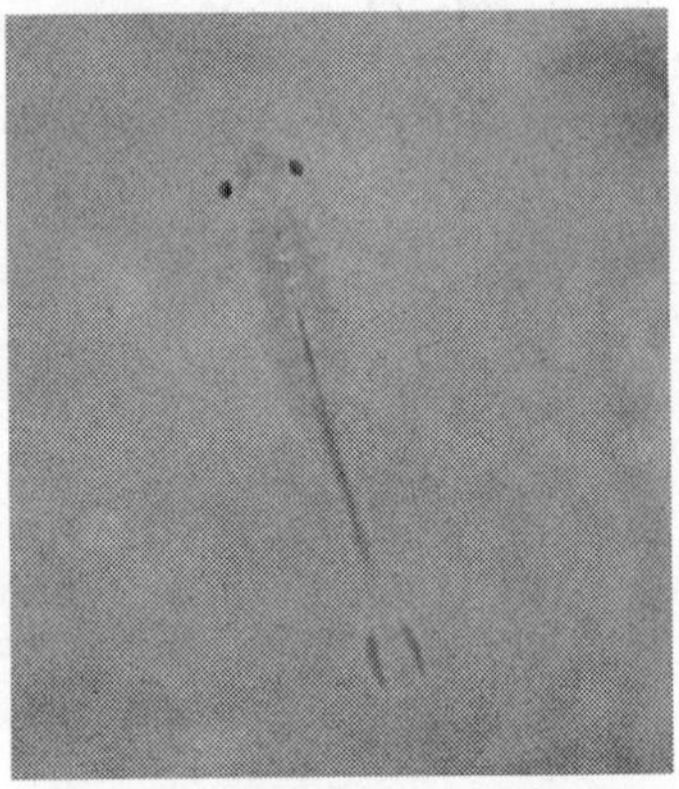

豊年エビは田金魚ともよばれる

このエビは背泳ぎをしている。脚は二二本。ミジンコを食べているようだが、カブトエビがいる田んぼでは、このエビもよく見かける。雌雄別々。

貝エビは、これがエビとは思いつかなかった。田植え後、盛んに水中の土の上を泳ぎ回っている二枚貝のようなものがいることに気づいたのは、ずいぶん前のことなのだが。

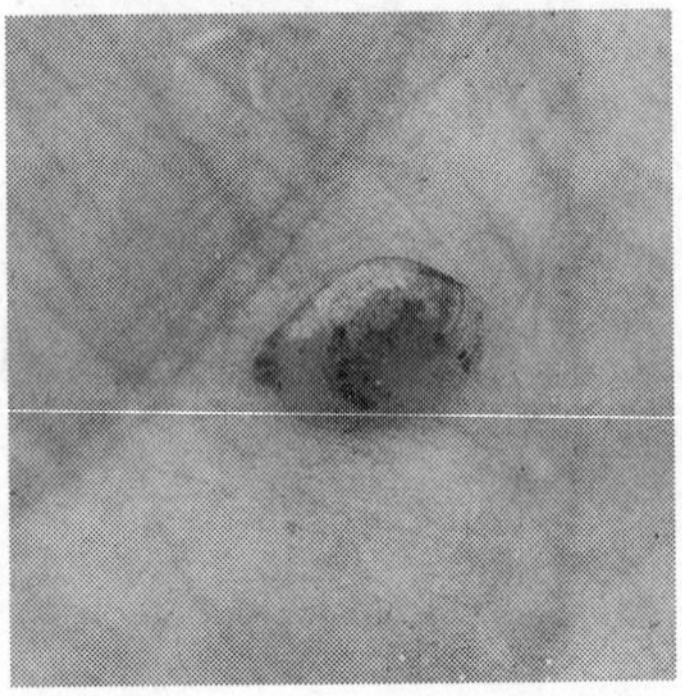

貝エビ

脚が四八本もあり、じつに動きがすばしこい。これも雌雄別々だ。豊年エビよりも、土をにごらせる効果はある。

これらの三種は、もともと砂漠の生きものだと考えられている。年一回の雨季に、雨でできた湖で発生するという。この湖が乾かないうちに、産卵しなければならないのだ。だから寿命が短く、卵は乾燥に強い。それが水田にいるということは、水田が砂漠に似ているということだ。中干し、落水、そして裏作ができる地帯に多い。だから冬に乾く田ほど都合がいい。もちろん湿田にはいない。

ドジョウ

普及員になった一九七三年頃、よく百姓にドジョウ汁をごちそうになった。どこの水路にも、ドジョウやメダカやナマズやフナやコイがいた。ぼくは稲作担当の普及員だったが、当時はドジョウやメダカは、田んぼがないと生きられないことを知るはずもなかった。そんなこと稲作の技術書のどこを読んでも書いてはいなかった。

これらの魚はどれも、田植え後の田んぼにさかのぼってくる。産卵に適しているためだ。田んぼから流れ出るにごった水に刺激されるらしい。ドジョウの産卵数は四〇〇〇～二万個で、他の魚もやはり産卵数が多い。これは卵が他の生きもののえさになってしまうことを見越しているためだ。いずれにしても稚魚は田んぼの中のほうが、河川や水路よりずっと育ちやすい。

ドジョウはよく土にもぐる。

えさは有機物やミジンコだ。と言うことは土つくりが、魚もふやしていることになる。ドジョウはエラで呼吸するだけでなく、口から空気を吸い込んで腸でも呼吸する。この時、肛門から空気がもれ、ギュウギュウという音がする。

秋になって落水すると、水路の水が少なくなってくる。危機を感じたドジョウは川上に向かって泳ぎ出す。そこをウケで捕まえるわけだ。また、冬は川底の土の中で越冬するので、ドジョウ掘りをして捕まえる。

ドジョウ（倉持正実撮影）

問題は圃場整備事業でほとんどの魚が田んぼに遡上できなくなったことに、危機感がなかったことだ。それは、圃場整備の技術に、カネにならないものを大切にする思想がなかったからだが、百姓もまた要求しなかった。やっと、生きもののことも考えた圃場整備が試みられようとしているが、試行錯誤の連続だ。子どもたちに魚とりもできない水路を残すわけにはいかないだろう。行政は予算を、百姓は知恵と心意気を提供する時期が来たようだ。

かつて、全国各地にコウノトリやトキがいた頃、田んぼや河川の豊富なドジョウやタニシがえさとして、これらの鳥を支えていた。今年から、兵庫県豊岡市の「コウノトリの郷公園」では、田んぼにコウノトリを放す試みが始まる。地元の百姓はどうにかして、えさになる生きものをふやそうと、試験研究を続けている。これも、新しい稲作技術になるだろう。

赤トンボ

田植えが終わり一か月もすると、車を運転していても、急に赤トンボがふえてきたのに気づくはずだ。ところが赤トンボが田んぼで生まれていることを、育ての親の百姓が知らないことが多い。赤トンボに限らず、田んぼで生まれる自然の生きもののことは、ほとんどわかっていないし、消費者に伝えられていない。

日本人が赤トンボ、精霊トンボ、盆トンボなどといって親しんできたトンボは、西日本の薄羽黄トンボと、東日本の秋アカネの二種だ。これらの赤トンボは大発生して、夏空、秋空を群れ飛び、圧倒的な存在感がある。また百姓が田んぼで仕事をしていて、寄ってくるトンボはこの二種だけだ。百姓の近くに行くと、えさがとりやすいことを知っているのだ。ほかにも田んぼで生まれる赤トンボは表に挙げたようにいるが、人間が物語を生み出すほどつきあいはなかった。

しかし、これらの赤トンボのほとんどが田んぼで生まれているのに、百姓が知らないのは、あまりに当たり前すぎて、分析の対象にしなかったからだ。それが伝統的な自然観だった。その出生数の日本記録は、一〇aに八郎潟では一万五〇〇〇匹（秋アカネ　秋田県立農業短大）、福岡では五〇〇〇匹（薄羽黄トンボ　宇根）にものぼる。

薄羽黄トンボの一生　毎年毎年、沖縄の八重山諸島より南から、多分東南アジアからはるばる海を越えて飛んでくるすごいトンボだ。田植え後に産卵して、卵は五日でふ化し、幼虫

薄羽黄トンボ

表　田んぼの主なトンボ

名前	分類	越冬形態	産卵場所	生息場所	特徴
薄羽黄《うすばき》トンボ	黄トンボ	本土では越冬できない	水田	水田、畑、河原、山地	東南アジアから飛んで来て産卵する
秋アカネ	赤トンボ	卵	水田	水田、山地	水田で卵のまま越冬
夏アカネ	赤トンボ	卵	水田	水田	秋の稲の上から産卵
小ノシメトンボ	赤トンボ	卵	水田、池	水田、池	翅の先が黒い
ノシメトンボ	赤トンボ	卵	水田、池	水田	翅の先が黒い
猩々《しょうじょう》トンボ	赤トンボ	幼虫	水田、水路	水田、池	真っ赤なトンボ
眉《まゆ》タテアカネ	赤トンボ	卵	水田、水路	水田、水路、池	羽化直後は雑木林で過ごす
深山《みやま》アカネ	赤トンボ	卵	水田、水路	水田、水路	稲の株間で打水産卵

のヤゴは約一か月たった夜、羽化してトンボになる。七月下旬の朝の田んぼでは、朝露にぬれた赤トンボがじっと乾くのを待っているのが目立つ。その後田んぼはもちろん、畑、河原、公園、校庭など様々なところに出没する。だから、どこで生まれているのかが、百姓以外の人には見当がつかないのだ。東日本へ移動するものもいるようだ。十月下旬まで生きているが、越冬はできない。

秋アカネの一生　九月中旬になると山から下りてくる。そしてイネ刈り後の田んぼの水たまりに産卵する。卵の大きさは〇・五mmぐらいだが、その後田んぼが乾いても、卵は平気で越冬する。田植え後、ふ化したヤゴは一か月ほどで、やはり夜になるとトンボになる。その後は暑さを避け山に登ってしまうので、八月は見かけなくなる。

トンボの幼虫のヤゴは、ミジンコを主に食べている。大きくなるとオタマジャクシも食べる。成虫は、もちろんウンカなどの虫を食べる。

ゲンゴロウ

あの体の縁の白い、大きなゲンゴロウはどこに行ったのだろう。田んぼにいるのはコシマゲンゴロウやコツブゲンゴロウ、チビゲンゴロウばっかりだ。

ゲンゴロウのメスは草の茎をかじって穴を開け、一個ずつ卵を産みつける。だから除草剤で草が生えない田んぼでは、ゲンゴロウは育たない。イネをかじったりできないからだ。少しは草がある田のほうが、それもイネと競合しない草がある田がいいわけが、ここにもある。大型のゲンゴロウは大きい茎の草が必要だ。

ゲンゴロウに似てるけど、真っ黒でやや長めの虫はガムシだね。ゲンゴロウとガムシの違いはね、ゲンゴロウは体の腹部に空気をためて呼吸するけど、ガムシは腹の下の空気の袋が外にくっついていて、銀色に光って見える。ゲンゴロウは動物を食べるけど、ガムシの成虫は植物を主にした雑食だ。幼虫はヒメモノアラガイなどを食べる。

田植えが終わるともうゲンゴロウが泳ぎ回っている。どうも、ため池から飛んできているようなのだ。その証拠に田植えが始まると、ゲンゴロウやタイコウチ、

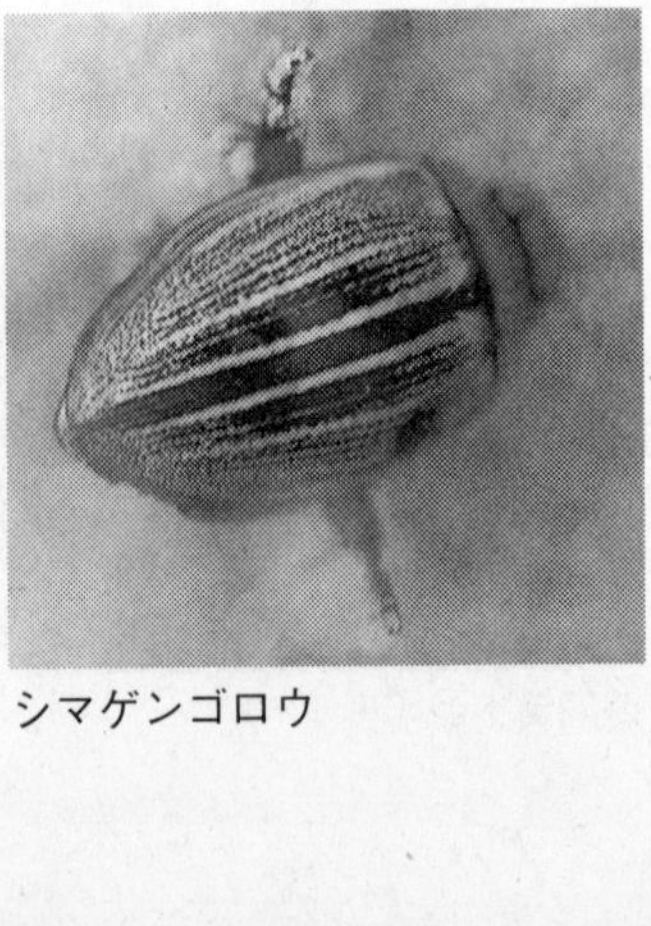

シマゲンゴロウ

水カマキリなどが激減するため池もあるのだ。水温が上がり、ため池の栓が抜かれると、彼らは田植えが始まったことに気づくのだろう。なぜ田んぼに集まってくるのか、ここまで読んでくるともうその理由はわかるよね。そう、水が温かくえさが豊富なところで産卵するためだ。

ところでゲンゴロウの幼虫は見たことあるだろうか。動きが素早く、足が胸部にある。ガムシの幼虫は泳ぎが上手でなくにぶい。頭の牙だけが目立つ。どちらも成虫とは似ても似つかぬ姿をしているのは、一度さなぎになって、変態をするからだ。幼虫は三〇日ぐらいであぜに上ってきて、

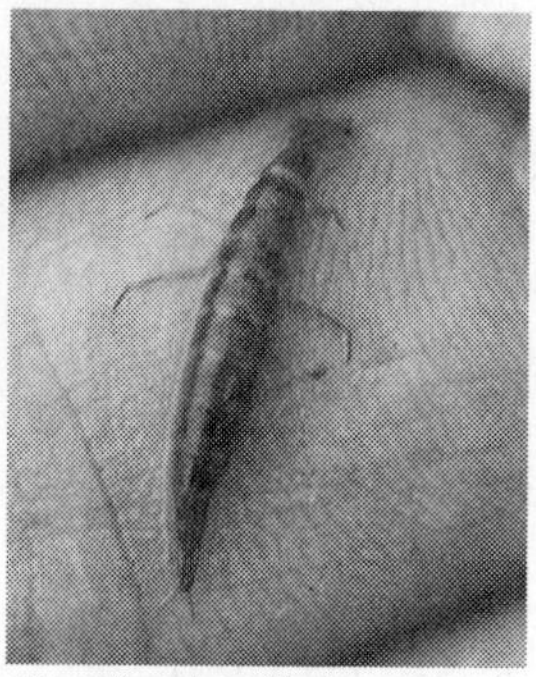

ゲンゴロウの幼虫

ガムシの幼虫

二cmぐらいの深さに潜ってさなぎになる。だからコンクリートのあぜや、波板やビニールシートのあぜが、ゲンゴロウにとっては致命的だな。えさは幼虫成虫とも、ユスリカの幼虫やオタマジャクシなどを食べる。

タガメ

『田の虫図鑑』を一緒につくった日鷹一雅さんは気鋭の農学者だが、彼の案内で兵庫県のある村を回った。村ぐるみで、タガメの保護に取り組んでいるところだ。田んぼのあぜ際をすくうと簡単にタガメがとれるすごい村だった。中学校のナイター施設の下で待ち受けてると、三匹ほどが灯火に飛び込んできた。日鷹さんたちはタガメにマークをして放している（一三〇〇匹以上も）。これを見つけた村の百姓や子どもたちの情報で、タガメの暮らしがやっと明らかになりつつある。

タガメは「田の亀」という意味で、大きいものは五cmにもなる。カエルやフナすら捕まえて消化液を注射し、溶けた肉をすする。ところが最近ではペットショップで一匹五〇〇〇円もするぐらい珍しくなってしまった。福岡県ではもう二十数年前に絶滅したようだし、佐賀県でも死骸が見つかっただけで新聞記事になるぐらいだ。福岡の百姓もタガメには興味を持っていて、よく見つけたという情報が入るが、たいていタイコウチかコオイムシだったりする。それほどもう実物は遠い過去のものになってしまっている。

タガメが減った原因は農薬のせいにされているが、たしかに食物連鎖の上位にいるタガメに農薬が濃縮されたことは事実だが、どうもそれだけではないようだ。この理由をはっきりさせないと、百姓は自分の百姓仕事が生み出す環境に責任を負えないことになる。タガメの研究は、農業の望ましいあり方を問う、つまりどういう自然環境を守っていくべきかを問う、新しい農学を構想する注目すべき研究なのだ。

獰猛なタガメ。
でも滅多にお目にかかれない

タガメは田植え後に、里山や水路、ため池から田んぼにやってくる。やっぱり田んぼはえさが多いからだろう。田んぼでは落水時期まで産卵が続く。水面に突き出た杭や茎に産みつけられた一〇〇個ほどの卵をオスが守っているのがほほえましい。幼虫は五回脱皮して、四〇日ほどで成虫になる。成虫は、水路、ため池に移動し、どうも最後は里山で越冬しているようだ。だから地域全体の環境が守られないといけない。

中国地方ではタガメの卵を火であぶって食べていたそうだし、東南アジアに行くと日本種とそっくりのタイワンタガメがいっぱいいて、成虫は食用で揚げて売られている。独特の香りが好まれているようだ。タガメが一匹でもいたら、あなたの村ではピレスロイド系の農薬をやめるべきだ。

タニシ

タニシがまたふえてきたよう

マルタニシがいっぱい（倉持正実撮影）

だ。あなたの田んぼではどうだろうか。一㎡に一匹以上なら多い田だろう。うまかったタニシだが、農薬の濃縮残留で、水田のものはすすめられないという。ため池のタニシは、まだよく食べられている。コリコリした感じがいい。店のものは輸入品が多いそうだ。情けない。

ところで、西日本各地で除草に活用されているジャンボタニシは、タニシの仲間ではない。スクミリンゴ貝が標準和名だ。この貝はピンクの卵を産むが、タニシは卵を産まない。小さな子どもが、母親の体から次々に出てきたときには、もう小さな貝の形をしている。六、七月の田んぼでは、一匹が二〇〜三〇匹の子貝を産むようだ。

この田んぼのタニシは「マルタニシ」という名前だ。ジャンボタニシとも競合はしておらず、どちらともいる田が多い（ジャンボタニシは殻が薄く、先が尖っていない）。このマルタニシだけが、田んぼで生きていけるのは、他のタニシよりも冬の乾燥に強いからだ。冬は土に浅くもぐっているが、土の湿り気があれば越冬できる。将来、このタニシは重要な食べものとして、見直されてくるにちがいない。あまりにも「米」しか見ない農政は、もう終わりにしたい。

タニシは土やイネに付着した藻類などを食べるほか、腐った植物や生きものの死骸なども食べる雑食だ。田んぼで一番のろい生きものだから、ゲンゴロウやホタルの幼虫にねらわれる。サギやコウノトリの絶好のえさにもなる。

タニシの名は「田主」から来たものだそうだ。それだけこの貝が何か大きな力を持っていたのだろう。だから「田螺長者」の話が各地に残っている。タニシは水の精霊の化身で、さまざまな難題を解決して、最後は長者の姫と結婚するという民話だ。「一寸法師」の話の原型だそうだ。そういう目でもう一度、水中を動く姿を見つめてほしい。

他にも田んぼには、ホタルのえさになるヒメモノアラ貝、サカマキ貝や、平巻き水マイマイが多い。水路にはカワニナやシジミがいる。すごいことなのに、忘れ果てている。

◆

自然というと「人間の手の加わらないもの」という意味が定着しているが、これはNatureの翻訳語に「自然」という「人為の加わらない」という日本語を当てた明治二十年代から始まった誤解でしかない。それまでの日本語に「自然環境」を指す語がなかったという伝統は、今でも赤トンボやホタルやゲンゴロウやタニシを「自然」の生きものだと感じる感性として私たちに残っている。つまり日本の「自然」とは、百姓仕事によって育まれているこれらの生きものも含むのである。二次的自然とか半自然とか定義するほうがおかしい。田んぼの生きものはまぎれもなく「自然」の生きものである。大切なことはその自然と人間がどういうかかわり方をするかだ。ぼくはそのかかわり方を農法とか、農業技術とか、呼びたいのだ。

そういう意味では、「自然にかかわる農法」は、今からあなた自身が取り戻し、新たにつくるしかない。だから、田んぼの生きものに深いまなざしを注ぐことを、時代は百姓に求めている。

（農と自然の研究所）

二〇〇一年一月号　田んぼの生きもの・おもしろ生態

Part 5

有機の稲つくり知恵集

種子、育苗、施肥、防除…

泥上げ用のクワ（左）と畦塗り用のクワ。泥上げ用は中心部分をくり抜いて抵抗を少なくしてある。代かきした田んぼにつくった保湿折衷苗代で、手植え用の苗を育てる茨城県の寛次郎さんの農具
（167頁からの記事参照　横田不二子撮影）

ヒコバエ温湯処理でできる イネ簡単交配法

母方にする品種の穂ばらみ状態のヒコバエを、43℃のお湯に7分浸ける。これで花粉（雄しべ）だけを殺す。
時々熱湯を足してかき混ぜながら43℃を保つ。
穂が完全にお湯に浸るように
11月頃、穂ばらみ期を迎えたヒコバエを4号鉢に掘りとる。
交配する品種の一方（母方）を、上のように温湯処理。
穂ばらみ期の目安
止葉の葉耳まで約5cm
（断面図）
早生のヒコバエはだらだらと開花。晩生は降霜の前にいっせいに開花するので、開花の重なるものを見つけて交配する。
静岡県浜北市
平松玖仁彰さん

開花したら、
晴れた日の午前10時頃、
父方の雄しべの葯を、
母方の雌しべにつける。
実ったモミを播いて栽培。
その中から好ましい品種を選抜してゆく。

平松さんが自分で育種を始めるまで
かれこれ14年ほど前
地域で一般につくられている品種では、穂が小さい収量が上がらない。…
マレーシアで見た穂の大きなイネに腰を抜かした。品種の力を知った。
静岡農試で教わった温湯処理法に、ヒコバエ利用を組み合わせて交配をはじめた。
オリジナル品種「浜光」(コシヒカリ×某穂重型品種)では20%増収を達成した。
現在はコシヒカリ×あいちのかおりで、良食味性品種の完成間近。

茎だけ切り取ってもできる イネ簡単交配法

東北農試の水田利用部

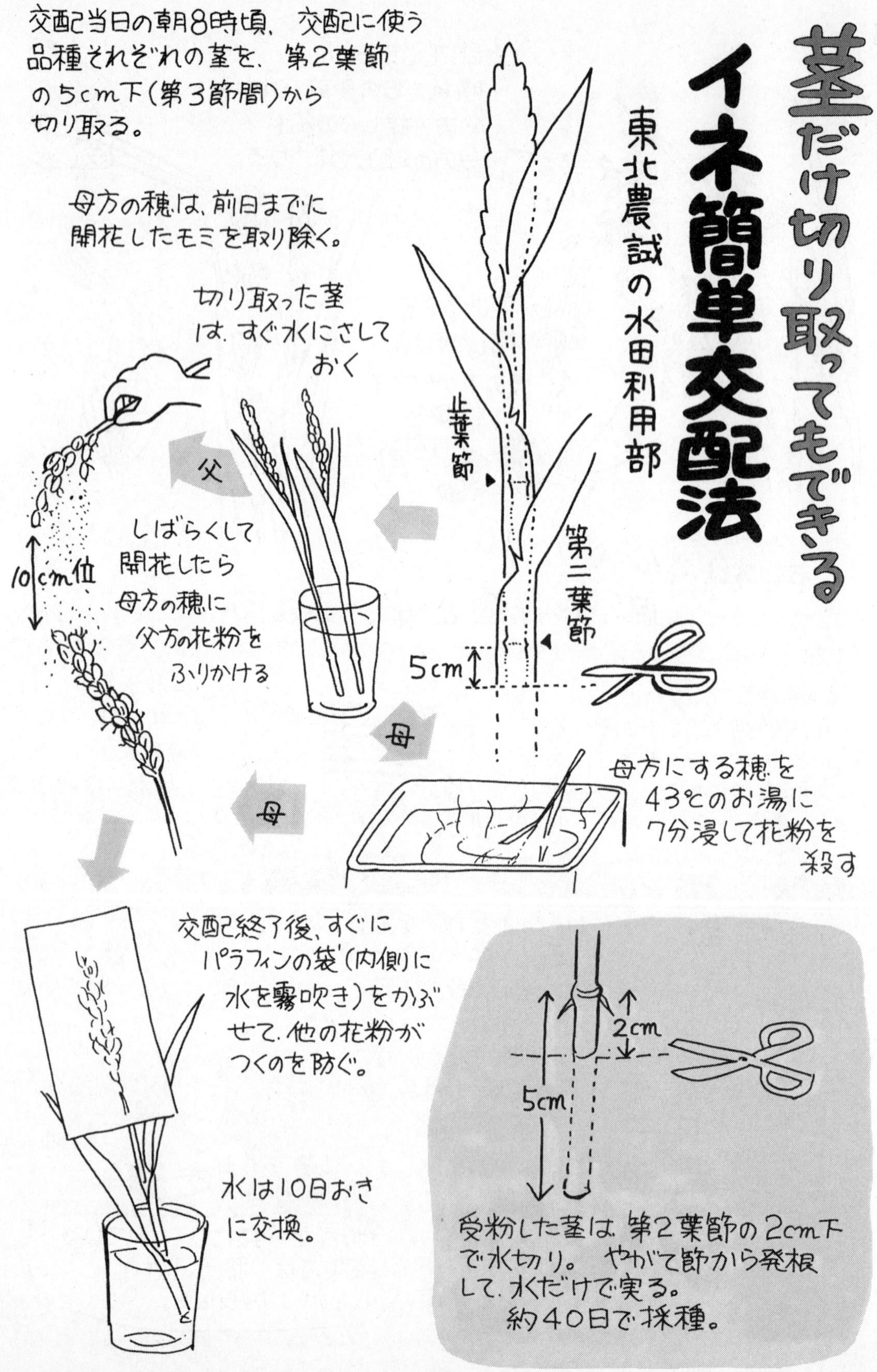
交配当日の朝8時頃、交配に使う品種それぞれの茎を、第2葉節の5cm下（第3節間）から切り取る。
止葉節
第二葉節
5cm
母方の穂は、前日までに開花したモミを取り除く。
切り取った茎は、すぐ水にさしておく
父
母
母
しばらくして開花したら母方の穂に父方の花粉をふりかける
10cm位
母方にする穂を43℃のお湯に7分浸して花粉を殺す
交配終了後、すぐにパラフィンの袋（内側に水を霧吹き）をかぶせて、他の花粉がつくのを防ぐ。
水は10日おきに交換。
2cm
5cm
受粉した茎は、第2葉節の2cm下で水切り。やがて節から発根して、水だけで実る。約40日で採種。

採種圃をつくろう
バカ苗イネは 出穂10日前に徹底除去
福岡県 二丈町
宇根 豊さん
採種用のイネは
1本植えに。
突然変異を見つけやすい。
バカ苗の菌が感染するのは出穂時。
白い粉が吹き出た、バカ苗病で枯れた
株を、出穂10日前までに除いて感染を防ぐ。
リン酸、ケイ酸重視の施肥で
重い種モミをとる
福島県 須賀川市
薄井 勝利さん
種子は毎年更新する
が、買った種モミのままでは
充実したモミが少ない。
比重1.20で塩水選して沈んだ
モミを採種圃に1本植え。
チッソを減らして リン酸、ケイ酸
重視の施肥で 重い種モミをとる。
リン酸
ケイ酸
有色米のノゲ取りは餅つき機で成功
3升の種モミの脱芒に
かかった時間は、
タバコを1本
吸うくらい。
このノゲ取りに
古い餅つき機を
使ったら うまくいった
赤米、黒米など
の有色米はノゲ
が長いのが特徴
埼玉県 熊谷市
吉野 森男さん

二〇〇〇年二月　品種をつくる、タネ・苗を増やす
自分種採取はおもしろい

出穂が始まった上野さんの田んぼ。いろんな穂が出ている（横田不二子撮影、以下も）

古代米もブレンド　悪天候に強い、味がいい

多品種混植米は有機栽培で力を発揮する

横田不二子

三〇種以上混植したら、異常気象でも八俵とれた

古代米をうるち米に混ぜて、三〇種類以上もの種もみをブレンドして植えた田んぼがある。栃木県上三川町の上野長一さんは、一〇年以上前から、品種保存のため、いろいろな種もみを集めてきた。

「一反くらい細かくブロックに分けて、いろんな品種を少しずつ植えてたんだけど、タネを採ったあとはどの品種もコンバインでみんな一緒に刈ってしまう。だから、毎年そこから二袋分くらいの玄米がとれてたわけ。いろんな色のいろんな品種がごちゃまぜ。赤も黒もうるちも、もちも。そのお米を産直のお客さんに少し分けたら、あれ美味しかったよ、まだあるなら送ってと言われてね」。それならと、思いきって二反四畝ほど、最初から混植してみた。

昨年は、種類も三七種にふやし、晩生を中心に選んでみた。昨夏の異常気象の影響で、無農薬栽培の上野さんは、普通のお米の収量は平均で五～六俵どまり。そのなかで、多品種混植米は約八俵。「いろいろな種を混ぜて植えると、お互いが助け合っているように思えた」という。

混植米はくずが少なく米が充実

新潟県五泉市の神田さんは、一五町歩の田んぼをつくっている大規模農家だ。コシヒカリが六割で、他にあきたこまち、ひとめぼれなどの有機栽培と、除草剤一回だけの減農薬栽培をしている。昨年はそれに、上野さんからゆずってもらったいろいろな品種の混じった稲が加わった（うるち一四種、もち五種）。一〇年ぶりの大不作でいもちも多く、おおむね反収三〜六俵の中、混植米は五〜六俵を収穫した。

神田さん夫妻

神田さんが一番感じたのは、混植米は「稲自体がとても健康だった」こと。病気も出なかったし、葉も枯れ上がることなく最後まで元気だったという。「稲がしっかりしており青みがあり、昨年一番のいい稲でした。コンバインで刈り取り、水分が少なかったので、そのままもみすりをしました。くずが少なく、米が充実しており、ずっしりした重みを感じました。元肥だけであんなにきれいな米がとれるとは…」

分けつや収量がダントツによかった、ということではなさそう。「小手先でなく、稲自身のもっている力を感じた」と、神田さんは言う。

力強い生育　草に負けなかった

長野県伊那市の小川文昭さんは、多品種の混植米を育てることに「わくわくする」そうで、昨年が二年目。一年目の種もみはやはり上野さんからだ。約二〇種類がごちゃごちゃとブレンドされていて、「なんだかお米のお祭りみたい！」

小川さんの田は三町八反。主力はやはりコシヒカリで、ほかにひとめぼれ、陸羽一三二号、羽二重もちなどを無農薬栽培している。混植米は、一年目は一反歩ほど植えたが、コシヒカリにはない「豪快さ」にほれ込んで、昨年は二反三畝にふやした。昨年自家採種した種もみを使って、五月二十五日に田に植えた。昨年同様、分けつもよかったし、イネミズゾウムシの心配もなかったという。

有機のコシヒカリは三〇〇〜五〇〇kgくらい（反収六〜七俵）。いっぽう混植米は反収五四〇kgと上々の出来。品種によっては弱いものもあり、たとえば草丈の低い稲などで穂いもちにやられたのもかなり目立った。が、全体でみると、初期生育がよく穂数も多かった。「理由はいろいろあると思うけど、一番

混植米栽培のポイント

発芽がそろわなくても大丈夫?

上野さんは、収集した種もみの中から毎年独自にブレンドする。脱芒してから塩水選。もちが混ざっているから、比重は1.10〜1.13くらい。あとは普通のイネと同じやり方で播種。上野さんはポット育苗で30〜40ｇの薄まきだ。これまでの記事に出た混植栽培の人たちは、芽をそろえるために芽出しは品種ごとにやって、播くときに一緒にする人が多かったが、上野さんたちは品種があまりにも多いので、種もみの段階で混ぜて芽出しをする。「発芽は品種によって差が出るが、育苗日数が40〜50日と長いので特に問題はない」とのこと。

前年のこぼれ種が自然発芽しない？

上野さんも小川さんも、前年に混植した田んぼに翌年、普通のうるち米を植えているが、特にこぼれダネで困ってはいないという。「ヒエ対策で、荒代をかいてヒエを出させ、20日くらいあけて植え代をかくようにしているが、それでヒエも、前の年のこぼれダネも出てきません」

小川さん夫妻。丈の低い品種にイモチが出たが、その品種は丈の高いイネが倒伏しないよう支えていたのかも。「お互い支え合うのが混植のいいところだね」

には草に負けづらかったことだと思う」。除草剤なしでつくる小川さん、じつは昨年、どの田んぼでもけっこう草を出してしまった。コシヒカリなどは草に負けて収量にも影響したほど。ところが混植米の田んぼは、同じように草が生えたのに、負けなかった。「草に勝った（まさった）」というのが実感なのだそうだ。

混植米の力強さは「誰もが認めるところ」で、すでに伊那谷の仲間がふたり、来年は地元の種もみを混ぜて〝伊那谷版の多品種混植米〟に取り組むと名のりをあげているそうだ。

古代米は悪天候に強い 有機栽培でより力を発揮

三人の混植栽培米は、昨年の悪天候の中、かなり健闘したといえそうだ。いもちにもわりと強かった。古代米は改良の進んでない稲である分、普通の稲より力強さが残っているような気がする。そして、それは化学肥料や農薬を使わない田んぼで、より力を発揮するのではないか。

混植すると、お米は美味しくなるか

私が「多品種混植栽培」に興味をもったのは、上野さんの、じつににぎやかなお米を食べたことに始まる。玄米のまま圧力鍋で炊いてみたら、お赤飯より濃い赤紫色に炊きあがり、香りもよくてぴかぴか。食べてみると、もちっと粘りがあって甘みもあって、うまい！

いろいろなお米が混じっていると、たしかに複雑な味がしておいしい。が、びっくりしたのは、「玄米になってから混ぜるより、最初から混ぜて田んぼに植えたほうがお米がおいしい」という話を耳にしたことだ。ホントなの？

ひとめぼれとコシヒカリの種もみを三対七の割合で混ぜて植えた、福島県の杉内さんが、「玄米になったひとめぼれとコシヒカリを三対七で混ぜて食べてみても、決してこんな味にはならない」と、舌と香りにはっきり効果があり、食味は向上すると書いている。

農業環境技術研究所の藤井義晴先生によれば「二種類の植物を一緒に植えると、味がよくなる事例」を記した外国の本があるそうだ。AとBを組み合わせて植えると、よい香りの成分がふえるとか、おいしくなるとか。これはヨーロッパの事例集で、もちろん稲の話ではない。しかも学問的な背景は何もないという。「玄米のブレンドより混植米のほうがうまい」という話は、今のところ裏づけは取れなかった。が、つくっている農家の実感があるとすれば、可能性は大いにあると思われる。

（田んぼのフーコ・フリーライター）

※赤米や黒米などの古代米の種もみは、（財）一燈園農事事務所（〒六〇七―八〇二五　京都府京都市山科区四宮柳山町八　TEL〇七五―五九四―〇八八八）や、鴨川スーパーライス研究会（〒二九六―〇一二五　千葉県鴨川市横尾六七八　事務局　山口實　FAX〇四七〇―九七―〇八七一）などで入手できます。

二〇〇四年二月号　古代米もブレンド！多品種混植栽培米の魅力

種もみ温湯処理は塩水選開始から三〇分以内に

滋賀県 (有)クサツパイオニアファーム 奥村次一さん

倉持正実撮影

薬を使わずお湯につけるだけで種子消毒ができる！

減農薬・有機で20町歩の田んぼでイネをつくる奥村さんは７年前から種もみを温湯処理している。

温湯処理はふつう乾もみで行ない、終わってから塩水選をすると失敗が少ない。だが、販売用も含め全部で２tもの種もみがいる奥村さんとしては、先に塩水選をやって少しでも処理量を減らしたい。

「のんびり塩水選をしていると、種もみの中心部まで水みちができちゃって熱が伝わりやすくなる。その後熱い湯につけると発芽不良になるんだ」

ポイントはスピード。塩水選開始から30分以内に温湯処理したい。

まずは**塩水選**

すばやくやるための
工夫に注目！

1
浮いた種もみをせっせと除いて……

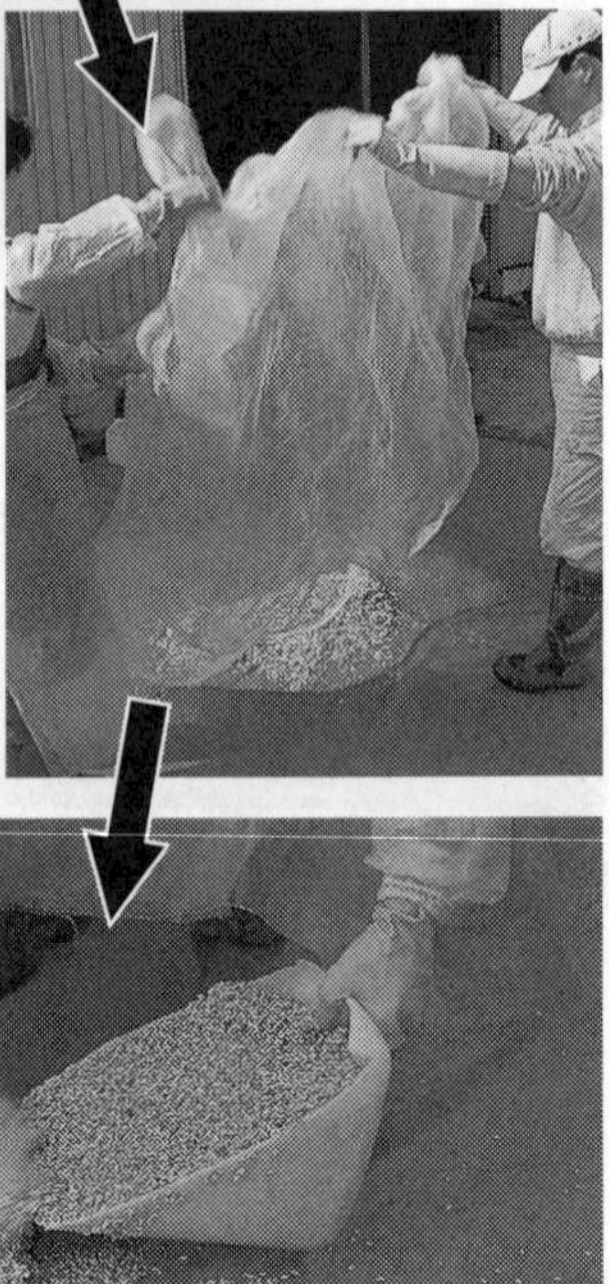

2
沈んだ種もみを、ポリタンクにかけてあった網ごとすばやく引き揚げる

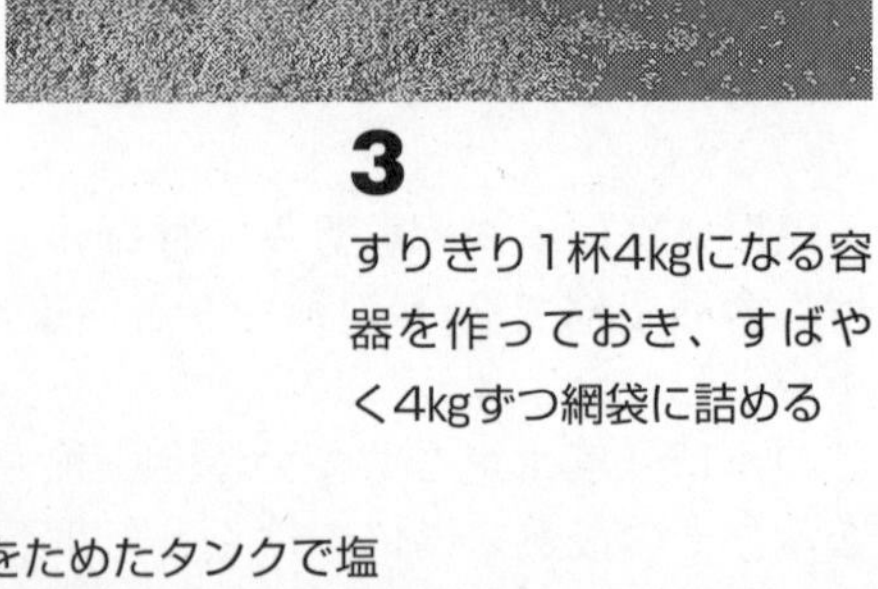

3
すりきり1杯4kgになる容器を作っておき、すばやく4kgずつ網袋に詰める

4
水をためたタンクで塩を洗い流したら……

スタートして
30分以内！

温湯処理

5
59～60℃の湯につけて、きっかり5分処理。この温度と時間なら殺菌はしっかりできて、種もみの発芽力も落ちない。奥村さんは灯油ボイラーで沸かした湯をかけ流して温度を保ち、手首を返したり上下にゆすったりしてもみを動かす。種もみは1袋4kgずつくらいが、温度がまんべんなく伝わりちょうどよい

終了後は **すぐに冷やす**

60℃5分で

6
冷水につけて上下にゆすり、ムラなく冷やして完了！

終わったら
大急ぎで……

この後奥村さんは15℃以下の水に、エアレーションしながら1か月間浸漬する

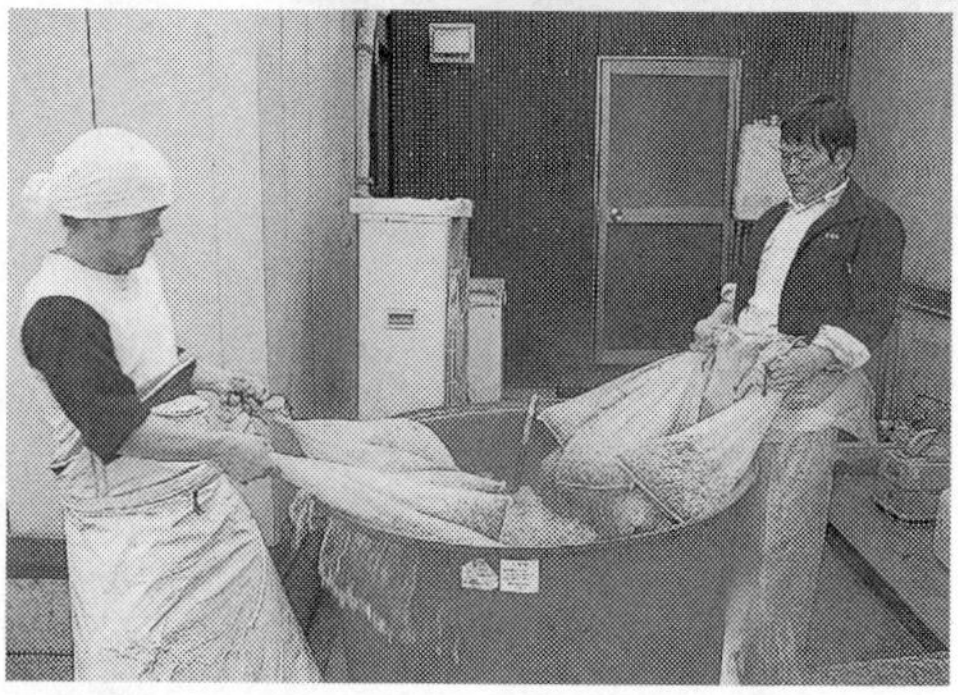

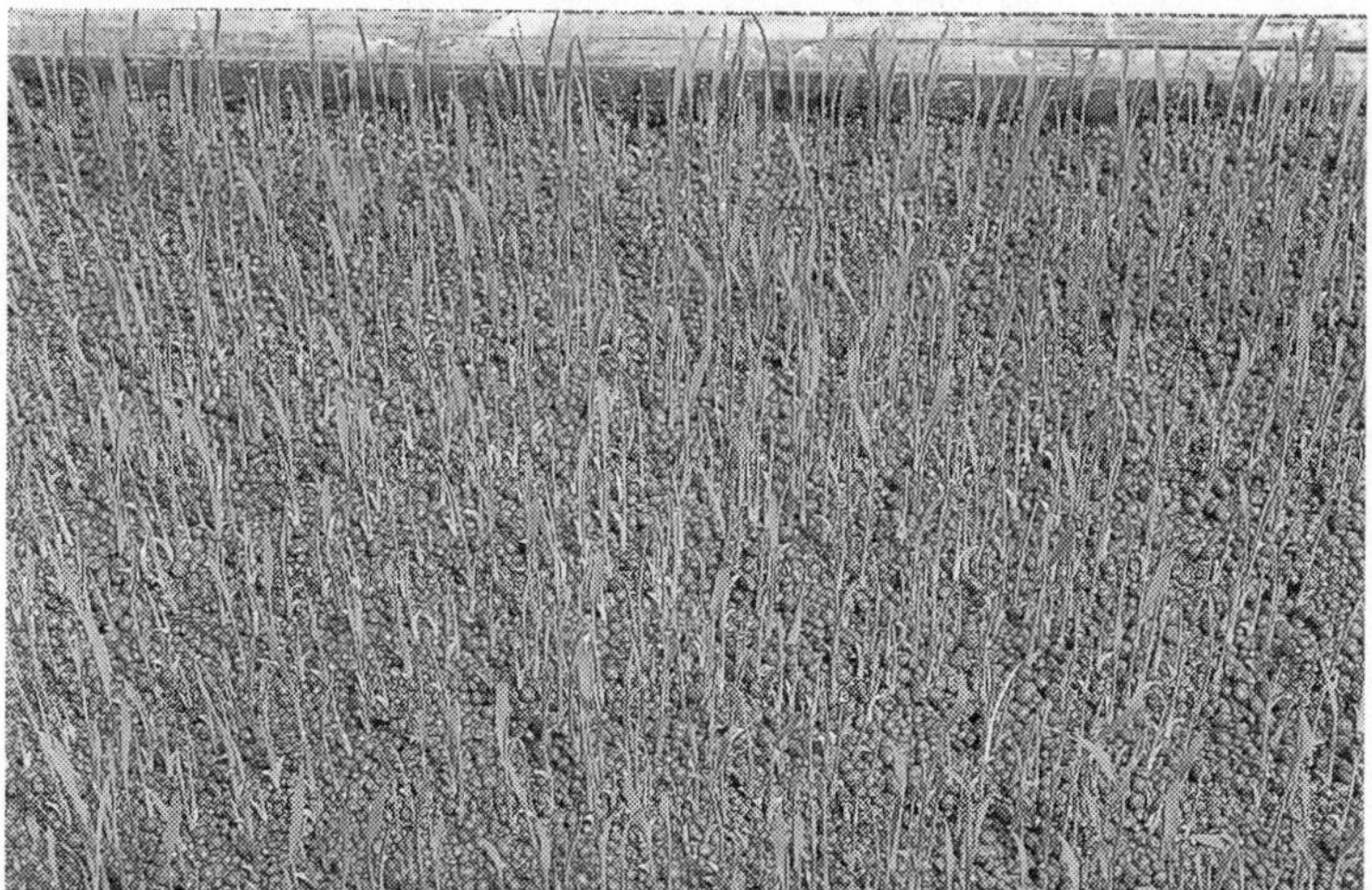

昨年の温湯処理は99%の発芽率で大成功！（130ｇまき、日本晴、販売用苗）奥村さんもホッとした。
温湯処理するとなぜか発芽揃いもよくなる。お湯で発芽抑制物質が流されるからだとか……

2003年3月号　種もみ温湯処理は塩水選開始から30分以内に

種もみを「パスチャライズ」
温湯処理のコツ

編集部

「二万枚の苗箱をよーく見たけど、ばか苗病の苗が二〇本ほど見つかっただけ。経費も減った。以前、薬剤粉衣をしていたときは、一五万円かかっていたのに、昨年はお湯をわかす灯油代五〇〇〇円ほどですんだ」

滋賀県の奥村次一さんは昨年、販売用も含めて苗箱二万枚分、二tの種もみすべてを温湯処理した。種もみを六〇℃前後のお湯につけるだけで化学薬剤と変わらない効果がある。さらに、発芽抑制物質を不活化して発芽をうながす効果もあるようだ。

温湯処理で殺菌、殺虫できる病害虫

温湯処理の殺菌効果は、各地の農業試験場で実証されている。

もみ枯れ細菌病は六〇℃一〇～一五分（埼玉農セ）、ばか苗病は六〇℃八～一〇分（宮城県農セ）の処理で化学薬剤を超える効果がある。

苗いもち病に対しては六〇℃一〇～一五分（長野農試）、苗立枯れ細菌病に対しては六〇℃五分以上（宮城県農セ）、褐条病については六〇℃一〇分（滋賀県農セ）で、それぞれ化学薬剤と同じくらいの殺菌効果があることがわかっている。

シンガレセンチュウも六〇℃五分の処理（茨城県農セ）ですべて死滅する。

発芽を抑制するアブシジン酸を不活化

また、温湯処理によって、アブシジン酸が不活化し発芽がよくなると考えられている。

アブシジン酸はもみの種皮に含まれている発芽抑制物質で、αアミラーゼの活性を抑える働きがある。αアミラーゼは胚乳のでんぷんを加水分解してエネルギーのもとである糖をつくり出す酵素。これが働かないと、種もみは発芽することができない。

アブシジン酸は種もみを水につけるだけでも流れ出すが、αアミラーゼより低い温度、短い処理時間で、不活化するとされている。

乾いたもみを使う

温湯処理の基本は乾もみを使うこと。塩水選などで長い間水につかったもみには、水が中に通りやすい「水みち」ができるといわれている。この水みちは最初に胚の近くにできやすい。

胚の近くには発芽に必要な酵素が集まっている。水みちのできた状態の種もみを湯につけると、酵素がいっぺんに熱い湯にさらされ、不活化してしまうようなのだ。

「温湯処理自体は七年前からやってたんやけど、三年前まで乾もみじゃないといけないということを知らなくて、発芽率五割なんていうひどい年もあった。今思えばその年は前日のんびり塩水選をして、翌日、湿ったままの種もみで温湯処理をしてた」と奥村さん。

「一日おいたくらいじゃ、あかん。完全に乾かさないと水みちはなくならないんや」

水みちができていない状態で

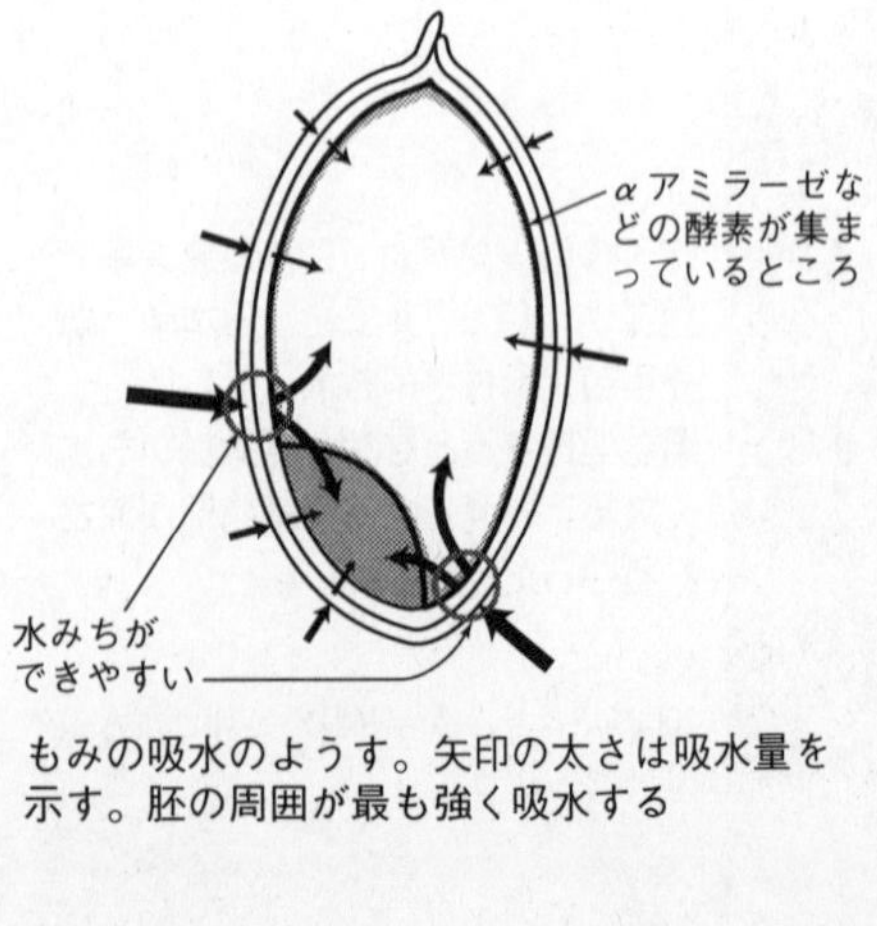

もみの吸水のようす。矢印の太さは吸水量を示す。胚の周囲が最も強く吸水する

温湯処理をするには三つの方法がある。

①温湯処理してから塩水選

②塩水選後、完全に乾燥させてから温湯処理

③塩水選を開始してから一時間以内に温湯処理

奥村さんは種もみの量も多くキツイ塩水選をするため①のやり方ではムダが多すぎる。②も乾かす時間と場所が必要で面倒。そこで③のやり方を採用した。念には念を入れて塩水選開始から三〇分以内ですませるように、六人で塩水選→温湯処理のローテーションを組んでいる。

ちなみに山形の平田啓一さんたちは、塩水選のあとすぐに、電気洗濯機で脱水する。

六〇℃一〇分が基本

各地の試験結果から考えると、化学薬剤と同じくらいの消毒効果があり、発芽率も低下しない温度と時間は六〇℃・一〇分のよう。

山梨県の武藤傳太郎さんたちも、六〇℃一〇分を目安にしている。

「本当は六五℃一〇分が消毒効果は高い。でも六〇℃と思っておいたほうが多少間違って温度が高くなっても種もみが煮えてしまうことがない。時間も、きっちり六〇℃なら五分でも効果があると思うけれど、五八℃くらいに下がってしまうことのほうが多いから、少し長めにしているんです」

もち米は温度を低く

ただし、品種によって温湯処理で発芽率が著しく悪くなるものがある。一般にもち米は発芽が悪くなりやすい。湯温を五八℃程度に下げる、処理時間を短くするなどの工夫が必要かもしれない。

キツい比重選と組み合わせれば五分でも大丈夫

奥村さんは六〇℃五分と少し短め。作業のスピードを上げるためということもあるが、あらかじめ比重一・一七でしっかり塩水選すれば、もみ枯れ細菌病、苗いもちなどの病気にかかった種もみはほとん

イネ種子の発芽に及ぼす温湯処理の温度および時間の影響（山形農試庄内支場、1998）

品種		発芽率(%)								
		58℃			60℃		62℃		64℃	無処理
		15分	20分	25分	10分	15分	10分	15分	10分	
ウルチ	ササニシキ	98	99	95	99	97	95	97	96	100
	ひとめぼれ	100	100	100	100	98	98	98	97	100
	あきたこまち	99	100	97	98	99	98	98	93	98
	コシヒカリ	97	99	93	96	99	97	86	96	100
モチ	でわのもち	97	90	93	95	96	98	86	86	99
	ヒメノモチ	91	79	71	81	72	64	59	62	98

ど除ける。塩水選で除きにくいシンガレセンチュウやばか苗病は、比較的短時間の温湯処理で抑えることができるから、この二つの技術の組み合わせで、ちょうど健全な種もみを残せるという。

もみを入れたとき湯温が低下してしまうのを防ぐには？

湯量に対する種もみの量が多いと、投入直後の湯温がかなり低下する。温度低下を五℃以内にするには最低もみの量の五倍くらいの湯が必要なようだ。

奥村さんは五〇〇ℓの湯が入るタンクで、一度に約三〇kgのもみを処理。昨年まで浴槽で温湯処理していた武藤さんも、温度低下のことを考えたら二〇〇ℓの浴槽で二〇kgのもみ量が限界だと考えている。

あらかじめ温度低下を見こして湯温を高くしておくという手もある。

65℃のお湯100ℓに入れるもみの量と投入後の湯温

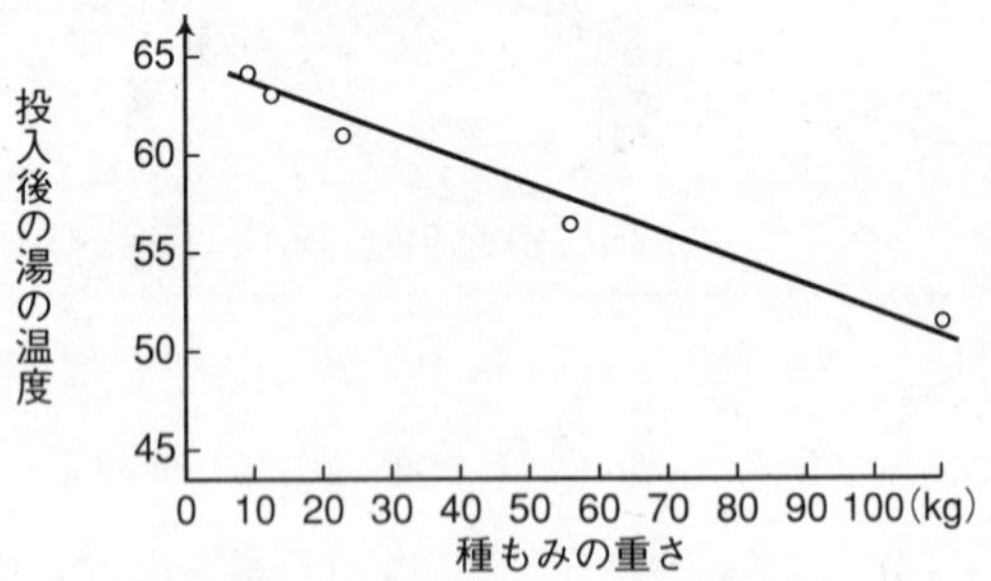

最初の種もみの温度は15℃、比重1.1（宮城県農業センターのデータ、1998年より作成）

「うちの近所には七〇℃のお湯にもみを入れて、六〇℃くらいに下げたというスゴイ人もいます。それでもうまくいったそうですよ」と武藤さん。

もみの投入と一緒に高温のお湯を足してやることで温度を一定に保つこともできる。奥村さんもできるだけ温度が下がらないよう、ボイラーで沸かした湯をタンクにかけ流しながら処理している。

このほかちょっとした工夫として、アルミなどでなくポリ容器など断熱性の高い器を使う、種もみ袋の温度ムラをなくしたらすぐにふたをする、ストーブなどでもみや部屋の温度を上げておく、なども効果がある。

熱のムラをなくすためよくゆする

湯につけた種もみ袋をよく動かすのは、もみ袋の中心と表面の温度ムラをなくすため。奥村さんは手首を返したり上下にふったり、まんべんなくもみが湯に触れるようにしている。

処理が終わったらただちに冷やすが、このときもただ水につけただけでは中心部の種もみがなかなか冷めず、熱でやられて発芽率が落ちてしまう。必ずよくゆすること。

何度も冷やしているうちに冷却用の水の温度が上がり、すばやく冷やせなくなることもある。山形県の平田啓一さんは、この季節まだ残っている雪を、ときどきバケツの中にバサバサ入れてやって水温を下げているそうだ。

また、お風呂でやる場合、種火の状態でもお湯の噴き出し口は高温になる。この熱に当たったもみだけ死んでしまうことがあるので気をつけたい。

いろいろ注意点はあるが、武藤さんの話を聞いていると湯温を五八～六五℃の間にできれば、それほど厳密な温度調整の必要はなさそう。

乾いたもみを使うということ、どのくらいのもみを入れたらどのくらい湯温が下がるのかを知ること、そして温度ムラをなくすることにさえ気をつければいい。

でも、それも面倒だなーという人には（株）タイガーカワシマ（TEL〇二八二―六二―三〇〇一）から「湯芽工房」という温湯処理器が販売されている。

二〇〇三年三月号　温湯処理のカンドコロ

手植え苗のための苗代のつくり方

茨城県八郷町　筧次郎さん

横田不二子

忘れられた苗代づくり

最近は、小学生の田植えや棚田の田植えがよく紹介されるけど、手植えなのに、ほとんどが機械植え用の苗で植えているようだ。

私も、子どもたちが大勢参加する消費者グループの田植えを何度か見たことがある。リーダーの人（農家とか農協の職員）は、苗の持ち方や植え方をていねいに教え、「苗は三〜四本くらいで植えましょう」と指導していた。ところが実際は五〜六本はざらで、なかには一〇本以上もつかんで、ど〜んと植えている子どももいたりする。あれあれ、最初からそんなに植えたらすぐに窮屈になって風通しが悪くなっちゃうよ、分けつだって一〇本植えたから一〇倍になるわけじゃないんだからって、ハラハラする。けれどムリもない。苗箱で育てて二〇日くらいの苗だと、手で持ったときに三〜四本では頼りないから、つい多く取って植えたくなるのだろう。

逆に、その機械植え用の幼苗を一本植えしている田んぼもあるという。田んぼを始めたばかりの消費者グループで、「手植えするなら尺角一本植えで」と思いこんでいたらしい。疎植は大賛成だが、幼苗の一本植えでは、たちまち草だらけになってしまっただろうと想像する。

思うに、田植え機が導入されてからは、機械植え用の苗づくりはどんどん進歩したが、そのぶん手植え用の苗づくりは、忘れられてきたみたい。でも、私のような素人から見ると、戸外の苗代で苗つくりをすれば、管理が多少アバウトでもまずまずの苗ができるのだから、忘れてしまうのはもったいない。苗を大きく育てておけば、田植え後すぐに水を深く張れるから、ヒエなどの草はほとんど生えてこない。植えつけの手間は幼苗の半分だし、苗の数（種もみの量）でいえば五分の一程度ですんでしまう。株間の風通しがいいから病気にもかかりにくい。坪当たりの穂数はたしかに少ないけど、一穂にたくさんもみが着くから、収量だって、そんなに悪くない。もちろん植えるときに、じゅうぶん手ごたえがある。

私の手植え用苗。このくらい大きい苗なら、1本植えだってOKだよね

手植えには成苗がいい

消費者を呼んで田植えの場合、昔ながらの手植え用の苗つくりの可能性を、ある農家の人に聞いてみたら、「そんなことやってられないよ。こっちは猫の手も借りたいくらい忙しい時期なんだから」と一蹴されてしまった。でも、「昔はみんな田んぼの隅に苗代をつくって、そこで苗を育てていたんだよ。手植えには本当はそのほう（成苗）がいいんだけどね」と、懐かしそうな口ぶりでもあった。

手植え用の苗のよさはわかるが、ネックは「手間がかかる」こと。それなら、できるだけ手間を省いた方法なら、消費者が手植えする一〜二反分の苗をつくってもいいということかしら？

そう勝手に考えた私は、苗代で手植え用の苗をつくり、棚田で田植えをし続けて二〇年になるという筧（かけい）次郎さんに、できるだけ簡単にできる苗づくりの方法を教えてもらった。ちなみに筧さんは、自給自足の暮らしをするための技術や知識を学び、ことに若い人たちが自立の精神を養う場として「スワラジ学園」を、この四月に立ち上げる予定だ。

筧さんの苗代づくり

①まずは下準備。畦畔に段差があって水が抜けやすい田は畔塗りをしっかり。冷や水がかかるところでは、小畔をつくって水を回してから引けるようにしておく。

②1aに、もみがらくん炭1袋（もみ袋で）、発酵鶏糞1袋（15kg）くらいをまいて、10〜15cmくらい耕す。

③水を引いて代かき。4〜5日後、ヒタヒタに張っておいた水を落とし、苗床を短冊型に上げる。その翌日に種を播くと、土の状態がちょうどいい。

④幅100cm、長さ10mの短冊を何本かつくる。まずは140cm幅にヒモを張り、土上げ用のクワで、泥を短冊状にかきあげていく。

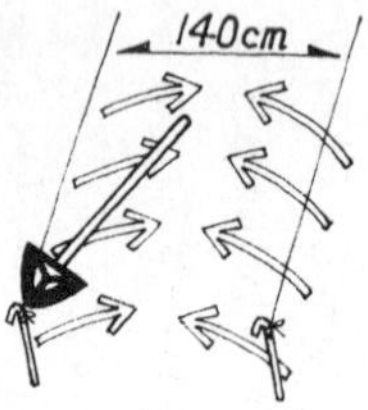

⑤ヒモを100cmに張り直し、真ん中に立って、畔塗り用のクワで足跡を埋めるようにバックしながら、塗っていく。この手順の繰り返しで、次々短冊をつくる。

⑥短冊のはじの部分を包丁の背で切り、さらに手刀で拡げておく。

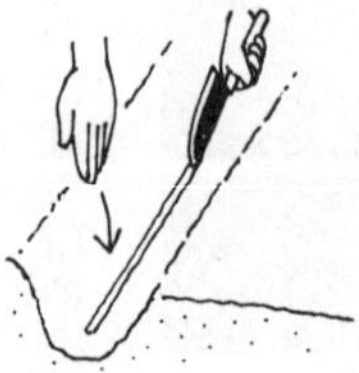

⑦畦際の短冊は、さらに外へ泥をかき上げて溝を深くする。溝が深いと冷たい水が下に沈んで、苗には温かい水が供給できる。

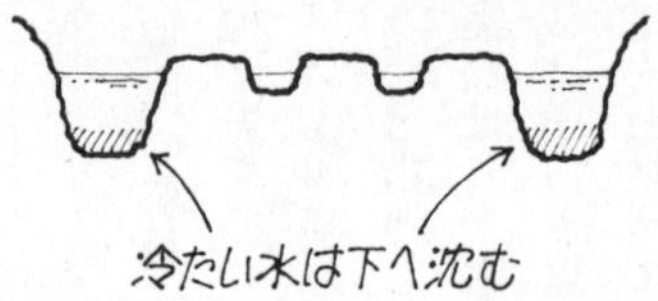

⑧種はバラ播き。苗代1坪につき種もみ（乾燥もみ）2合なら40日、1合なら60日以上苗代におけると考え、それを基準に播種量を決める（苗床１本は3坪に相当）。少し密に播いたほうが雑草が出にくい。

⑨覆土は、焼き土ともみがらくん炭を半々に混ぜたものを、種もみがかぶる程度に。焼き土は、畑の土を鉄板で焼いてフルイでふるったもの。草も生えにくい。

⑩トンネルをかけ、手刀で土を拡げたところにビニールを押し込んでいく。

⑪水は、覆土が湿っている程度に。芽が3cm以上になったら、短柵の上に水をあげ、さらに遅霜の心配がなくなったらフィルムを全部はがす。この間、あまり気温が高いときは、フィルムの裾を開けてやる。

⑫田植え1週間前には、ヒエやペンペン草などの雑草を取る。草は苗よりも小さいから、ほとんど手はかからない。やっぱり代かきしてあると、草は全然違うのだ。

筧さんの棚田の苗代

「代かきして土を上げるのが、一番簡単ですよ」

筧さんのやり方は、代かきして苗床を上げ、種をまき、トンネル型に保温する「保温折衷苗代」。村の古老から教わってずっとやり続けてきた、シンプルで間違いないやり方のようだ。その手順とコツをまとめてみた。

「この方法だと、代かきをして掘ったところが溝、上げたところが苗床になる。上げた土を平らに均す、ひと回りすればできてしまう。最初はちょっとコツがいるけど、一番簡単な方法だと思いますよ」と筧さん。

私の苗床。覆土の上にはもみがらくん炭をまいて、上に有孔ポリをべたがけ。発芽がそろうまでは溝に水がある程度にしておいて、第2葉が出た頃、有孔ポリをはいで、苗床の上まで水を上げる。水があれば遅霜がおりてもスズメが来ても大丈夫。

水を入れる前に苗床を上げる私のやり方

じつは私も手植え用の苗をつくっているが、筧さんのやり方とはちょっと違う。代かきをしないで、土を起こして砕いたら、水を入れる前に苗床の土を上げてしまう方法だ。私の場合は機械がなくて、女手では人力で代かきするのも、ドロドロの土を上げるのも大変！と、最初に強く思いこんでしまったからである。

このやり方の欠点は、泥を小畦にしか塗らないので、水もれしやすい田んぼでは不利、ということかな。

「この泥上げ用のクワ（左）でやれば、重たくないよ」と筧さん。右は短冊の上を塗るときに使う畦塗り用クワ

苗とりはぜひ、消費者にやってもらおう

苗代での苗づくりは、こうしてみるとやっぱり面倒かもしれない、とちょっと気が引けてきた。でも、溝を掘ったり、代かきしたりと、作業自体は農家の得意とすることばかり。消費者向けの一～二反程度の苗なら、つくっていただけないだろうか。

農家が消費者を呼んで田植えさせるのは、時間をさいて面倒みてのサービス。どうせサービスするなら、田植えのリピーターになった〝中級の〟消費者には、もう一歩踏み込んで苗とりもやってもらおう。より稲つくりの楽しさが味わえるにちがいない。昔ながらの手植え用の苗づくりは、消費者の気持ちを満たし、もしかしたら、農家の本業にも役立つ思わぬ発見もあるかもしれない。

（田んぼのフーコ・フリーライター）

二〇〇二年三月号　消費者呼んでの田植えなら、手植え用の苗、つくってみようよ

平置き出芽&プール育苗のやり方

岡本淳　JA盛岡市

山形県白鷹町　安部武さんのプール育苗（倉持正実撮影、以下すべて）

出芽編

寒い盛岡でも平置き無加温出芽

これまで、北東北の冷涼な気象条件の中で出芽させると、「生育遅延が起こる」「生育期間が長期間にわたるから病害の発生（カビ）がある」といわれ、育苗器などで加温して出芽させる方法が一般的だと指導されてきました。

しかし、兼業化や大規模化による省力化が求められてきた現在、盛岡の育苗方法は播種後育苗ハウスに並べ、ラブシートと農ポリでベタ掛け被覆して出芽を待つ「平置き無加温出芽」の方式が大方になっています。育苗器に出し入れする手間がいらず、こちらのほうがラクだからです。

盛岡でも四月の中旬からは気温も上昇しますから、育苗ハウスを用いれば出芽に必要な温度は充分に確保することができます。それに殺菌してある人工培土を使うことが多くなりましたので、病害（カビ）の発生の問題がかなり解決しやすくなったことも、平置き出芽がふえた要因でしょう。

太陽シートとプール育苗の組み合わせで失敗しない

ただし、無加温出芽には加温出芽に比べて、不安定な要素がいくつかあります。まず、寒い日が続くと出芽までに予想以上に時間がかかってしまうことがあります。また逆に、晴天で高温のときは短時間の日照で一気にハウス内の温度が上昇し、芽が焼けてしまう危険性もあります。たとえ出芽しても生育にバラツキが出、その後の管理が難しく、病害の発生する確率も高くなると思います。これまで平置き出芽技術はきちんと指導されてこなかったので、こういった失敗も多く、いわば「手抜き技術」と思われる側面もあったようです。

そこで私たちは誰もが失敗せずに簡単に健苗がつくれる方法として、太陽シートでの平置き出芽と、それとプール育苗を組み合わせることを指導するに至っています。

太陽シートを使えば三五℃以上には上がらない

苗は四二℃に二〇分当たると生長点が死んでしまうといわれていますが、四〇℃でも時間が長引くと危なくなり、たとえ苗焼けまで至らなくとも、三五℃以上の高温では生育がそろわなくなったり、軟弱徒長型になりやすくなります。

育苗期間に日照が少しでもあると、育苗ハウス内は一気に温度が上がります。しかし、光や熱を反射する太陽シートを使うとハウスの開閉をしなくても、三五℃以上の高温になるようなことはありません。安全に出芽を迎えられます。心配ならば温度計を入れておくといいでしょう。

福島県　藤田忠内さんの太陽シート平置き発芽

寒冷地でも早く確実に出芽させるには

有孔ポリで温度を確保

太陽シートは気温の上昇を防ぐことはできますが、冷たいものを温めることは苦手です。そこで、いかに育苗箱の温度を確保するかが

育苗期の適温

イネは熱帯、亜熱帯原産の作物であり、高温多湿を好む。出芽の適温は24～33℃で、最適温度は32℃・48時間とされている。また、緑化以降の最適な温度条件は、昼は30℃ちかくに上がっても夜は20～10℃を保つような範囲に日較差があることである。昼35℃以上、あるいは夜20℃以上の高温は、徒長と呼吸による消耗のため生育が悪くなる。また夜5℃近くまで低下すると生育が抑制され、4℃以下で数時間おくとムレ苗になる。特に、4℃以下の夜温、翌日は30～40℃の高温というような温度の激変は、ムレ苗発生のひきがねになる。（本田）

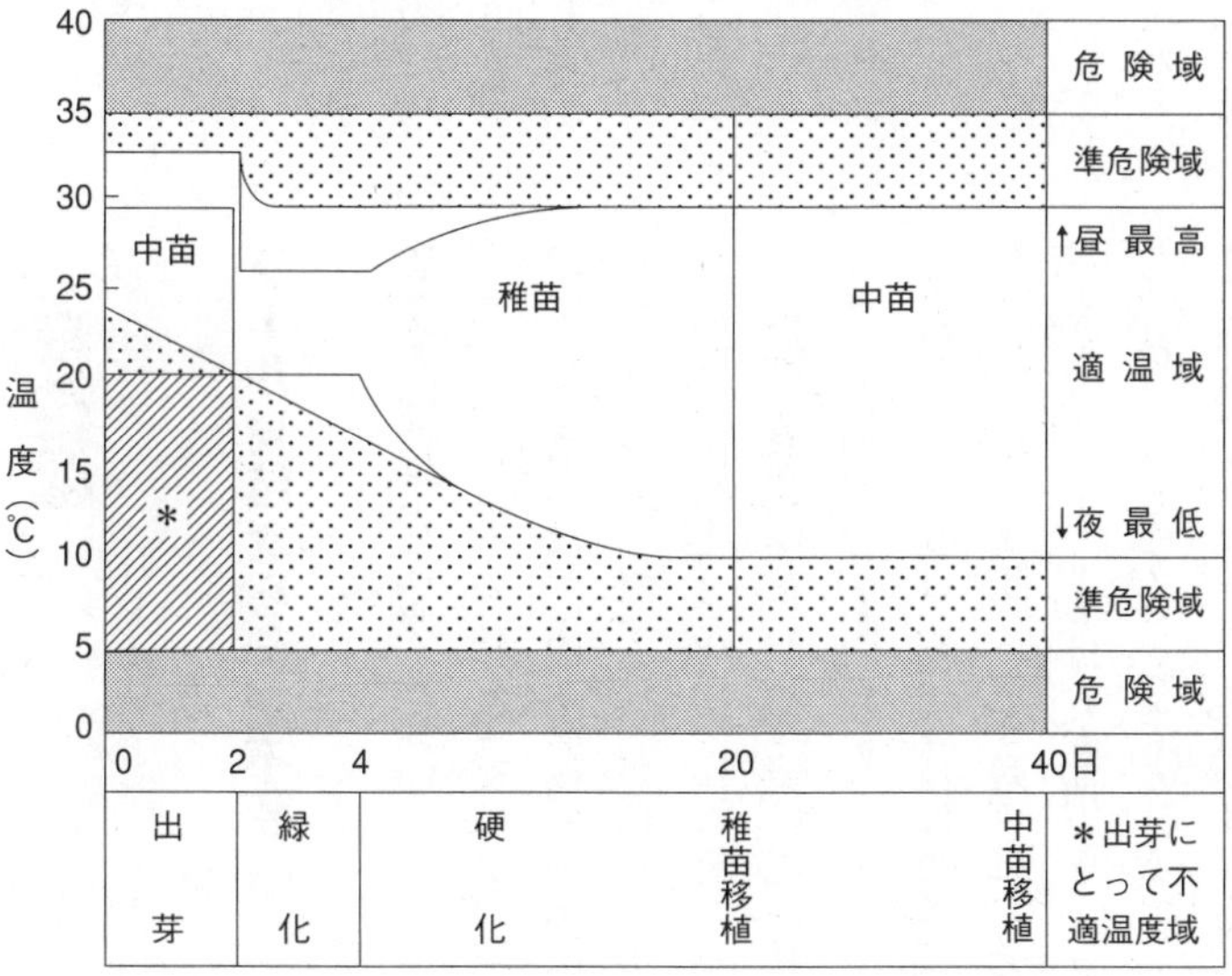

育苗期の適温と日変化の幅、危険温度域

（参考　農業技術大系作物編　第2-1巻　苗の生育と温度　星川清親）

重要になります。

私たちは太陽シートの下に有孔ポリを敷くという工夫をしています。下に敷くことで、太陽シートのもつ熱の反射力で高温を防ぎつつ、保温力を上げることができるのです。

まず播種作業は朝早く始め、午前中で終わります。育苗箱はかん水のため温度が低い状態になっていますから、並べた直後に、太陽シートを掛けてしまうと温度が上がりづらく、出芽まで時間がかかってしまいます。そこで、箱を育苗ハウス内に並べたら有孔ポリを掛けて蒸散を防ぎつつ、まず箱の温度を二五℃くらいに上げ、それから太陽シートで被覆します。

朝、太陽シートをはいであたためる

次の日からも、夜間に育苗箱の温度が下がっているので、朝に太陽シートをはぎ、有孔ポリだけにして育苗箱の温度を確保し、その後で太陽シートを掛けるということを繰り返します。私の場合は朝食前にはいで、一〜二時間ほど太陽にあて、出勤前に太陽シートを掛け戻しておきます。この作業を播種後の二日間繰り返すだけで、出芽までの期間を短くすることになり、だいたい一週間以内に芽が出ます。

このやり方であれば、岩手よりももっと北でも、太陽シートでの出芽はできるのではないでしょうか。

稚苗なら一〇㎜、中苗なら五㎜で出芽終了

私たちが理想とする苗は「徒長することなく葉齢が進んだ苗」です。加温出芽の場合は加温をやめるタイミングが遅れると出芽長は伸びてしまいます。すると節間が伸長しますし、このときすでに葉の分化も始まっているので、葉長も伸び気味になってしまうことがあります。理想に近づけるためにはできるだけ早くシートをはいで、発芽のときから徒長癖をつけないことです。

ただし、いくらじっくり育てるといっても、あまり短いところで太陽シートをはいでしまうと第一葉鞘高が短すぎ、あまりにも下から第一葉が出葉します。中苗ならば問題ありませんが、稚苗の場合、田植えをするときに第一葉が土中に埋没してしまうことがあります。

そこで、太陽シートを外すタイミングは稚苗ならば一〇㎜以下、中苗ならば五㎜以下を目安にすればよいと思います。

なお、太陽シートをはがしたら、一日ほどはラブシートを掛けて外気にならしていきます。

プール育苗なら薬剤不要

出芽直後はかん水しない

プールに水を入れるまでの水管理で気を付けていることは、出芽直後の薬剤散布やかん水をしないことです。土が持ち上がっていてもかん水はしません。かん水をすると、床土が過湿→過乾燥という環境に置かれることになり、苗の生育が阻害されます。

太陽シートをはいだ直後は苗床には十分水分は残っています。少々のカビの発生があっても太陽シートをはぐと消えることもあるし、後に入水することを考えると焦る必要はないと思います。元々、プール育苗は薬剤以外で病害（カビ）を防除する方法として研究され、開発された技術です。

入水時期は一・五葉期

プールへの入水をできるだけ早くしたいと思いますが、水に浸されるということは環境が激変することであり、苗にとっては厳しいことのようです。以前、出芽後すぐに水を入れて生育遅延を起こしたことがあります。私は入水時期は一・五葉期頃と考えています。

二葉展葉期にプールに水を入れることで、二葉にショックを与え、葉の長さを短く抑える効果もあると思います。

水の保温力を生かすプール育苗

入水したらハウス開けっ放し

入水してからは、育苗ハウスは基本的に開けっ放しで管理します。プール育苗は水の保温力を生かし、とにかくかん水の手間も換気の作業も大幅に軽減できるのが長所なのです。

育苗後半は水の入れ替えを

ただし、どうしても生育後期は高温になりがちなので伸びすぎに注意し、水が温かくなりそうなときは水を抜き、冷たい水を入れて対応しています。

苗箱に紙を敷く

根は自然に伸びさせてやり、後でコテなどで切ってやるのが一番望ましいとは思います。でも田植えの作業をラクにするためには、育苗箱にあらかじめペーパーを敷いておき、根がらみを防止してやったほうがよいでしょう。

また、ダイヤカットの苗箱や稚苗用の穴の小さい箱を使うと根が外に出ないともいわれています。

二〇〇三年四月号　太陽シート＆プール育苗急増地帯でいろいろ出てきたうまいやり方

山形県南陽市の渡沢賢一さんは田んぼの土をビニールで包んだものを枠にした。持ち込むものも持ち出すものもビニールだけなので片づけはラクラク！

山形県川西町の平田啓一さんのプールは鉄のクイで板をとめたもの

安部武さんのプールは水封チューブでできている。発芽させるときからチューブに水を入れておくと、熱で土が温められ、端のほうだけ出芽が遅れるということがない

除草剤に頼らない除草法

NPO法人　民間稲作研究所　稲葉光國

一九八一年に東京都衛生研究所から、除草剤のCNPに不純物としてダイオキシンが含まれていることが報告され、環境や人体への影響が懸念された。八三年頃から各地で取りくまれたCNP追放運動とあわせ、新たな除草剤を使わない稲作技術の模索がはじまった。

雑草の性質を知る

環境創造型の抑草技術の模索のなかで、水田の雑草を四つに分類した抑草技術の組み立てが試みられてきた。

湿生雑草　タイヌビエ、イヌビエ、ミズガヤツリなど湿った土壌を好む草に対しては、田植え後三〇日間の深水管理が最も確実な方法である。

この、深水管理には抑草だけでなく、多くの効果がある。低温時の不稔防止を始め、茎揃いを良くして品質改善と安定多収に役立つ。生物の多様性が豊かになり、総合防除効果が高まる。さらに水質浄化、水田のダム効果など多面的機能も飛躍的に向上するのである。

水生雑草　ところが、こうした深水管理は水生雑草のコナギを繁茂させる条件をつくりだし、その抑草のために、米ぬかが注目されることになった。米ぬか散布と早期湛水がセットになって乳酸菌などが繁殖し、トロトロ層が形成されるのである。米ぬか以外にも大豆やトウモロコシ、麦などの子実の散布、レンゲや麦類、スズメノテッポウなどの植物のすき込みによる抑草効果も明らかにされている。

また浮遊性雑草を繁茂させることで光を遮断し、雑草の生長をおさえる方法も実用化されてきた。

宿根性雑草　以上の手法を使っても抑草できないのが、宿根性雑草のオモダカやクロクワイである。これらに対する有効な方法は、冬の乾燥する時期に深耕し、地下茎および球根を乾燥させることである。

しかし、日本海側の低湿地に位置する水田ではそうした環境に遭遇する機会はめったにない。そこで、次の方法が農家によって考案された。早期湛水と一回目の代かきによってオモダカやクロクワイの発芽をうながす。水を多めに入れ二回目の代かきをして、浮き上がってきた雑草の塊茎を除去するという方法である。

その他アイガモを放して球根を食べさせる方法、大豆など畑作物への転換などによる地力培養をかねた方法も実践されている。

浮遊性雑草　ウキクサなど浮遊性の雑草は、防除の対象ではなく逆に繁茂をうながすべきである。すなわち、光遮断によるコナギの生長抑制や過剰な水溶性養分を吸収固定する働きによって水質の浄化を行なうなど、田んぼの多面的機能の中心をなすものである。

抑草、除草のやり方

あぜの整備

抑草効果を高めるうえで欠かせないのが、畦畔の整備である。冬期湛水をした場合、白鳥や雁、鴨などが飛来し、畦畔を崩してしまうことがある。また、モグラやケラが穴をあけるので、畦塗り機などで高さ三〇cm以上のしっかりした畦畔を整備することが必須条件

コナギと二回代かき

コナギの種子は酸素欠乏条件（湛水条件）で、水温一九℃、さらに直射光線に当たると休眠が打破される。〇・八cmほどの種子から根が水中に伸び、やがて反転して土中に向かったのち、種子が水中に持ち上がって活着する。発芽から活着までに、積算温度で一五〇℃・日（七～八日目）を要する。（代かきという水田作業に順応している）この時に、米ぬかや緑肥などの有機物が還元状態で発生する各種有機酸によって、種子根の根端細胞が破壊され生長を阻害されることが明らかとなった。

こうした発芽生長特性の研究から二回代かきの意義と効果的な抑草法がわかってきた。一回目の代かき前後に米ぬか主体の発酵肥料または米ぬかを散布し二〇日以上湛水条件を維持することで乳酸発酵が進みトロトロ層または緑藻類が繁茂し、表面に移動したコナギなどの種子にダメージを与える。二回目の代かきによって発芽したコナギなどの雑草を練り込むか、浮き上がらせて除去する。

二回目代かき後三日（積算温度一〇〇℃・日）以内に田植えを行ない、田植えと同時か一日後に、米ぬか・くず大豆混合ペレットを散布すれば、投入量を一〇〇kg以下に削減しても安定した抑草効果を発揮する。

となる。さらに、途中で水がなくなることのないような用水の確保も大事である。

早期湛水

米ぬかの散布や緑肥のすき込みなどの抑草効果を高めるうえで決定的なのが、早期湛水である。地域や土壌の特性によって差はあるが、発酵肥料や米ぬかなどの元肥を散布し、そのまま湛水するか、あるいは出来るだけ浅い代かきを田植え三〇日前に実施し、五cm程度の常時湛水を維持する。これよって乳酸発酵や酪酸発酵がはじまり、発芽したコナギ等の発根伸長が阻害される。水田によっては緑藻類が繁茂し、直射光線をさえぎって雑草の発芽生長を抑制する。さらに水温の低い（一九℃以下）時期に代かきを行なうと、イトミミズやユスリカなどが草の発芽前に発生し、雑草の種子を土の中に埋め込んでしまうことも観察されている。

早期湛水によって、土壌の表面にトロトロ層が出来たり、緑藻類が田面に広がれば田植え直後に散布する米ぬかの抑草効果はきわめて高くなり、投入量を大幅に減らすことができる。ただし、そのままでは田植えが出来なくなるので、水を完全に落として少し乾かし入水しながら田植えするか、雑草を練り込む程度の浅い代かきを行なって田植えする必要がある。

米ぬか＋くず大豆の散布

以上のような田植え前の抑草対策が理想どおり実施されれば、田植え直後の抑草資材の投入は必要なくなるが、そうした条件になるには米ぬかを連続投入して二～三年が必要である。転換一年目は、六月上旬からコナギが発生するので植代の二～三日後に田植えを行ない、同時か翌日には米ぬか・くず大豆の混合ペレットを一〇a当り一〇〇kg投入する。二年目は八〇kg、三年目は四〇kgと次第に少なくする。四年目には天地返しを行ない、微生物層が表層へかたよることを修正するとともに、乾燥によってオモダカ・クロクワ

米ぬかを同時に散布できる田植え機

米ぬかペレット成形機

イを防除する。この場合乾燥処理によって土壌微生物が死滅し、各種アミノ酸が放出され、乾土効果がでるので、元肥を極力減らした肥培管理とする必要がある。また田植え直後に投入する抑草資材も緑藻類やトロトロ層の形成をみて〇～四〇kgの範囲に減らす。

米ぬか・くず大豆混合ペレットは、コナギの発芽生長を直接阻害するだけではなく、乳酸菌やイトミミズ・ユスリカなどの餌あるいは緑藻類の栄養分として機能し、トロトロ層や緑藻類の発生を促進することにもなる。また大豆が粉砕されているために分解が早く、活着肥として機能する。初期生育の劣る冷水田などでとくに顕著である。しかし投入量全体でみると稲への吸収量はごくわずかであり、大半は翌年の地力窒素としてもち越される。年度内の吸収量は四割ほどと推定される。

四・五葉苗を疎植

緑藻類が初期から繁茂するような水田では、四・五葉令以上の健苗でなければ管理がきわめて困難になる。均平度の高い水田でも二～三cmの高低差があるので、ヒエの発生防止のためには八cmの水深の維持が不可欠となる。緑藻類の吹き寄せによって苗が倒されないためには、軸が太く草丈一五～一八cmの苗でなければ安定しない。

四・五葉令の成苗を一～三本、坪当り六〇株以下で移植すれば、稲の生育は極めて順調な生育を示し、むら直しを兼ねた出穂四五日前の茎肥の散布のみでその後の施肥は必要ない。

田んぼの様子と作業

田植え後一週間ほど経過すると、アミミドロ、サヤミドロ、ウキクサ類が水田の半分をおおい、イトミミズやユスリカが生息する。稲も活着し勢い良く分げつが始まる。こうした生育をしている水田であれば、コナギが大発生しても問題はない。

緑藻類の繁茂が著しい場合は、稲が押し倒されないように土の表面が露出しない程度の浅水管理に切り替え、稲の草丈が二〇cmを越えるころ（田植え後一五日）から深水管理を再開する。緑藻類やイトミミズの発生が確認され、苗の活着が良ければ草取りには入らない方が良い。除草のために田には入らないことで、出穂期にはほとんどコナギが消えてしまう。稲の初期生育が旺盛なためにアレロパシー効果が高まり、コナギの生長が抑制されるからだ。

逆に、苗質が悪かったり、イネミズゾウムシの加害や未熟有機物による根腐れが発生している場合には、コナギが二葉期のうちに、ヒタヒタ水で中耕除草機を使って撹拌する。柔らかいドロが株間にも広がり、コナギを埋め込むとともに、稲に酸素を供給して根ぐされを軽減する。

中干しで横倒し防止、生き物にも配慮

三～五cmのトロトロ層が形成された水田で、そのまま湛水を継続すると、稲の冠根が支えを失って横倒しになる。そこで、七月中旬（出穂前二五日前後）に、表面の土に大きく亀裂が入るような中干しが必要になる。土壌条件によっては溝切が必須の地域もある。

中干しによって水田内で繁殖した小動物が死滅しないように配慮して、中干し開始を七月中旬（オタマジャクシのカエルへの変態、ヤゴの羽化が確認できる時期）にする。また、水田の周辺にはビオトープを設置するなど、水生動植物の棲息環境をたもつ必要がある。

カエルやトンボは水田害虫の天敵であり、そうした生き物をふやすことは環境への配慮とともに、無農薬有機水田の総合防除機能を高めるうえで欠かせない作業である。

農業技術大系作物編第2―②巻　米ぬかを利用した抑草体系と環境創造型稲作（追録第二六号）より抜粋

アゾラ

草をおさえて窒素を固定

渡辺巌

高い窒素の固定能力

アゾラとしてすでに名が通っているが日本名はアカウキクサ（属名）という。水田や小さな池、運河、かんがい路などの水面に浮いて生育している大きさ一～三㎝ほどの水生シダである。日本産のものは、中部地方より南に分布しているアカウキクサ（Azollaimbricata）と、この種よりやや北のほうに分布している（北限は関東地方北部、北陸地方南部）オオアカウキクサ（A.japonica）の二種である。かつてはかなり広く排水の悪い水田に分布していたが、排水の改良と除草剤の利用で分布はかなり稀になってしまった。それでも山間の湿田に見られることがある。世界中には七種のものが、温帯・熱帯に広く分布している（表）。

これだけなら、ただの水草であるが、アゾラは〝水田の大豆〟ともいえる特徴をもっている。上下二枚重なった小葉の上の葉の下側に小さな穴があいており、その中に空中の窒素を同化できるラン藻（シアノバクテリア）が住んでいる。アゾラはラン藻から窒素同化産物を受け取り、窒素栄養をまかなっている。そのためアゾラは窒素栄養分の少ない水生環境でもよく生育することができる。

アゾラの窒素固定能力は条件のよいところで一日一〇a当たり三〇〇～五〇〇gくらいになる。熱帯の記録では一年間に五〇～一〇〇kgにもなる。条件が良ければ二～三日で倍になる速度でどんどん増殖。水面をビッシリ覆ったときには、新鮮重は一〇a当たり三～八t、乾物量で一五〇～四〇〇kg、窒素で五～一五kgに達する。

アゾラは普通は栄養繁殖で増殖するが、系統によってはときには生殖繁殖をする。共生ラン藻はいつもアゾラに住みこんでいる。生殖繁殖するときも、共生ラン藻は母親の大胞子のう果から次の世代へ移る。したがってマメ科植物の共生根粒菌のように接種する必要はない。

増殖の条件

水分　水草であるので、水のないところでは長く生存できない。土が水で飽和している土壌では土の表面にへばりついている。水田では排水後に土が乾くと死滅するので、非かんがい期には庭先の池などで保存する必要がある。逆に初期に水が深すぎると、水面に浮いたアゾラは稲の幼苗の先端にからみついて稲をいためる。

風　これはアゾラの大敵。水田の片隅に寄ってしまう。そのままにしておくと密度が高すぎて、むれてアゾラの生育が落ちる。台風のような強風では、波でゆすられてアゾラは小さくちぎれてしまう。

温度　一日最高気温一五～三〇℃の範囲で増殖する。したがって真夏と真冬の生育が問題。暑いときは日除けをし、寒いときは温室かハウスで育てて保存する必要がある。A.filiculoidesと日本産オオアカウキクサは、高温に弱く、低温を好む。したがって、春先の生育には適しているが、七月以降の生育は落ちる。この時期にはA.microphyllaや日本産アカウキクサがよい。

光　栄養が不足している条件では、強光はアゾラを赤い色にする。野外で生えている場合はたいてい赤い。アカウキクサの名はこの

表　アゾラ（Azolla）の種、原産地、特徴

種　名	亜種名	原産地	特　徴
A. pinnata	subsp. asiatica*	アジア、日本	生産量少ない、栄養劣る
A. pinnata	subsp.pinnata	オセアニア	窒素含有量少
A. pinnata	subsp.africana	アフリカ、マダガスカル	生産量少ない、栄養劣る
A. nilotica （Tetrasporocaria nilotica）		中央アフリカ	大型15㎝にもなる。やや軟弱
A. filiculoides**		中・北アメリカ	生産量大きい。高温に弱い。栄養劣る
A. rubra**		ニュージーランド	高温に弱い
A. microphylla***		中・南アメリカ	生産量大きい。高温に強い。栄養優れる
A. caroliniana		中・南・北アメリカ	高温に強い
A. mexicana		中・南アメリカ	高温に強い

＊日本産アカウキクサA. imbricataを含む。　＊＊日本産オオアカウキクサ（A. japonica）は、A. filiculoides、A. rubraに近い。A.rubraはA. filiculoidesの亜種とする場合もある。　＊＊＊A. microphylla、A. caroliniana、A.mexicanaの種間の区別困難。

アゾラの500近い系統は国際稲研究所に生きた状態で保存されている。
日本では大阪府立大学付属研究所汐見信行氏がその一部を保存している。

ことから来ている。日陰や栄養状態の良いところでは緑色。真夏や真冬には赤くなる。

無機栄養　土から水へのリン酸分の供給が限定要因になるので、ふつう野外で生えているアゾラはリン欠乏になっている。したがってリン酸肥料を施すと生育が促される。田んぼに入れる一～二日前のアゾラの表面に、一㎡（約一・五kg）当たり水溶性リン酸（P_2O_5）を三〇gくらいやって吸収させればよい。一〇倍くらいに殖やすにはこれで十分。ちなみに桶一杯（約二〇kg）のアゾラを田んぼに入れると、条件さえ揃えば一～三週間で一反くらいの面積に広がる。

害虫　アワノメイガの仲間が主な害虫である。害虫被害は高温ほどひどくなる。ひどい場合は水面全体に生えていたアゾラが二～三日でなめつくされてしまう。熱帯でのアゾラ利用を難しくしているのは、主にこの害虫被害である。

なお健康なアゾラは、大きさが一㎝以上（生育が悪いと三～五㎜に細かくなる）で、横から見て二枚重なっている葉の厚さが一～一・五㎜くらいで二枚の葉が上下に口を開けている状態がよい。根の長さは一～二㎝でまっすぐ。色は赤くてもよいが、枯れた褐色でないこと。

除草効果も、えさにもなる

窒素含量の高いアゾラは、水稲の緑肥として中国南部、ベトナム北部で長い間利用されてきた。田植えの前一～二カ月の間にアゾラを生やして田植え前にすき込むか、田植え後、稲の株の間に生やして、除草時にすき込むかしていた。こうして一〇a当たり三～六kgの窒素を補給していた。しかし、一九八五年ころから中国、ベトナムで市場経済の原則が導入されるにつれ、その緑肥としての利用は急速に減少した。

しかし、アゾラには単なる窒素肥料としての効果ばかりでなくいろいろな働きがある。

除草効果　アゾラが水面を覆うと下には光が届かない。水田雑草の多くは発芽に光を必要とするので、雑草の発生が抑えられる。合鴨を放飼する田でも、放飼する前や放飼しない部分にアゾラを生やしておけば、やはり雑草を抑えてくれる。

水中の養分集積効果　田面水中の養分はそのままでは稲に利用されにくい。アゾラは田面水中の養分、たとえばカリを吸収して体に

ため込む。分解後、この成分は稲に利用される。アゾラが覆っているところに窒素肥料を施すと、窒素分はアゾラに吸収されるし、アゾラの下の田面水のpHは低いので、施した窒素肥料のアンモニウムの揮散（アルカリ性で起こる）が抑えられ、窒素肥料の損失が防げる。

動物のえさとしての利用　アゾラは古くから豚、家鴨、淡水魚のえさとして利用されてきた。窒素分、つまりタンパク分（二〇〜三〇％）に富んでいるが、メチオニンやシスチンなどのアミノ酸が不足するので、穀物性飼料の補給がいる。家鴨、淡水魚は田に生えているアゾラを食べてくれるので、動物からの排泄物は稲の栄養分となる。合鴨放飼田の場合も同じ。だたアゾラの種類と生育状態で栄養価が異なり、A.microphyllaがもっとも良く、嗜好度も高い。A.pinnataやA.filiculoidesはやや落ちる。

アゾラと合鴨の共生

なお、合鴨―アゾラ―水稲栽培ではアゾラとラン藻の共生のほかに、合鴨とアゾラの共生があるともいえよう。

合鴨は水生昆虫をよく食べる。おそらくアゾラの大敵のメイガの幼虫を合鴨が食べてくれるだろう。

また、風が吹くとアゾラは田の片隅に寄る。このままにしておくとアゾラの生育は悪くなるが、ここに合鴨を入れると、合鴨がアゾラをかき散らして均平化してくれるのである。

（三重大学生物資源学部）

一九九五年六月号　雑草を抑えて、地力もアップ　アゾラってどんな植物？

アゾラの魅力と使いこなし

古野隆雄

アゾラは、合鴨と組み合わせると、まことにおもしろい展開を見せます。しかし、実際にやってみると、意外なトラブルに遭遇することがあります。正直なところ、私自身もこの魅力的なアゾラをまだまだ使い切れていません。今回は自分への反省も含めて問題点を整理してみます。

イネ＋合鴨＋アゾラの組み合わせがいい

ベルギーの大学のバン・フーブ先生の著書「アゾラ」によると、その農業利用はじつに多様です。①窒素の供給　②土壌構造改善　③カリの補給　④雑草防除　⑤保水（アゾラが水面を覆い、水の蒸発を防ぐ）　⑥水温の変化をやわらげる　⑦家畜のえさ　⑧エネルギー源。①や④の利用法は、中国や北ベトナムでは十一世紀頃から行なわれていました。一九八七年以降、その利用は急速に減少したそうです。

私が観察する限り、稲や合鴨に対するアゾラ効果は顕著です。①稲＋合鴨　②稲＋アゾラ　③稲＋合鴨＋アゾラ、の組み合わせのうち、③が最も稲の生育・収量ともいいようです。

浮かんでいるだけじゃ、肥料効果一〇分の一

アゾラが単に水田に浮かんでいるだけでは、その肥料効果はあまり（一〇分の一しか）望めません。アゾラは分解して初めて肥料効

果が期待できるのです。

　分解させる方法に
①ベトナムや中国のように、中耕除草機を条間に押して、アゾラを土に埋めて分解させる。（追肥的利用。ベトナムや中国ではこの他、田植え前にすき込んで元肥利用するやり方もある）
②落水して中干しし、夏の強烈な太陽の下で枯らす。枯れずに土中に根を下ろし、生き延びたアゾラは、再度の入水で水没し、枯れる。（追肥的利用）
③合鴨は、毎日毎日アゾラを食べて排泄する。合鴨の体内を通過することでアゾラは分解され、にごり水に混ざり、稲に吸収されやすい形になる。（毎日毎日少しずつ、点滴的施用）
　岡山大学の岸田先生の調査では、八月初めの最高分けつ期頃から、ちょうど肥効が高まる稲になるようです。

アゾラがあれば、合鴨はイネを食わない

　浮き草のアゾラは九五％くらいが水分で、いくら合鴨のえさになるとはいっても、くず米などの代替飼料にはなりません。しかし緑飼にはなります。普通、合鴨水稲同時作では、合鴨を水田放飼して四週間もすると、水田内の雑草（緑飼）が欠乏してきます。

　アゾラ合鴨水稲同時作では、アゾラはその強繁殖力故に一〇a当たり三tくらいにはなり、合鴨が食べ尽くしてしまうことは不可能です。

　アゾラがあると、全体として合鴨は安定して太ります。そして、稲の葉を食べたり、根元を掘って倒すなどの、合鴨による食害は、ほとんど見られなくなります。

アゾラ　つまずきどころ

越冬…意外と寒さに強いみたいだ

　従来私は、アゾラは冬の寒さに弱いので、日当たりのいい室内かビニールハウスで越冬させるのがいい、と書いてきました。ところが近年、アゾラが露地で越冬したという報告が各地より寄せられています。実際私のところでも、露地のアゾラは冬の間、表面が茶褐色に変色していますが、春が来ると復活。元気に増殖を始めます。田んぼに残ったアゾラも、冬の間、土中に根を下ろし、切りわらの下でしっかり生きています。結局アゾラは寒さに対して結構強いようです。

　条件にもよりますが、北は山形辺りまで越冬できたと聞いております。

増殖…簡易プールで簡単増殖

　六月の普通期の稲に利用するためには、四～五月にアゾラを増殖する必要があります。増殖のポイントは、「増殖場所の広さ」にあります。昔のように池があれば、それを利用するのがいいでしょう。また、水路に水が流れていれば、五月の水田にはって、アゾラをふやすのもいいでしょう。

　私のところではいずれもできません。そこで、春田をトラクタで起こして、レーキで二〇cmくらいの高さに土を盛って、五m×五mの池をつくります。ビニールハウスの古ビニール（穴のあいてないもの）を敷き、そこに

田んぼにつくったアゾラの増殖池

土を五cmほど入れて、ポンプで水を一〇cmくらい入れて、アゾラの増殖池としています。冬や早春の間は、一度水を入れておけば、アゾラの保水効果もあって、雨水で十分です。池が不要になったら、ビニールを取り除き、トラクタですけばいいので簡単です。

導入量…合鴨と一緒なら二～一〇kgで十分

この五m×五mの池で、二〇～三〇kgのアゾラが確保できます。

いったい一〇a何キロのアゾラを、初期に導入したらいいのでしょうか？一般には一〇a当たり四〇～六〇kgといわれていますが、これはアゾラの除草効果も目的とした場合です。導入後、約二週間以内に一〇aの水田全体をアゾラが覆い尽くす量です。六月上中旬の不安定な気象条件の中で、安定した除草効果を得るためには、これくらいが必要でしょう。しかし、三〇aだと一〇〇～二〇〇kgにもなり、これだけのアゾラを増殖し、集め、運び、導入するのは、結構大仕事です。

私の場合は、一〇a二～一〇kgのアゾラを導入しています。私はこう考えています。雑草防除は合鴨に任せておけばいい。アゾラは合鴨が食べるだけあればいいのです。だから何も二週間以内に水田全体をびっしり覆い尽くす必要はないのです。どうせ合鴨はとても食べきれません。

アゾラ除草をするのか、アゾラ合鴨水稲同時作をするのか、目的により、導入量は変えていいと思います。導入のやり方の詳細は、拙著『無限に拡がる合鴨水稲同時作』（農文協）をご覧ください。

欠株…苗を大きく

私の見た限り、たいていのアゾラ田で、稲の欠株が目立ちました。原因は一つ。アゾラが初期、稲の苗の上に乗り、苗を水没させるからです。

苗が小さすぎた。大雨で水位が上がった。合鴨が泳ぐときに波が立ち、アゾラが苗の上に乗った。強風でアゾラが一カ所に集中し、苗を水没させた…。

この対策として、ポット成苗を植える、浅水管理をする、アゾラをゆっくりと導入する…などがあります。

排水口…アゾラフェンスで目詰まり防止

梅雨の大雨で、アゾラ田の水位は上昇します。理由は簡単。排水口にアゾラが流れ出ないようにつけているプラスチックの網が、アゾラで目詰まりしてオーバーフローするからです。

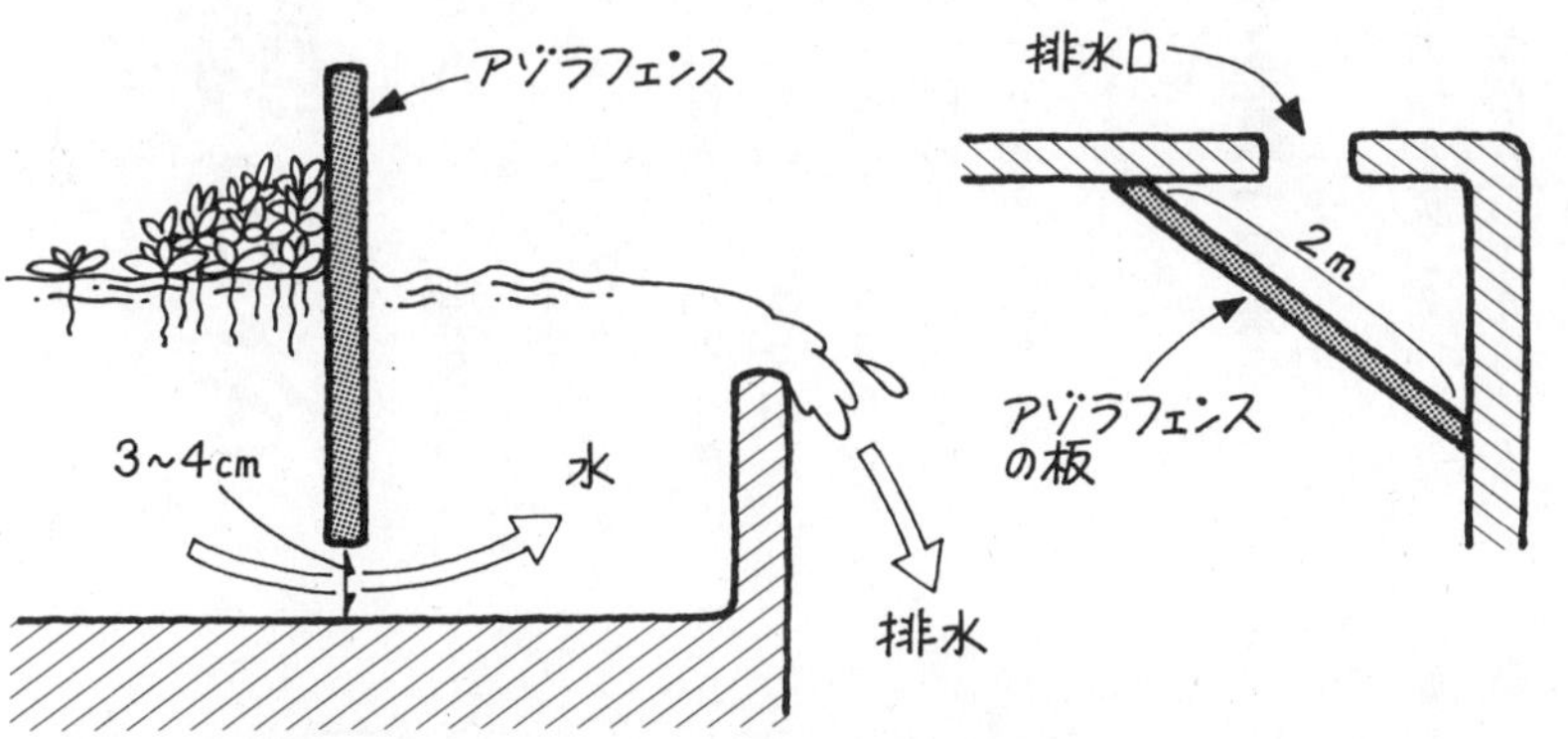

まだ稲の小さいうちに水没するようなことがあると、その後、水がひいたときにアゾラが稲の上に乗ってしまい、稲が枯れてしまうことがあります。

そこで排水口の前に図のように長さ二m幅五〇cmくらいの板に両側に角材を打ち付けて、田面から三～四cm上げた状態で固定します。大雨のとき、流れてきたアゾラは水に浮くので、この板の上のほうに浮いて止まります。水は板の下三～四cmの隙間から流れ、排水口から落ちます。

このアゾラフェンス、網ではあまりうまくいきません。なお、排水口は三〇aで二つ必要です。

（福岡県嘉穂郡桂川町寿命八二四）

二〇〇一年十一月号　アゾラの魅力と使いこなし

いもち病に強くなる

もみがら・ワラのケイ酸分を生かす

茨城 清水英さん
青森 三上新一さん
編集部

（倉持正実撮影）

もみがらと稲わらにはかなりのケイ酸が含まれている。これらの有機物を田んぼに返し続けていくことで、「ケイ酸質資材をやらなくても、稲の生長に必要なケイ酸を供給できる」と考えている人も多い。

もみがらくん炭で全量一等米

茨城県常陸太田市の清水英（えい）さん（八九歳）は一〇年前から田んぼにもみがらくん炭を入れ続けている。ケイカルは入れたことがない。昨年、夏の暑さのために茨城県の一等米比率は五〇％ほどになったのだが、清水さんはコシヒカリ一〇俵、全量一等米だったそうだ。

無農薬栽培にこだわっている清水さんは一〇年前、千葉県の岩澤信夫さんにすすめられて四五日成苗をつくるようになり、同時に、ケイ酸分が多くて稲が健康になるといわれるもみがらくん炭を田んぼに施用し始めた。

苗を変えたことと、くん炭を入れるようになったこと、両方の効果だというが、以来、米粒の品質もよくなったし、いもち病にもまったくかからなくなった。とにかく葉が硬くてピンとたち、色が濃く、勢いがいい。茎の太さはほかの稲の一・五倍くらいある。

散布するもみがらくん炭の量は反当たり米袋約三〇袋。冬の間に少しずつ作って、作った分から田んぼにまいている。

発酵させてから散布

青森県中里町の三上新一さんも、もみがらに含まれるケイ酸分で、稲を硬く健康に美しく生育させることをねらって、もう二〇年間もみがらを入れ続けている。

イネのケイ酸含量

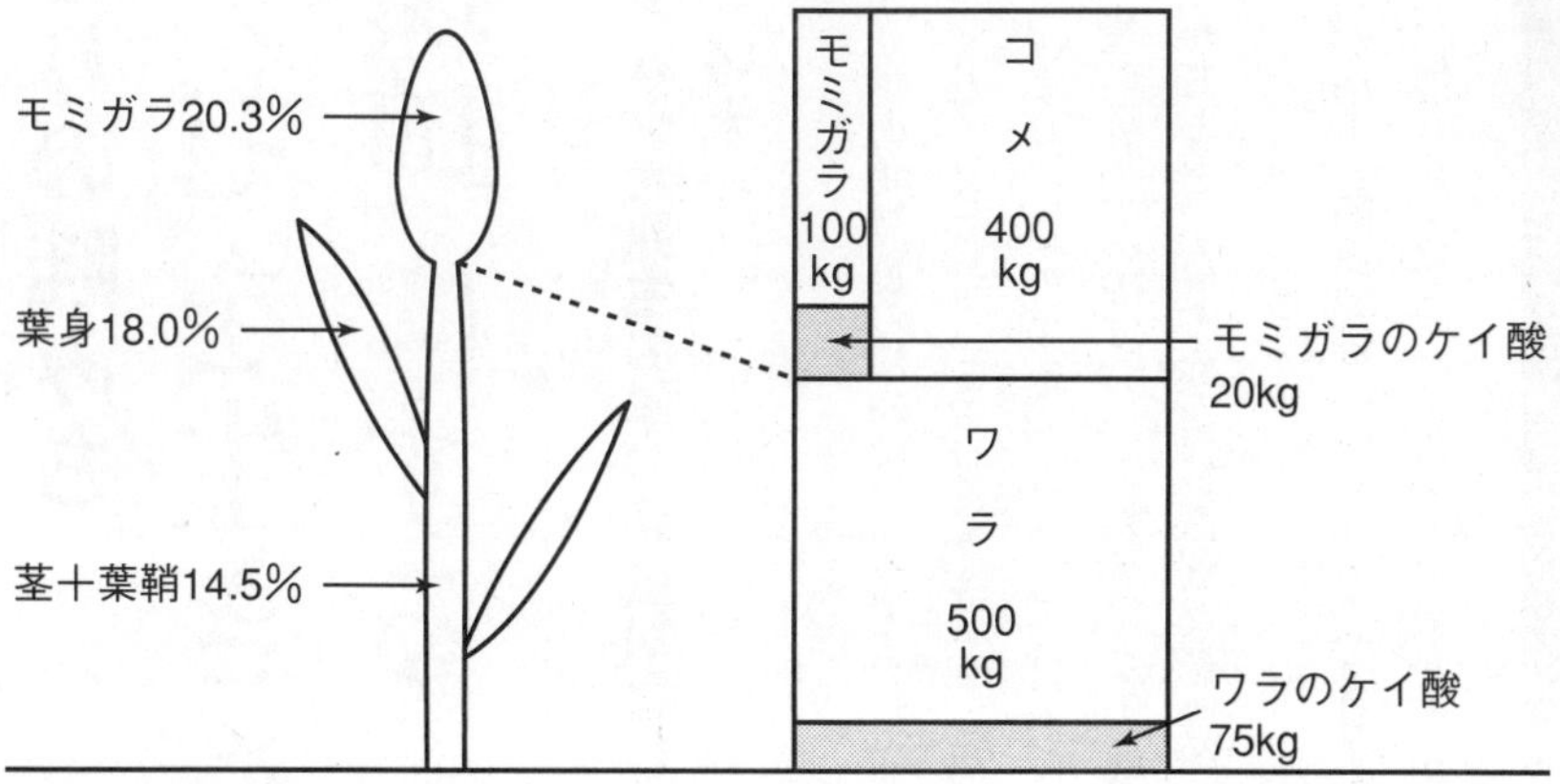

もみがらにはケイ酸が約20％含まれている。1反の稲からとれるもみがらは100～150kgなので、田んぼからとれたもみがらをそのまま返すことで、およそ20～30kgのケイ酸が供給できる。また、わらのケイ酸含量は15％。わら500kgに含まれるケイ酸は約75kgにもなる。もみがらとわらを田んぼに返すだけで、95～105kgのケイ酸を供給することができる。
『ケイ酸植物と石灰植物』（高橋栄一著、農文協）より作成

以前はもみがらを生のまま散布していたのだが、もみにヒエの種が混ざっていて、除草剤を使わない稲つくりのネックになってしまうことがわかり、今は、いったん発酵させたものを使っているという。発酵時に七〇℃まで温度を上げるので、雑草の発芽能力がなくなる。

もみがら堆肥の材料を混ぜるのにはえのき菌床の混合機を使う。一度に入るもみがらの分量は二四〇〇ℓ、軽トラに山盛り一台とちょっとくらい。これに米ぬか二〇kgと水を加えて混合し、二カ月積んでおくと、一・五反分の堆肥になる。たくさん作って、一二・五町歩の田んぼ全部にもみがら堆肥を散布しているそうだ。

昨年も三上さんのところでは、無化学肥料・無農薬で七俵、ほぼ全量一等米だった。

もみがらとわらの中のケイ酸が溶解（風化）するには時間がかかるといわれるが、長年還元している農家は、葉が硬くなったり、病気に強くなったり、米の品質がよくなったりと、たしかにケイ酸の効果を実感している。

二〇〇三年十月号　もみがらのケイ酸分を生かす

いもち病にケイ酸

佐々木陽悦　宮城県田尻町

私たちは一〇年前の大冷害の際には産直先に必要な米を届けられませんでした。その教訓から産直の消費者に確実に届けられる稲作技術に変えていかなければならないと認識し、異常気象に負けない稲作を目指してきました。その一つとして、いもち病への予防策としてのケイ酸やリン酸の役割を重視しています。

元肥にはケイ酸を含む天然鉱物や稲わらの全量すき込みも行ないます。ケイ酸のおかげで受光態勢がよくなり、病気や倒伏を抑えます。

ふつうの年ならば、これで無農薬栽培が可能です。異常気象が予想される場合は、七月上旬から約一週間おきにケイ酸資材を三～四回追肥しました。昨年、私たち無農薬栽培グループの稲は隣接の田んぼがいもち病にかかって全体が白くなっていても感染せず、検査の結果も一等米でした。いもち対策の中心はケイ酸をどう使うかにあるのではないでしょうか。

（二〇〇四年六月号より）

香りの畦みち

アゼを生きものの豊かな環境にする

北海道美唄市　今橋道夫

カメムシ大発生の年、殺虫剤なしでも一等米

九九年の北海道の稲作は、史上まれにみるカメムシ（アカヒゲホソミドリメクラガメ）の異常発生により、一等米率が低下したばかりか大量の規格外米が出て、その処理に莫大な費用がかかるなど、農家経済に深刻な影響を与えた。

私がハーブ防虫畦畔、いわゆる「香りの畦みち」に取り組んで一〇年以上経過したが、初めてその確かな効果を体験することになった。当農園の殺虫剤を使用しない特別栽培の面積は五・六ha、水稲作付面積の七五％に相当するが、その一等米比率は六〇％であった。品種別では「きらら３９７」と「ゆきひかり」が全量一等米で「ほしのゆめ」のみ三等米であった。農薬を使用している自主流通米で大量の規格外米を出した農家が多い中、当農園では殺虫剤を使用しないにもかかわらず規格外米は一俵もない。地域の平均的な成績と遜色ない結果を出すことができたのである。

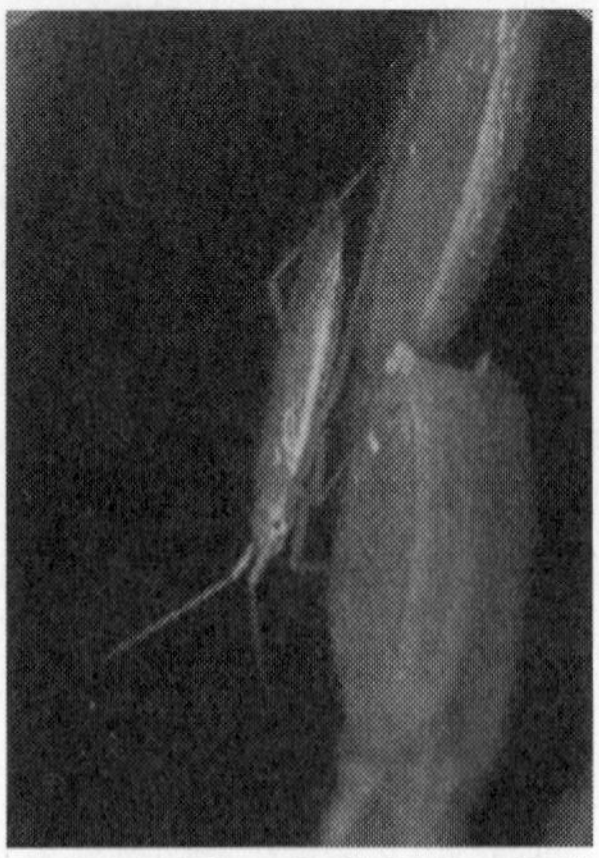

アカヒゲホソミドリカスミカメ。北海道で斑点米の原因になるカメムシ（平井一男撮影）

近隣の被害状況を見ると、もしあぜの対策をせずに無農薬栽培をしていたら結果は惨たんたるものだったろうと想像できる。

カメムシは出穂後のイネにつく

カメムシはイネ科植物を寄主植物とするが、イネ科ならなんでもよいわけではない。イネ科でも比較的小型の雑草であるスズメノカタビラなどは常に大好物だが、稲には出穂するまでは近寄らないようなのである。ケイ酸植物である稲の硬い茎葉からは吸汁できないためと考えられる。つまり、稲がカメムシの寄主植物となるのは出穂後の乳熟期からだ。カメムシにとって稲は、出穂後に初めて寄主植物となるという特殊な関係にある。

今橋道夫さん（安場修撮影）

もし、カメムシが田植え後すぐに水田内に産卵するのであれば、少ない成虫数であっても、水田内で繁殖を繰り返すことになり、殺虫剤でなければ防除が困難かもしれない。しかし、少なくとも稲に産卵をする七月中下旬までカメムシを寄せつけなければ、出穂後の水田への飛び込みを確実に減らすことができるのである。

また、「羽を持つ成虫（幼虫は羽を持たない）は自由に飛べるから、あぜのみの対策では効果が薄いのではないか」という指摘もあ

イネ科雑草を駆逐しながら生育するスペアミント（移植2年目）

イネ科雑草の中のスペアミント。草丈は低いが、地下茎がイネ科雑草にダメージを与えるのか、強力な繁殖力を示す

る。しかし、私は、長いあいだのカメムシ観察から、「カメムシはえさが十分あればそんなに移動しないのではないか」と考えている。だれも学問的に証明していないから一種の仮説ではあるが、最近のカメムシ対策の動きを見ると、まずまちがいないだろうと思う。

「イネ科雑草があればカメムシが多く、その周りの水田では被害も多い」という経験則からきたものであるが、次のように考えることができる。カメムシの場合、ウンカなどと比べれば、その発生数のレベルは格段に低く、えさの競合が少ない。したがってえさを求めて、遠くまで移動する必要がない、というものである。すなわち、あらかじめ水田周辺のイネ科雑草（カメムシのえさ）を減らすことができれば、その後の稲への食害をほぼ完全に防げるということである。

だが、一般の水田環境はどうであろうか。一般に水田あぜは、イネ科雑草が不思議なほど多いものである。稲の生育に適した水田の環境は、他のイネ科雑草も好むということだろうか。水田内はもちろんあぜもイネ科ばかりというのは、カメムシにとってきわめて快適な環境を提供しているわけである。

イネ科雑草を駆逐するミント

強力なイネ科雑草を駆逐し、なおかつ畑で雑草化しないなど悪影響のない植物—。私は、こんな植物にたまたま巡り会うことができた。それが「香りの畦みち」の主役、ミントである。ミントはシソ科の多年草であり、様々な品種が育成されている。北海道の北見で長く栽培されたハッカもその仲間である。北海道の水田景観にもミントはぴたりと合っていると思う。

数多いミントの中で私が選んだのは、比較的ポピュラーなスペアミントやペパーミント、アップルミントなど数種類である。

各品種には固有の特徴があり、一概にどれが良いとはいえない。繁殖力ではアップルミントであるが、草丈が高く、省力化という点では期待できない面もある。独特の香りを嫌う人もいる。スペアミントはアップルミントより繁殖力は若干劣るが、万人向きである。ペパーミントは茎が弱く草丈が低い傾向にあり、条件によっては生育が劣る場合がある。このほかにもあぜ草刈りの省力化をねらいとした数種類の比較試験をしているが、繁殖力や耐用年数などの点で結論がまだ出ていない。

それにしても前述の品種はいずれも、イネ科雑草のほか、多くの畦畔雑草より強力な繁殖力がある。私の農園では除草剤を使用せず上記の各種ミントの栽植を行っているが、いずれも多くのイネ科雑草、広葉雑草に対して有効である。草丈はイネ科雑草より低く経過するので、むしろ地下茎繁殖によって他の雑草の根部にダメージを与えるのではないかと見ている。

広葉雑草については完全に駆逐できないケースもあるが、そもそも完全というのはありえないし、求めるべきでもないと考えている。

ミントで覆われたあぜには、ハチやハナアブ、クモ類などの生き物が豊富

見た目には一面ミントでも、除草剤を使わないので、在来雑草は完全に絶えることもなく、ミントの葉陰でひっそりと息づいている。逆に、あぜの植生が多様になることで、ハチやハナアブ、クモ類など、そこにすむ生き物たちの豊かな生態系が見られる。

二〇〇〇年六月号「香りの畦みち」で無農薬でも一等米

ミント＋アジュガでさらに多様な環境

ますます広まる「香りの畦みち」

管理に手がかかるとされてきたあぜが見直されている。景観対策や草刈りの省力化、そしてカメムシ対策と、あぜに対する取り組みがにぎやかになってきた。大手種苗メーカーからも畦畔専用植物の種子が販売されるなど、田んぼのあぜにもいよいよ光が当たり始めたと感ずるこの頃である。

イネ科雑草をアゼからなくすことが大事

ここ数年来の高温化傾向からか、近年カメムシの発生が多めに経過してきたが、二〇〇一年の北海道米はカメムシによる着色被害は少なかった。筆者の「香りの畦みち」水田はどうだったかというと、次頁の図にあるように被覆度が高いあぜでは隣接する水田内も含め、無防除にもかかわらずカメムシはまったく発見されなかった。ただし五〇％程度の被覆率のあぜからはカメムシが発見されている。このことからもわかるように、「ミントの香りでカメムシ撃退」というわけではなく、あくまでも、カメムシの寄主植物（えさ）がなくなることが大切な点である。あぜからイネ科植物をなくすことにより水田内のカメムシを減らせることは、昨年も立証できたといえる。

ミントは一mおきに植えるとほぼ三年であぜの七割以上を覆い、四年目からは防除なしでも一等米がとれるような防虫効果を発揮している。

砂利混じりの悪環境でも育つのはアジュガだが

ところで当地では、水田の「四辺のあぜすべてがミントハーブで覆われていること」という、「香りの畦みちハーブ米」の厳しい農協基準がある。その中でやっかいなのは農道

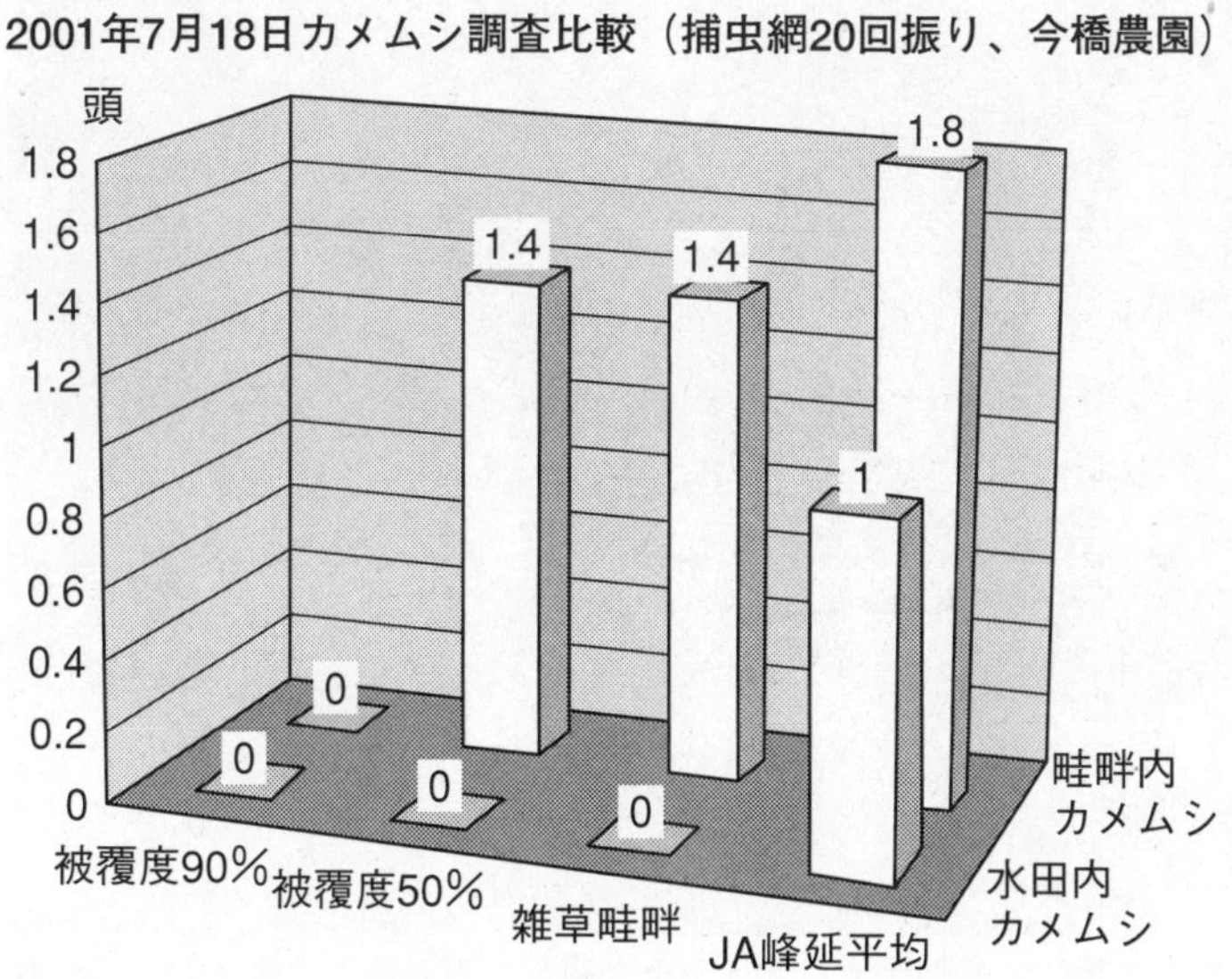

に接した部分だ。砂利が踏み固められていて、ミントを育てるのは容易でない。

農道も新しいうちは、イネ科雑草も少なくてカメムシ発生源とはならない。だが、やがて雑草が生えるようになってきたときに、それを抑えるためにどのような植物を植えるのがよいのか、これまでいろいろなハーブ類を試してきた。その中で、砂利混じりの悪環境でも育つのは「アジュガ」という結論になった。

アジュガについては、じつはかつて真剣に試験を続けた時期がある。

二〇年ほど前に自宅の庭に植えられていたミントを、畦畔植物として試験していたが、草丈が長いのが欠点だ。スペアミントやアップルミントで、草刈り回数を慣行より大幅に減らすことは困難である。そこで他の植物も探していたのだが、農業者の高齢化からあぜ刈り作業が困難になり、普及センターが省力化のための畦畔専用植物としてアジュガを推奨している話を聞いた。本州の事例だったが、早速、その普及センターにお願いしてアジュガを送っていただき、数年間継続的に様子を見ることにした。

アジュガもさすがというべきか、当地の畦畔に根づき広がっていくことがわかった。これが成功すると草刈りも不要な畦畔ができあがると大いに期待しての試験だった。しかし残念ながら、当地の畦畔雑草は相当にしぶとく、本来の目的であるカメムシ対策としてイネ科雑草を駆逐するまでには至らなかったのである。アジュガの試験は数年で中断し、結局最初に手がけたミントが最適という結論を出した経過があった。そのアジュガが、もう一度復活してきたのである。

両方の欠点を補うミント＋アジュガ

アジュガはミントと同じシソ科に属していて、ハーブとしては「ビューグル」という名を持つが、ハーブというより園芸植物として知られている。

このアジュガを使えないかと長年考えてきたところ、思いがけない仕組みがわかってきた。かつて試験に植えておいたアジュガに見切りをつけ、さらにミントを植えたところで新発見があった。なんとアジュガは、単独のときより勢力を伸ばし、ミントの中で密かに広がっていたのである。

アジュガをもう一度調べ直してみると、半日陰植物であること、したがってミントの葉の陰でも生育が十分可能なことがわかった。そればかりか、上に伸びるミントが広がってイネ科雑草がなくなると、ミントの茎のあいだに地上茎を伸ばし、容易に根を定着させるようだ。それにアジュガは、のり面の水際に近いところによく繁茂する。草丈が長くならない、したがって刈る必要のないアジュガが水際に殖えれば、草刈り作業は大幅にラクになりそうだ。そして前

アジュガは水際によく繁茂する。ミントと組み合わせると、カメムシの被害が抑えられるうえ、草刈りもラクになる

述したように、砂利道ののり面など悪環境でも育つ。たいへんおもしろい畦畔植物である。

また北海道では、ミントの芽は融雪後しばらくして伸びてくるが、アジュガの葉はそのまま寒さと雪に耐え、融雪後すぐに生育を開始する。アジュガの開花期とミントの茎の生長度合いにより変わってくるが、当地ではアジュガの花とミントの緑を両方一度に楽しめそうである。

アジュガ、ミントの順に植える

現在、当農場では、農道の両側でアジュガとミントの混植を行なっている。植え方は、初年目はアジュガを植え、二年目以降にミントを植える方法をとっている。この理由は、アジュガの生育がミントに比べ遅いため、アジュガを先に植えて株が広がったところにミントを植えたほうが良い結果を生むからである。

アジュガはミントと違って地上茎で増殖するので、イチゴを増やすように、根の出たランナーを切り取って植えつける。写真の例は昨年十月末に栽植したものであるが、まったく欠株もなく、育苗を必要とするミントよりも作業は容易であった。アジュガは葉色が緑色をしたものもあり、水田畦畔植物としてふさわしい品種選抜が必要だが、今年度よりミントとアジュガの混植タイプを「香りの畦みち」のバージョンに加えたところである。このタイプにより、あぜ草刈りの省力化と景観対策、そしてあぜ草がミントのみに偏ることにより予想される弊害を回避できると考える。

アゼを生きものがふえる環境にしたい

水田のあぜ道からカメムシが消え、有用な昆虫やクモ等の天敵類がふえるためには、水田の植物生態系がますます多様化していく必要がある。水田のあぜがミントばかりになることは、これはこれで立派な生態系破壊と言わねばならない。この自己矛盾を解消するためには、さらに有用な植物を発掘していく必要がある。今後はカメムシを発生させないという、引き算的考え方から脱皮して、有用な昆虫類を増殖させていく足し算的な方向に軸足を移していく考えである。

いずれにせよ農薬がなければ農業ができないというのは迷信に近いということであり、大規模での有機栽培が今後可能になってくるのではなかろうか。

（北海道美唄市豊葦町一区）

二〇〇二年六月号　最近困ったやっかいな病害虫　相談室　カメムシ

自家製の酢で丈夫に
いもち病も大豆紫斑病もクリア

新潟六郎

いもち病を酢でのりきった

昭和六十年頃、村ぐるみで無農薬、減農薬米の作付けが始まり、契約栽培を始めた。私も八反歩作付けしたが、その年は特にいもちが大発生した。大あわてした役場、農協、普及所。特栽米のいもち対策は酢を使うことになっていたのだが、そのノウハウはまったくなっていなかった。農薬散布がいっせいに始まり契約栽培は一年でパーになった。

私の田でもいもちが発生した。そこで『現代農業』の事務所に電話した。すると、『黒砂糖・酢農法』の単行本を参考にしてはどうかといわれ、本を送ってもらった。村の寿司屋さんに飛んで行き、食酢をゆずってもらった。寿司屋さんは「酢などかけたら稲の葉は枯れないか」といったが、私が寿司屋さんの手は大丈夫かといったら「大丈夫だ」とのこと。じゃあ大丈夫だろうと笑いあった記憶がある。

そのときの葉いもちは馬の目のような大きな斑点がひどく、ずり込みも始まっていた。しかし二〇〇倍、一〇〇倍、五〇倍と三回酢を散布したら、だいたい終息した。以来十数年、二〇年近くになろうか、田植え後の稲には薬剤はいっさい使っていない。減農薬栽培で九俵、まったく無農薬の田んぼでほぼ例年八俵以上とれる。減農薬・無農薬でも、地域の平均とほとんど遜色はない。

病気が出てからでなくイネを丈夫に

『黒砂糖・酢農法』の本でも、その後の『現代農業』の記事でも、酢は病気が出てから使うのでなく稲を丈夫にして、病気を寄せつけないというのが基本だとのこと。その考えをもとにしてやってきた。

五〇〇ℓタンクと動噴鉄砲噴口で、反当一〇〇ℓ散布するというやり方である。『黒砂糖・酢農法』には、黒砂糖をバイエム酵素で発酵させた液に酢や焼酎を加えると書かれていたが、バイエム酵素を知らなかったので、最初は五〇〇ℓタンクに酢と焼酎一升ずつ入れただけのものをまいていた。そのうち糖蜜を加えるようになり、五年ほど前からはＥＭ菌を入れて培養液として散布している。しかしやっぱり基本は酢だと思っている。

散布は特別のことがない限り、生殖生長に入る頃から、定期的に五～六回やっている。七月に二回、八月に三回くらいである。酢はそのときによって、一〇〇～三〇〇倍と変えている。葉色が濃いときや、病斑が出たときは濃くする。

葉面散布をすると稲の葉は立って見える。私はあまり気にしないが、次の日、葉の色が鮮やかになったという人もあった。

ドブロク・柿酢のしぼりかすを利用した自家製の酢

さてその酢であるが、食用酢、醸造酢、黒酢などを、初めの頃は購入していたが、平成八年頃から自家製とした。その製法はまったく自分流である。

私は飲用のドブロクと柿酢を作るのだが、農業用の酢はその両者のかすを利用して作るのである。

まずドブロクを作る。その作り方は本誌の「どぶろく宝典」を参考にした。こうじも自家製である。最後に搾ってドブロクをとるが、その残りのかすを使う。

柿酢の作り方はこれも本誌に載っていたが、私は子供の頃、親父が醸していたのを思い出して始めた。最初はしくじると困ると思ってドライイーストを使用した。以降はイーストの代わりに前年の柿酢のオリをとっておいて、使っている。

これら二種類のかすを再び醸す。四〇日たったら酒のしぼり器でこす。これで五〇ℓの酢ができる。動噴の噴口につまらなければ少々粒があってもよい。

いい香りのする、飲める酢である。ただし有機認証の申請を出そうとしたところ、その認証機関から個人が作った酢は酢と書いてはいけないといわれたので、書類上は「米エキス」と呼んでいる。

冷夏の年も平年並みのできだった

昨年、魚沼地方の作柄は平年作とのことだが、地域ではいもち病の被害が多く、悪い所は反当六俵という所もあった。平成十四年は豊作だったので、よけいに被害が大きく感じられ、魚沼はつくづく米づくりの難しいところだと思った。盆地のため風が少ない。昼夜の温度差がない。葉っぱの露が長く落ちない。水が冷たい。これらの条件が魚沼コシを生んだともいわれるが…。

私は有機認証を受けた平成十一年以来、肥料は米ぬか重点、くず大豆、発酵鶏糞の元肥施用を主体にしている。そのため昨年のような年だからといって、追肥を減らすなどのコントロールの選択肢が極めて少なく、不順天候のもとでオロオロするばかりというのが実態であった。唯一対応したのは、七月末に病斑が見えたときに、五〇〇ℓのタンクに一〇ℓ（五〇倍）と、いつもより濃くして酢

への字兼減農薬稲作の防除は酢と焼酎と塩で

赤木歳通　岡山県岡山市

ある年、１枚の田んぼのあぜ際にもん枯病が発生したことがある。バリダシン粉剤を株元めがけて部分散布した。水稲作付けは平均３～４町歩で、除草剤以外の化学農薬を稲に使ったのは、後にも先にもこれっきりである。

出穂後に穂いもちを心配したことが一回あった。35度の焼酎一升、台所で使う食酢一升、塩をひとつかみ。以上を500ℓの水に溶かして、反当200ℓほど動力噴霧機でかけてやった。効果があったかどうかよくわからんのだが、病斑が広がることはなかった。考えてみればそうだろう。焼酎漬け、酢漬け、塩漬けとくれば、昔から食い物をカビから守っている。いもち病菌もカビの一種だから効いて当然だろう。

この液、苗代にはたびたび散布している。苗立枯病対策ではなく、病気におかされにくい元気な苗にしてやるためである。この場合は、酢の成分が役立つらしい。だけど良いからといって欲ばって濃くすると濃度障害が待っている。植物は薄いのを喜ぶ。濃度はいもちにかけたのと同じでよい。

畑の野菜にも応用できるから、結局、年中使っている。最近は食酢の代わりに自家製のもみ酢液を使用している。このほうが虫の忌避効果が期待できる。

（2004年8月号）

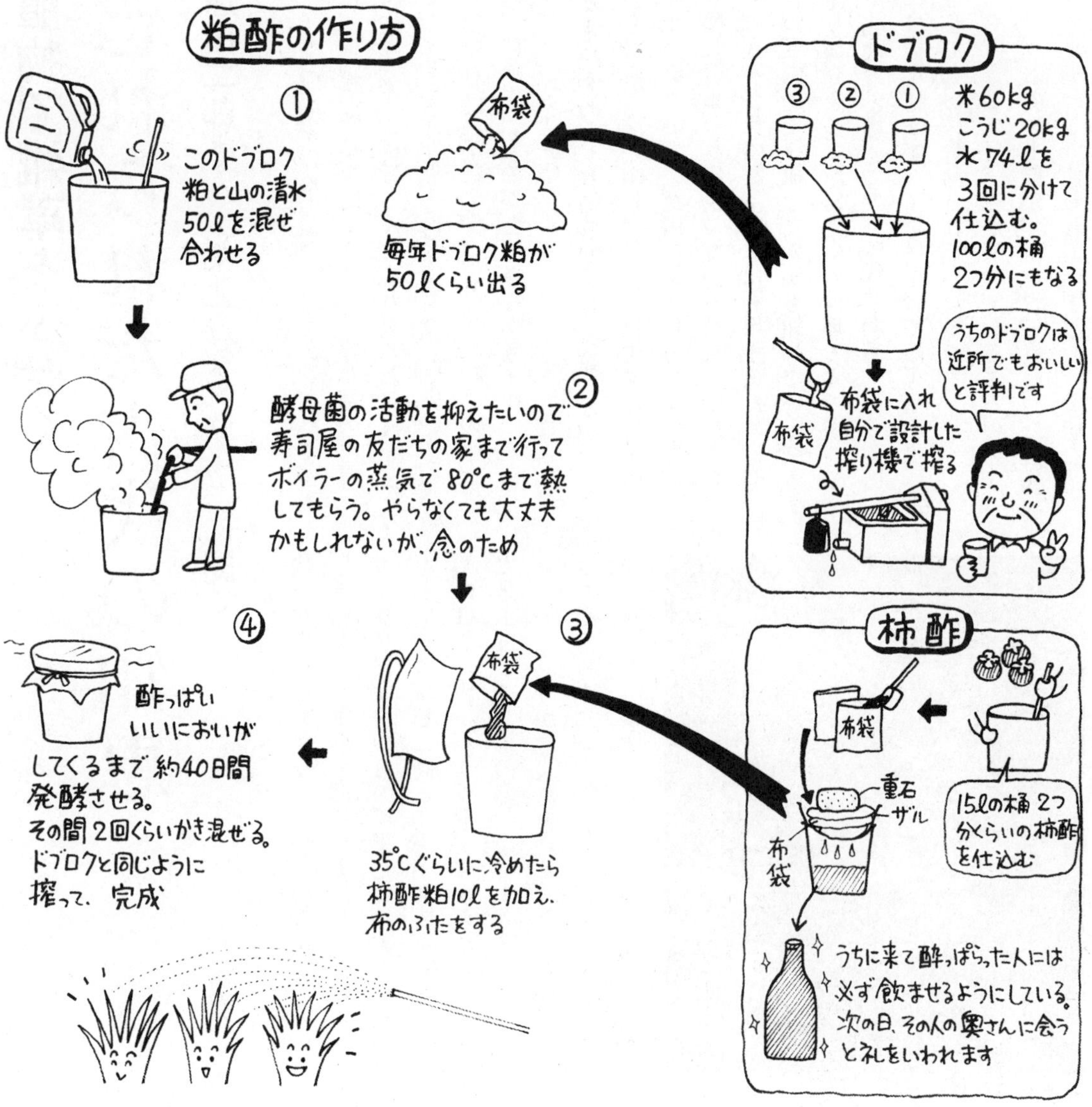
粕酢の作り方
①
このドブロク粕と山の清水50ℓを混ぜ合わせる
布袋
毎年ドブロク粕が50ℓくらい出る
②
酵母菌の活動を抑えたいので寿司屋の友だちの家まで行ってボイラーの蒸気で80℃まで熱してもらう。やらなくても大丈夫かもしれないが、念のため
③
布袋
35℃ぐらいに冷めたら柿酢粕10ℓを加え、布のふたをする
④
酢っぱいいいにおいがしてくるまで約40日間発酵させる。その間2回くらいかき混ぜる。ドブロクと同じように搾って、完成
ドブロク
③ ② ①
米60kg こうじ20kg 水74ℓを3回に分けて仕込む。100ℓの桶2つ分にもなる
布袋
布袋に入れ自分で設計した搾り機で搾る
うちのドブロクは近所でもおいしいと評判です
柿酢
布袋
重石
ザル
布袋
15ℓの桶2つ分くらいの柿酢を仕込む
うちに来て酔っぱらった人には必ず飲ませるようにしている。次の日、その人の奥さんに会うと礼をいわれます

を散布したことである。

　その結果、有機米が何とか反当八俵、酒米計九俵にとどまった。あの気候のなかではまずまずだったと思っている。

大豆も酢で無農薬栽培

　二反ほどの大豆畑にも酢を使い、まったく化学農薬の防除なしでつくっている。最初は紫斑病は大丈夫かと人に心配されたが、極めて少ない。八月中旬の花の咲き始める頃から一〇日に一回くらい、十月初めまで散布している。

　酢をかけると、開花も落花もそろうような気がする。そのせいか粒張りがいい。楕円形の粒が少なく真ん丸のものが多い。昨年はご多分にもれず不作で、二〇〇kgを割り込んでしまったが、その前の二年は反当三四〇kg、四〇〇kgと驚くほどの多収であった。

（新潟県北魚沼郡）

二〇〇四年六月号　ドブロクと柿酢で手づくり粕酢

植物で雑草をふせぐ

忘れられた古代の知恵

原田二郎さん（東北農業試験場）に聞く

花房葉子

年配の農家のあいだではよく知られていた、植物で雑草を防ぐ方法も、除草剤の出現によって今ではほとんど忘れ去られようとしています。東北農業試験場の原田二郎先生が、秋田県仙北地方で聞き取りをした話の中には、興味深いものがたくさんあります。

オオハナウド　有効成分クマリン類

もともと深い山の中に多く自生するはずのオオハナウドが、秋田県仙北地方では、今でも屋敷のまわりに茂っている。もしかしたら昔の人が苗代の雑草防除に利用するためにわざわざ山から移植したのかも知れない…聞きとり調査をした原田先生の推理です。かつて東北地方には、「通し苗代」があり、その田には稲を植えず、苗だけを育てる専用の場所として大切に管理されていたのです。

ちょうど六月、花が咲いているころのオオハナウドの地上部が、苗を育て終わった苗代にマルチとして使われていました。大切な苗代に雑草を生やさない昔からの方法です。

ほとんどの雑草を抑制しますが、とりわけカヤツリグサ科のもの、またコナギやアゼナなど広葉雑草類に高い効果があるそうです。じつはこのオオハナウド、昔から使われていた地上部より、根の部分に、より多くのアレロパシー成分が含まれていることがわかってきたそうです。

オオハナウド

チガヤ

チガヤ（茅萱）

日本中の畑地などに見られる「強害雑草」チガヤは、マルチの材料として稲わらより長持ちし、雑草の発生を抑えるアレロパシー物質を含んでいる面からも稲わらをしのぐ、と言われます。タイではいちご、にんにくの他、さまざまな作物のマルチに利用されています。

日本で利用するとしたら、暖かい地方ではすいか、うり類のマルチに。寒冷地なら、チガヤが茂る夏から秋に刈り取り、貯蔵しておいて、春からの野菜のマルチに使ってみてはいかがでしょうか、とのこと。

マコモ（真菰）

マコモは稲と同じく、湿地の雑穀で、インドや長江流域では、そうとうに古い時代から

鳥取市　谷口如典さん　マコモやヨシを刈敷いて雑草を抑制し、地力を高める

食用にされていました。

　原田先生が訪れた浙江省の農家の間では「マコモを植えると除草剤がいらない」と言われていたそうです。中国の農家は、稲の栽培にマコモを利用します。七月ころ、風通しをよくする意味もあって、この地方の農家はマコモの枯葉をきれいに取り、それを畦間に敷きつめます。たくさんの枯れたマコモでマルチをしたあとに稲を作ると、雑草が生えてこない、というわけです。稲以外にも、さまざまに利用されているそうです。

　日本でも古くから、栽培に欠かせないものとして、広く使われていたようです。「堆肥にマコモを加えて畑に施すと、雑草の発生を抑えることができる」という言い習わしがあったからです。

エゴマ（荏胡麻）　有効成分ペリラケトン

　東北の北上地方、北陸などで栽培されていたエゴマは、焼畑農業の雑草防除に、うまく利用されてきた作物です。焼畑でそばや大豆、かぶなどの野菜類を作っていると、年々雑草がふえてきます。そこにエゴマを混植、あるいは輪作すると、雑草を抑える効果があります。

　エゴマは五月種まき、九～十月ごろ収穫します。この時、他の作物とエゴマをいっしょにまけば、次の年からは自然に種が発芽して、あちこちにエゴマが点在します。おのずと、混植というかたちになるのです。収穫したあとのエゴマのカラを畑にばらまいておくと、やはり、種をまいたときと同じように、雑草防除に効果があるということがいわれており、混植、輪作、マルチ、どの方法でも雑草を抑えてくれる、じつに頼もしい作物なのです。

　近畿大学の駒井功一郎先生らがエゴマからとり出したアレロパシー成分「ペリラケトン」には、草を防ぐほか、スポリウム、ヘルミントスポリウム、コリネバクテリウム、エスケリキア、バシルス、といった土壌病害の菌を殺す作用もあるとか。エゴマといえば、α-リノレン酸を多く含む健康食品としても見直されている作物。草を防いで、体にもよい、となれば、自家菜園などで試してみる価値はありそうですね。

シマミソハギ有効成分α-ナフトキン

　日本では中国地方以南、暖かい地方の水田などに自生しています。この草は、タイの水田で大いに利用されています。すき込むと、藻類の発生を抑える効果があるからです。

　原田先生がタイに滞在中、シマミソハギからとり出した活性成分「α-ナフトキン」には、何と、魚を殺してしまうほどの強い作用があるとか。これは、水田除草剤のモゲトンに似た物質なのだそうです。日本にはシマミソハギに似た「ヒメミソハギ」が多く見られますが、残念ながら、これにはシマミソハギのような効果はないということです。

　この二種の簡単な見分け方も教えていただきました。葉をかんでみて、辛味があるのがシマミソハギ。ヒメミソハギは葉が広く大型で、葉をかんでも辛くないそうです。

一九九一年六月号　草で草を制する　口伝の伝統技術

本書は『別冊 現代農業』2005年3月号を単行本化したものです。
編集協力　本田進一郎

著者所属は、原則として執筆いただいた当時のままといたしました。

農家が教える
イネの有機栽培
緑肥・草、水、生きもの、米ぬか…田んぼ とことん活用

2011年4月25日　第1刷発行

農文協　編

発行所　社団法人　農山漁村文化協会
郵便番号 107-8668 東京都港区赤坂7丁目6-1
電話 03(3585)1141(営業)　03(3585)1147(編集)
FAX 03(3585)3668　振替 00120-3-144478
URL http://www.ruralnet.or.jp/

ISBN978-4-540-11146-4　DTP製作／ニシ工芸㈱
〈検印廃止〉　印刷・製本／凸版印刷㈱

定価はカバーに表示
乱丁・落丁本はお取りかえいたします。